2

ESO

TECNOLOGÍA

M. P. BLÁZQUEZ, I. HOYOS, J. SANTOS

Usa este código para:

Acceder al
BANCO DE RECURSOS
y descargar el
LIBRO DIGITAL
disponibles en
www.anayaeducacion.es

ANAYA

ASÍ ES
TU LIBRO

APERTURA DE UNIDAD

Cada unidad comienza con un breve texto que pretende acercar al alumnado las relaciones entre **ciencia, tecnología y sociedad** a través de algún hecho relevante relacionado con los contenidos que se van a desarrollar.

Organizador visual con los recursos digitales relacionados con cada apartado.

Compromiso ODS. Actividades para reflexionar en grupo y proponer acciones para alcanzar las metas de desarrollo sostenible propuestas en cada una de las unidades.

DESARROLLO DE LOS CONTENIDOS Y ACTIVIDADES

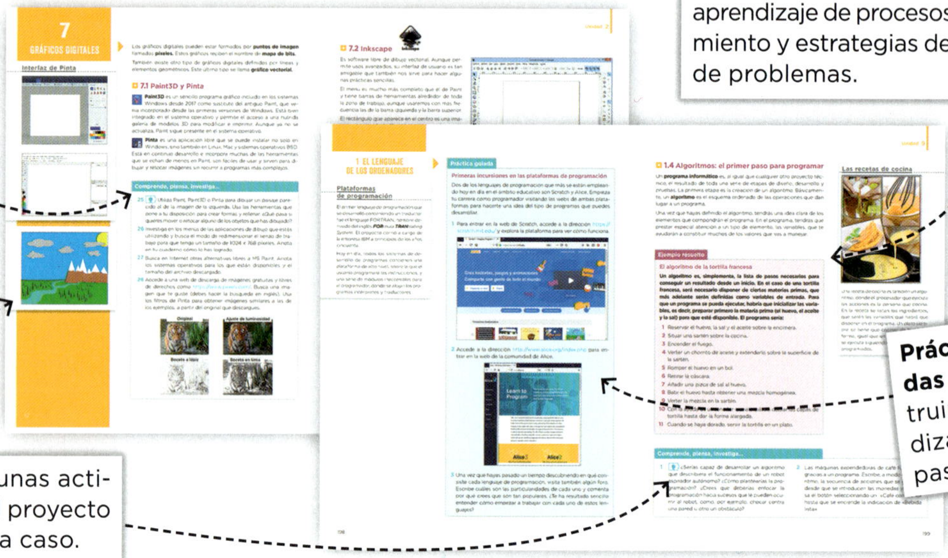

Comprende, piensa, investiga... Actividades para afianzar el aprendizaje y relacionar conocimientos.

Las imágenes que acompañan al texto te ayudarán a adquirir los aprendizajes clave.

Los **ejemplos resueltos** permiten el aprendizaje de procesos de razonamiento y estrategias de resolución de problemas.

Prácticas guiadas para construir los aprendizajes paso a paso.

Los **iconos** incluidos en algunas actividades sugieren la clave del proyecto que puede aplicarse en cada caso.

LAS CLAVES DEL PROYECTO

Compromiso ODS

Descubre los Objetivos de Desarrollo Sostenible y forma parte activa de nuestro compromiso para lograr un mundo más igualitario y habitable.

Plan Lingüístico

Pon en práctica tus destrezas comunicativas en los diferentes tipos de texto que te proponemos. El lenguaje siempre está presente, ¡comunícate!

Desarrollo del pensamiento

Trabaja estrategias de pensamiento: reflexiona sobre los contenidos que estás aprendiendo, genera ideas, organízalas, priorízalas, arguméntalas, exponlas...

Aprendizaje cooperativo

Implícate en tu aprendizaje y participa en el de todo el grupo; comprobarás que cooperar mejora el rendimiento y la convivencia en clase.

TALLER DE TECNOLOGÍA

Las experiencias del apartado **Taller de tecnología** permiten recordar y aplicar los contenidos desarrollados a lo largo de la unidad.

TRABAJA CON LO APRENDIDO

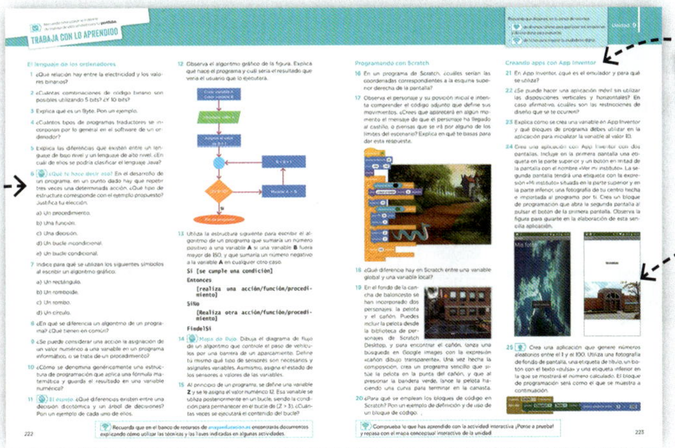

Cuestiones sobre los aspectos esenciales de la unidad, con las que podrás hacer tu propio **resumen.**

Actividades para afianzar lo estudiado utilizando diferentes estrategias de trabajo.

imágenes para que trabajes la observación y la interpretación.

Educación emocional

Aprende a conocerte; identifica las situaciones que te generan emociones bloqueantes y gestiónalas con experiencias de autoafirmación constructiva.

Cultura emprendedora

Confía en tus aptitudes y conocimientos, desarrolla la creatividad, adáptate a las situaciones cambiantes y ten una actitud proactiva y responsable.

TIC

Aprende a obtener información, seleccionarla y aplicarla; a planificar, gestionar y elaborar trabajos; a colaborar en Red de forma ética y segura.

Orientación académica y profesional

Valora tus capacidades personales, descubre y despierta tu vocación, entrénate en la toma de decisiones y aprende a orientarte entre distintas opciones.

Evaluación

Descubre diversas estrategias para analizar qué has aprendido y cómo lo has aprendido; entrénate para asumir compromisos o superar dificultades.

ASÍ ES

EL PROYECTO DIGITAL

www.anayaeducacion.es

Regístrate en **www.anayaeducacion.es.** Solo necesitas tener un correo electrónico, el código que se indica en la primera página de este libro y el permiso de tu padre, madre, tutor o tutora legales. Así podrás acceder al banco de recursos y descargar el libro digital.

LIBRO DIGITAL

Una versión digital de tu libro, que podrás usar en condiciones offline y online, con acceso a los recursos digitales tanto agrupados por tipologías como asociados a los contenidos de cada unidad.

BANCO DE RECURSOS

Un espacio con recursos, técnicas y actividades, diseñado para afianzar tus conocimientos.

RECURSOS RELACIONADOS CON LAS CLAVES DEL PROYECTO

Más sobre las claves

Compromiso ODS, con microvídeos que te ayudarán a conocer cuáles son las metas para alcanzar los Objetivos de Desarrollo Sostenible trabajadas en el proyecto.

Plan Lingüístico, con infografías que te darán las pautas para abordar el trabajo por medio de distintos tipos de textos (descriptivo, narrativo, expositivo, etc.).

Desarrollo del pensamiento, donde se incorporan explicaciones sobre cómo aplicar las distintas estrategias de pensamiento planteadas en el proyecto.

Aprendizaje cooperativo, que incluye la descripción de las técnicas de aprendizaje cooperativo propuestas en el proyecto.

Educación emocional, con orientaciones para superar la inquietud generada en diferentes situaciones de tu proceso de aprendizaje (inicio del curso, enfrentarte a un examen, etc.).

TIC, mediante fichas que reforzarán tu uso saludable, correcto y seguro de las tecnologías de la información y la comunicación.

Orientación académica y profesional, con información sobre diferentes profesiones vinculadas a los contenidos tratados en la asignatura.

Evaluación, se presentan orientaciones para hacer tu portfolio, así como rúbricas y dianas que facilitan tu autoevaluación.

RECURSOS DESTACADOS DE LA MATERIA

- ☐ Qué necesitas saber
- ☐ Lecturas relacionadas con la materia
- ☐ Simulaciones
- ☐ Aprende jugando
- ☐ Vídeos
- ☐ Videotutoriales

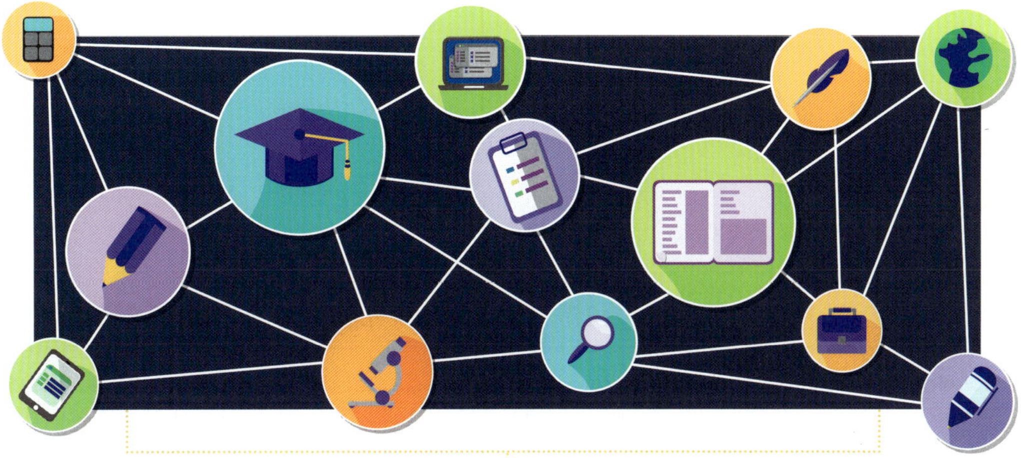

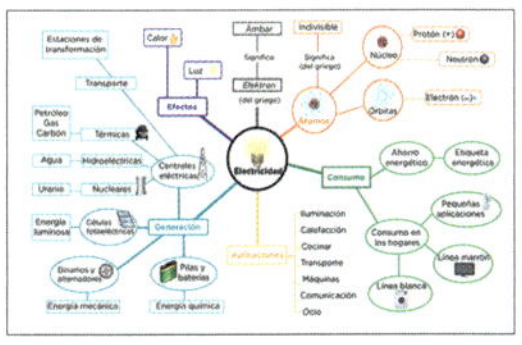

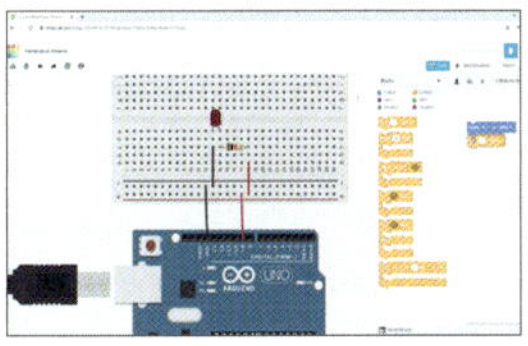

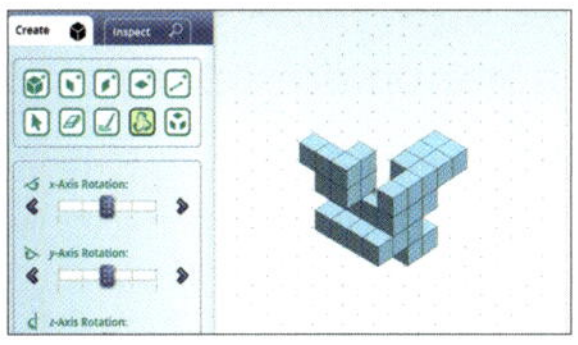

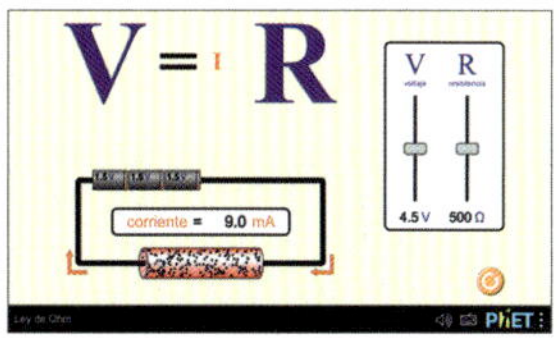

RECURSOS CLASIFICADOS POR UNIDADES

Todos los recursos clasificados para que puedas localizar fácilmente los relacionados con cada apartado de tu unidad.

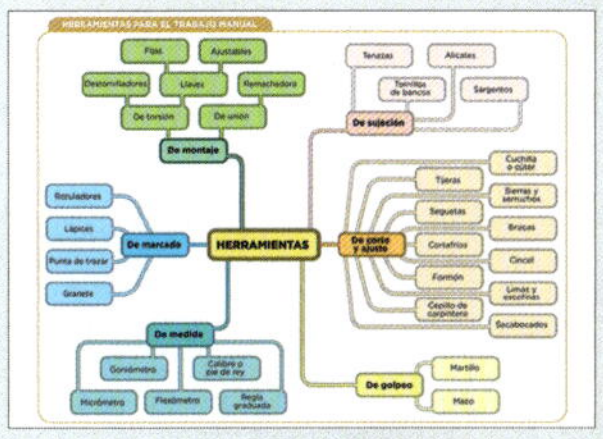

ASÍ SON
LOS CONTENIDOS DEL CURSO

1 LA TECNOLOGÍA MARCA EL PROGRESO DE NUESTRA SOCIEDAD Pág. 8

2 DISEÑO DE ELEMENTOS TÉCNICOS Pág. 28

3 MATERIALES TECNOLÓGICOS. MADERA Y METALES Pág. 48

4 ESTRUCTURAS Y MECANISMOS Pág. 78

5 ELECTRICIDAD Pág. 102

6 HARDWARE Y SISTEMAS OPERATIVOS Pág. 128

7 SOFTWARE Y APLICACIONES

8 INTERNET

9 INTRODUCCIÓN A LA PROGRAMACIÓN

1

LA TECNOLOGÍA MARCA EL PROGRESO DE NUESTRA SOCIEDAD

Nuestra relación con el planeta

Observa a tu alrededor; contempla los objetos de tu habitación, de tu casa, etc., y fíjate en el tipo de materiales de que están hechos: maderas, metales, fibras y plásticos. Todos los materiales han sido extraídos de la naturaleza y transformados por los métodos de fabricación. Para conseguirlos, además, se emplean cantidades enormes de energía que también se obtiene de la naturaleza. La mayor parte de la energía que empleamos procede de los combustibles fósiles y gran parte de ella la utilizamos para nuestros vehículos, nuestras industrias y nuestros hogares. Todo ello destinado al bienestar del ser humano. Y por delante tenemos un reto como especie: hacer de nuestro planeta un lugar mejor, ajustando nuestras necesidades y haciendo que nuestra relación con el planeta, con sus recursos naturales y con el resto de seres vivos sea sostenible y perdurable.

COMPROMISO ODS

ODS

Como sabrás, todos los procesos tecnológicos consumen recursos y provocan un impacto medioambiental. Al analizar el ciclo de vida de un determinado objeto, identificamos y calculamos su impacto total en todas las etapas de su vida; desde la obtención de las materias primas hasta su eliminación final, pasando por el procesado de las materias primas, la manufactura del producto, su distribución y venta, su utilización y su reciclado si lo hubiera.

Para poder cumplir las metas 12.2 y 12.4 de los ODS, es necesario analizar el ciclo de vida de los productos. Esto nos ayudará a ser consumidores conscientes y a reducir la huella ecológica. Para saber más sobre estas metas:

1 Busca y explica con tus propias palabras el significado del concepto *cradle to cradle*.

2 **Esquema a cuatro bandas.** Por grupos, analizad el ciclo de vida de un producto de consumo habitual y cread un diagrama explicando sus fases y los tipos de impactos medioambientales que se producen en cada una de ellas.

Para obtener más información sobre las metas 12.2 y 12.4, acude a nuestra web anayaeducacion.es.

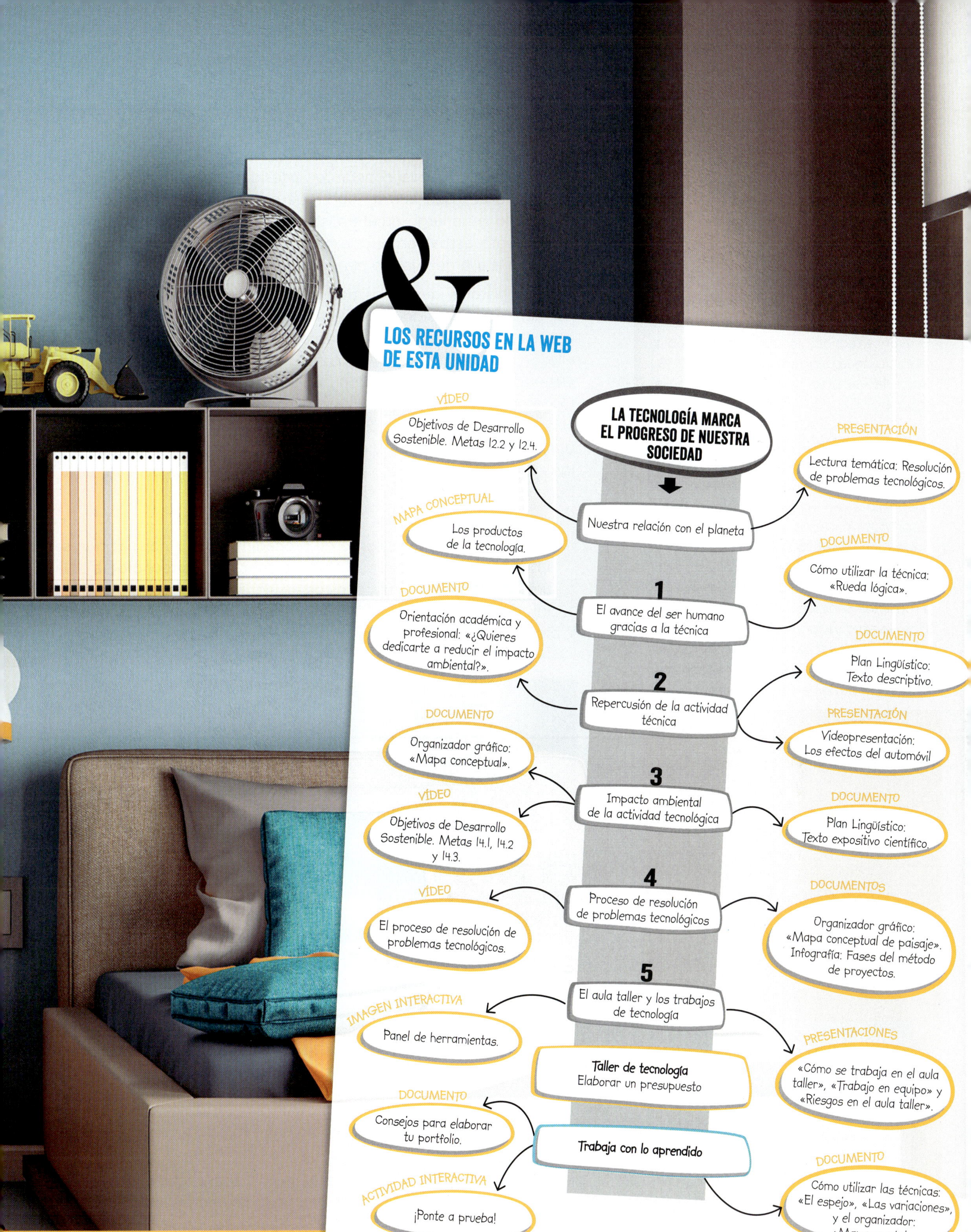

LOS RECURSOS EN LA WEB DE ESTA UNIDAD

LA TECNOLOGÍA MARCA EL PROGRESO DE NUESTRA SOCIEDAD

Nuestra relación con el planeta
- VÍDEO: Objetivos de Desarrollo Sostenible. Metas 12.2 y 12.4.
- PRESENTACIÓN: Lectura temática: Resolución de problemas tecnológicos.

1 El avance del ser humano gracias a la técnica
- MAPA CONCEPTUAL: Los productos de la tecnología.
- DOCUMENTO: Cómo utilizar la técnica: «Rueda lógica».

2 Repercusión de la actividad técnica
- DOCUMENTO: Orientación académica y profesional: «¿Quieres dedicarte a reducir el impacto ambiental?».
- DOCUMENTO: Plan Lingüístico: Texto descriptivo.
- PRESENTACIÓN: Videopresentación: Los efectos del automóvil

3 Impacto ambiental de la actividad tecnológica
- DOCUMENTO: Organizador gráfico: «Mapa conceptual».
- VÍDEO: Objetivos de Desarrollo Sostenible. Metas 14.1, 14.2 y 14.3.
- DOCUMENTO: Plan Lingüístico: Texto expositivo científico.

4 Proceso de resolución de problemas tecnológicos
- VÍDEO: El proceso de resolución de problemas tecnológicos.
- DOCUMENTOS: Organizador gráfico: «Mapa conceptual de paisaje». Infografía: Fases del método de proyectos.

5 El aula taller y los trabajos de tecnología
- IMAGEN INTERACTIVA: Panel de herramientas.
- PRESENTACIONES: «Cómo se trabaja en el aula taller», «Trabajo en equipo» y «Riesgos en el aula taller».

Taller de tecnología
Elaborar un presupuesto

Trabaja con lo aprendido
- DOCUMENTO: Consejos para elaborar tu portfolio.
- ACTIVIDAD INTERACTIVA: ¡Ponte a prueba!
- DOCUMENTO: Cómo utilizar las técnicas: «El espejo», «Las variaciones», y el organizador: «Mapa mental».

1

EL AVANCE DEL SER HUMANO GRACIAS A LA TÉCNICA

Andalucía Respira

Un buen ejemplo de cómo la necesidad y la capacidad de observación impulsan el avance tecnológico fue lo que sucedió al inicio de la pandemia de la COVID-19. Ante la escasez de respiradores y la imposibilidad de importarlos, ya que las existencias estaban agotadas, un equipo multidisciplinar andaluz, rediseñó en pocas semanas una «bomba de oxígeno» fácil de fabricar con materiales disponibles en las industrias cercanas. El prototipo «Andalucía Respira» pasó todas las pruebas de funcionalidad y seguridad obteniendo la aprobación de la Agencia Española de Medicamentos y Productos Sanitarios (AEMPS). A mediados de abril ya se estaban fabricando y en junio, tras satisfacer las necesidades del mercado español, se comenzaron a enviar unidades a otros países.

A diferencia del resto de especies que pueblan la Tierra, la humanidad ha sido capaz de desarrollar una sofisticada tecnología a partir de la observación atenta de los procesos que tienen lugar a su alrededor. Nuestra curiosidad, la constante necesidad de hacernos preguntas acerca de por qué ocurre algo, qué consecuencias tiene, cómo reproducirlo, y un largo etcétera, son las que nos han conducido hasta el momento actual, en el que hemos empezado a construir nuestro futuro más allá de nuestro planeta.

Nuestra historia, desde los tiempos en los que empezamos a caminar por África, ha sido una lucha constante por la supervivencia de la especie. La naturaleza nos ha dotado de dos armas poderosas para ello: un cerebro inteligente capaz de resolver problemas y manos provistas de dedos prensiles con habilidad para manejar herramientas. Con el dominio de herramientas, hemos construido máquinas y utensilios cada vez más complejos. El descubrimiento de la electricidad dio paso a la electrónica, y esta última, a los computadores. Con todos los avances técnicos hemos podido salir de nuestro planeta, pisar la Luna y lanzar naves al espacio exterior.

Se llama **técnica** al conjunto de procedimientos o normas que se deben seguir para lograr un objetivo concreto. La **tecnología** es la suma de conocimientos técnicos y científicos aplicados a la creación de objetos que nos facilitan la interacción con el medioambiente.

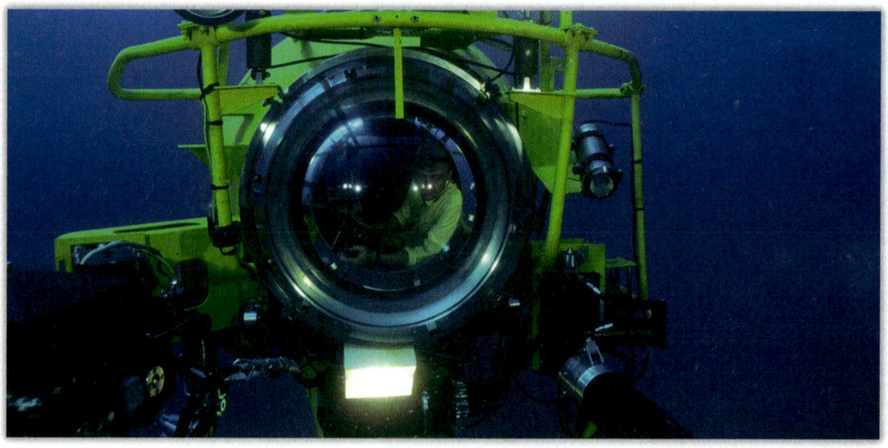

Gracias a los avances tecnológicos, la exploración submarina poco a poco va avanzando y cada vez se pueden alcanzar profundidades mayores.

Comprende, piensa, investiga...

1 Busca cinco inventos recientes que creas que son claves en el avance de la humanidad.

2 Piensa cinco inventos de una determinada área del conocimiento que hayan permitido avances importantes en otras áreas de la ciencia. Por ejemplo: lente (óptica) → microscopio (medicina y biología) y telescopio (astronomía).

3 **Rueda lógica.** Elige cinco inventos de épocas pasadas:

a) Averigua cómo han evolucionado y por qué se han producido esos cambios.

b) ¿Alguno de los inventos en los que has pensado no ha cambiado o lo ha hecho de forma poco significativa? ¿Alguno ha caído en desuso?

2 REPERCUSIÓN DE LA ACTIVIDAD TÉCNICA

Desastre medioambiental por el accidente de un petrolero.

Los descubrimientos e inventos de la humanidad tienen por objeto mejorar la vida de las personas. No obstante, en muchas ocasiones la actividad humana, en especial la actividad tecnológica, ha tenido consecuencias imprevistas. Tanto la sociedad como los ecosistemas que nos rodean han sufrido daños, como los derivados de los accidentes medioambientales y de la contaminación.

Un ejemplo sencillo lo tenemos en la extracción de metales y su posterior tratamiento para convertirlos en objetos tecnológicos. La extracción de los minerales, imprescindibles para todo tipo de herramientas y dispositivos modernos, afecta profundamente a la Tierra y a los seres vivos que la pueblan, incluyendo los seres humanos.

En ocasiones, los efectos negativos no son visibles a corto plazo, y es necesario que transcurran varios años hasta que se hacen evidentes. Por ejemplo, se ha demostrado que el amianto, material usado en construcción, es un agente cancerígeno. Pero desde que comenzó su uso hasta su prohibición han transcurrido varias décadas.

Comprende, piensa, investiga...

4 En la web **anayaeducacion.es**, localiza la videopresentación «Los efectos del automóvil». Tras su visionado, haz una lista de efectos positivos y negativos de los medios de transporte en general y del automóvil en particular.

5 **Mesa redonda.** Escribe al menos tres efectos positivos y tres efectos negativos de la telefonía móvil. Debate en clase con tus compañeras y compañeros, y contrasta tus opiniones. ¿Son todos sus efectos visibles o piensas que alguno puede aparecer a largo plazo?

6 Elige un avance tecnológico que despierte tu interés y analiza sus efectos positivos y negativos.

7 Busca noticias acerca de efectos negativos causados por los avances tecnológicos en diferentes campos de la ciencia y elige una. Si lo haces en la prensa digital, imprime la página. Recorta el titular y la entradilla, ya sea del papel impreso de la noticia digital como de la prensa impresa. Pégala en tu cuaderno y describe con tus palabras el aspecto más relevante de la información.

Si te importa el planeta y quieres dedicarte a mejorarlo en el futuro, el documento «¿Quieres dedicarte a reducir el impacto ambiental?» te orientará sobre algunos de los estudios que puedes cursar más adelante para formarte.

3

IMPACTO AMBIENTAL DE LA ACTIVIDAD TECNOLÓGICA

La cadena trófica

Las algas y plantas están en la base de la cadena, absorben minerales de la tierra y del agua. Posteriormente, sirven de alimento a animales que, a su vez, son el alimento de otros mayores, hasta llegar a las personas.

De este modo, los metales pesados y otros tóxicos llegan a nuestro organismo.

3.1 Consecuencias de la actividad humana sobre el medioambiente

El medioambiente es un complejo sistema que afecta a seres vivos y a los objetos inanimados que constituyen la naturaleza. Los seres humanos tenemos una estrecha vinculación con el medioambiente, ya que influye no solo en nuestra salud, sino también en nuestra organización social, nuestras costumbres y comportamientos, así como en el desarrollo de distintas formas culturales.

La actividad humana, en toda su extensión, afecta al medioambiente, ya que mediante nuestras máquinas y sistemas, las industrias y el transporte, influimos en la calidad del aire, del agua y del suelo. Las principales consecuencias son:

La polución atmosférica

La polución, o contaminación atmosférica, radica en la presencia de sustancias en el aire que dan lugar a daños y molestias graves en las personas, y en los seres vivos en general.

El transporte, las calefacciones, la actividad agrícola y las numerosas industrias vierten toneladas de humos y polvo a la atmósfera, cargados de agentes contaminantes que no solo tienen un efecto antiestético y son productores de malos olores, sino que también contribuyen al deterioro de la Tierra, y al mezclarse con el agua de la atmósfera, reaccionan formando ácidos que, posteriormente, llegarán a la superficie terrestre mezclados con la lluvia.

La contaminación de las aguas

Los productos tóxicos vertidos en los suelos se filtran hasta las aguas subterráneas o de ríos que luego pueden ser empleadas para regar cultivos. Algunos de estos productos son especialmente nocivos para la salud e incluso para la supervivencia de los seres vivos, y la naturaleza no es capaz de desactivar su toxicidad. Los principales contaminantes de las aguas son:

- Basuras y residuos procedentes de industrias y zonas urbanas.
- Vertidos que contienen nutrientes para la flora acuática que provocan el crecimiento desmesurado de plantas y algas.
- Contaminantes orgánicos persistentes (COP).
- Vertidos químicos e industriales incontrolados.

La contaminación del suelo

En la mayoría de los casos, la capacidad del suelo es suficiente para absorber un exceso de contaminación, esto se conoce como «autodepuración del suelo». No obstante, la autodepuración es insuficiente cuando las concentraciones de compuestos son excesivas, como en el caso de vertidos tóxicos. Esto provoca una degradación química y la pérdida de la productividad del suelo. En los casos más extremos, el suelo queda inerte.

Las causas pueden ser naturales u originadas por el ser humano. Las primeras son consecuencia de fenómenos naturales como las erupciones volcánicas. Las originadas por el ser humano son conocidas también como «actuaciones antrópicas», y las principales se pueden clasificar en:

- Agricultura intensiva y excesivo empleo de abonos, herbicidas e insecticidas, que reducen significativamente las propiedades productivas de la tierra.
- Actividades mineras, que esparcen concentraciones elevadas de metales pesados.
- Actividades industriales, que generan tanto residuos sólidos como gases contaminantes.
- Excesiva generación de residuos sólidos urbanos, o basura.

Comprende, piensa, investiga...

8 **Rompecabezas.** La polución atmosférica es, claramente, una de las repercusiones negativas del avance tecnológico. Haced un mural para el aula con las medidas que consideréis oportunas para reducir este tipo de contaminación en las ciudades.

9 Observa el siguiente gráfico sobre la formación de la lluvia ácida y explica con tus propias palabras el proceso de formación que entiendas. ¿Qué efectos provoca sobre el medioambiente y sobre los seres vivos?

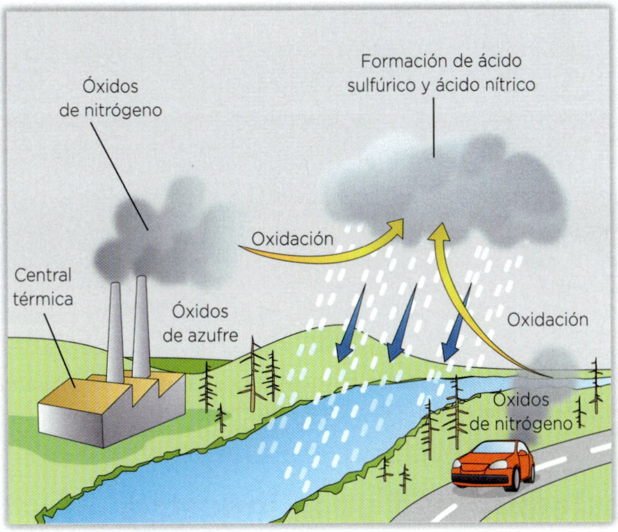

10 ¿Crees que la lluvia ácida se produce en mayor medida en los países industrializados o es un problema que ocurre en cualquier parte del mundo? Justifica tu respuesta.

11 ¿Has oído hablar de algún contaminante vertido a los mares? Haz una lista de soluciones para evitar estos vertidos.

12 Visita la página web del World Air Quality Index Project, un proyecto mundial que pretende concienciar de la importancia para nuestras vidas de la calidad del aire. En dicha página, localizada en http://aqicn.org, sitúa, en el mapa mundial, las zonas que son las más contaminadas en el mundo.

¿Has localizado tu pueblo o la ciudad donde vives? ¿Cuál es su índice de calidad del aire? Revisa los códigos de colores indicados en la página para conocer los distintos grados de contaminación del aire.

13 Existe un tipo de contaminantes, llamados *biocidas,* que también se pueden verter a la atmósfera y a las aguas. Entre los más comunes se encuentran los desinfectantes, los conservantes y los plaguicidas. ¿Utilizas en casa alguno de estos productos? Haz una lista de aquellos que recuerdes y contrástala con otros compañeros o compañeras.

14 La contaminación de los mares por mercurio es un problema que afecta a los seres humanos a través de los peces que acumulan este metal pesado en su cuerpo. Busca información acerca de este problema, identificando cuáles son las principales fuentes de mercurio que producen esta contaminación. Averigua los síntomas de la intoxicación por mercurio y sus consecuencias.

15 ODS Determinados peces no están recomendados para la alimentación de embarazadas y bebés, y otros tienen limitado su consumo debido a su alta concentración de contaminantes. ¿Qué medidas propondrías para paliar la contaminación de la fauna acuática?

Puedes ayudarte de la información que encontrarás en **anayaeducacion.es** en los vídeos sobre las metas 14.1, 14.2 y 14.3 para resolver la actividad 15.

Red andaluza contra el cambio climático

REDAC es un espacio abierto y participativo que pretende concienciar, a la sociedad española en general y a la andaluza en particular, sobre los problemas del cambio climático. Su labor consiste en informar y sensibilizar tanto a la ciudadanía como a instituciones y empresas sobre las consecuencias del calentamiento global y fomentar que se tomen medidas para mitigarlo y adaptarse a él.

¿Crees que Andalucía es especialmente vulnerable al cambio climático? ¿Por qué?

3.2 El cambio climático

Hay numerosos estudios que demuestran que el aumento de gases de efecto invernadero, o GEI, en la atmósfera, como consecuencia de la actividad humana, está favoreciendo un aumento de la temperatura global de consecuencias difícilmente previsibles.

En realidad, los GEI han existido siempre en la atmósfera y, en cierto modo, son los causantes de que nuestro planeta tenga una temperatura templada que permite la vida tal y como la conocemos. Pero el aumento de emisiones de GEI debido a la actividad humana es el responsable de la subida paulatina de las temperaturas en el planeta.

El problema que acucia a nuestra sociedad es que, si bien el planeta ya ha pasado por diversos cambios climáticos que han ocurrido de forma natural, nunca se había registrado un cambio tan brusco en el clima planetario en un período de tiempo tan corto. Algunos de los efectos, como la gradual desaparición de las masas de hielo polares y la subida del nivel de los mares, ya habían sido predichos.

La solución a este problema pasa por una concienciación de la ciudadanía orientada a un consumo razonable de recursos (tanto energéticos como de materias primas) que permita cubrir nuestras necesidades sin poner en peligro el delicado equilibrio del planeta y que implique la reducción del consumo, la reutilización de materiales y su reciclado.

El ritmo del deshielo de los glaciares y de los casquetes polares se está acelerando provocando el aumento del nivel del mar y cambios en las corrientes oceánicas.

3.3 La sostenibilidad de la industria

En los apartados anteriores hemos visto que la actividad humana genera numerosos problemas medioambientales; eso debería hacernos buscar formas de compatibilizar el desarrollo tecnológico con el cuidado y el respeto al medioambiente.

Esto ocurre ya en el caso de algunas industrias. Por ejemplo, las madereras y papeleras explotan montes en los que no solo talan árboles como parte de su labor, sino que se encargan de cuidarlos y de repoblar nuevas extensiones. La extracción de madera no se produce de forma descontrolada, sino que se hace por parcelas en las que se repueblan los árboles y se los deja crecer hasta que alcanzan la talla necesaria.

La **sostenibilidad,** también llamada **desarrollo sostenible,** son todas aquellas actuaciones que han de ponerse en práctica para evitar la sobreexplotación de los recursos naturales y su agotamiento.

Existen cada vez más ejemplos de industrias, empresas y países que siguen esta filosofía que intenta:

- **Fomentar la igualdad entre los seres humanos,** para tratar de reducir las grandes diferencias existentes entre los países más industrializados y los países subdesarrollados y en vías de desarrollo.
- **Conducir el desarrollo económico por vías que faciliten el comercio justo,** los intercambios comerciales, el fomento del trabajo y la creación de actividades que sirvan de medio de vida para todas las personas.
- **Proteger el medioambiente,** tratando de impedir toda acción que sobreexplote y agote los recursos naturales del planeta, y rompa el equilibrio entre los seres humanos y la naturaleza, poniendo en peligro nuestra existencia.

Desde el punto de vista tecnológico, la actividad técnica e industrial ha de fomentar el concepto de las «3 R»: reducir, reutilizar y reciclar.

Afortunadamente cada vez son más las empresas madereras certificadas que hacen una explotación sostenible de los bosques.

Comprende, piensa, investiga...

16 En los estudios más recientes de la ONU (Organización de las Naciones Unidas) sobre el cambio climático, se concluye que este se acerca al «punto de no retorno». ¿Qué crees que significa esta expresión?

17 El Ártico es un territorio que no pertenece a ninguna nación y en cuyo subsuelo se encuentran abundantes y valiosos recursos energéticos. En la actualidad, diferentes países toman posiciones para su explotación, sobre todo, por la apertura en verano del paso del noroeste para la navegación marina. ¿Crees que debería ser protegido de forma singular declarándolo Patrimonio de la Humanidad o Reserva de la Biosfera? Justifica tu respuesta.

18 **Mapa conceptual.** Habla con tu familia y pregúntales qué tipo de hábitos tienen que favorezcan la sostenibilidad. Por ejemplo, ¿recicláis los tetrabriks? ¿Procuráis arreglar lo estropeado antes de comprar otro nuevo? En tu cuaderno haz un mapa conceptual con tres brazos principales para representar vuestros hábitos para reutilizar, para reducir y para reciclar.

19 **Comprobamos.** Observa el siguiente gráfico en el que se representan siete indicadores para que las ciudades sigan un modelo más sostenible.

Escribe en tu cuaderno una descripción de lo que entiendas de cada uno de los indicadores y a continuación comparte tus soluciones en clase como se te indique.

4

PROCESO DE RESOLUCIÓN DE PROBLEMAS TECNOLÓGICOS

4.1 El método de proyectos

Son muchos los problemas que solucionamos gracias a la tecnología, y cada uno de ellos requiere un análisis de cómo resolverlo. De entre todas las soluciones posibles, elegiremos la óptima.

Esta es la máxima que sigue el método de proyectos, que consiste en la puesta en práctica de un ciclo de aprendizaje y experimentación. Así, aprender conocimientos, destrezas y técnicas se consigue por medio del estudio, pero también haciendo, construyendo, empleando herramientas, experimentando con materiales, etc.

El método de proyectos es un proceso por el cual se resuelven problemas siguiendo unos pasos determinados, que son:

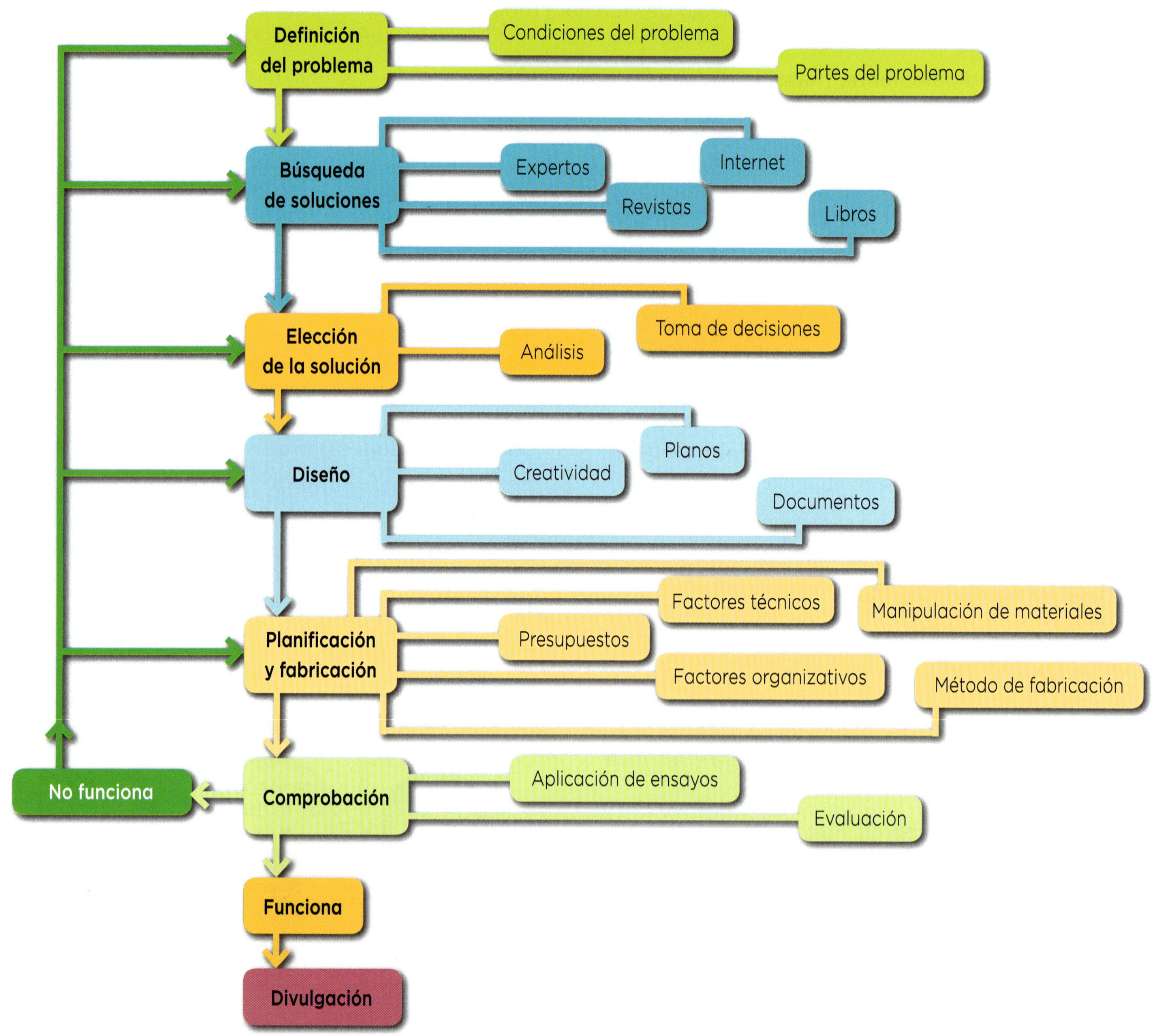

Antes de avanzar más, visita **anayaeducacion.es** para visionar el vídeo «El proceso de resolución de problemas tecnológicos» y consultar la infografía «Fases del método de proyectos».

Elaboración de ideas y búsqueda de soluciones

La primera fase consiste en enunciar correctamente el problema, de modo que se tengan en cuenta todas las condiciones y se puedan proponer soluciones que resuelvan ese problema concreto. Una de las técnicas más empleadas es la «tormenta de ideas», o *brainstorming*.

Elección de la solución

Para resolver un problema, hay que seleccionar la idea que más se ajuste a nuestras necesidades; para ello, conviene comparar todas las soluciones posibles por medio del **análisis de objetos.** Esta tarea conlleva estudiar los siguientes aspectos:

- **Análisis morfológico,** que consiste en la observación de su estructura (de cuántas partes está compuesto), de su forma, de sus dimensiones, de la textura y del color de sus superficies.
- **Análisis funcional,** en el que se observa su funcionamiento y utilidad práctica. En este caso, se distingue entre objetos estáticos y objetos con capacidad de desarrollar movimiento.
- **Análisis técnico,** con el que se describen los materiales empleados y sus propiedades; en especial las propiedades mecánicas, como su resistencia; su grado de flexibilidad; su dureza; su tenacidad, o capacidad de absorber impactos; etc.
- **Análisis económico,** para elaborar una estimación de cuál puede ser el coste del objeto.

La selección de un objeto determinado para satisfacer una necesidad es el resultado de aplicar los cuatro tipos de análisis que acabamos de mencionar. El objeto óptimo será aquel que cumpla con los requisitos pedidos con el menor coste posible.

Brainstorming

Cada miembro, de forma rápida y por turnos consecutivos, va proponiendo una solución al problema independientemente de si puede resultar o no factible. Lo importante de esta fase es que hay que liberar la mente de bloqueos y decir lo primero que a uno se le ocurra, haciendo incluso que la reunión se desarrolle en un ambiente distendido y divertido.

Ejemplo de análisis

Análisis comparado de dos cubos de fregar

Observa estos dos cubos de fregar. Su utilidad es la misma, por lo que en su análisis funcional deberían aparecer las mismas características. No obstante, **la forma de las partes que los componen** es diferente. En primer lugar, la forma geométrica es distinta: uno es troncocónico, y el otro, prismático con las aristas redondeadas. El elemento para escurrir la fregona se adapta a la forma de cada cubo y tienen diseños diferentes. Las asas también tienen forma desigual, siendo en uno un arco de metal y en el otro un modelo de plástico con una línea más ergonómica.

Desde el **punto de vista técnico,** es posible que el diseño del cubo prismático ofrezca un mejor rendimiento, tanto para transportarlo y almacenarlo como para escurrir el agua de la fregona.

Y respecto a su **valoración económica,** podrías buscar el precio de cada uno de ellos en alguna tienda online, en algún catálogo o en alguna tienda especializada en productos de limpieza del hogar. ¿Cuál de los dos cubos es más caro?

4 PROCESO DE RESOLUCIÓN DE PROBLEMAS TECNOLÓGICOS

Todos los componentes del equipo son igualmente importantes. De hecho, el trabajo de todos ellos ha de ser lo más preciso posible. Si uno de ellos falla, el resto del equipo se resiente.

4.2 El trabajo en equipo

En el taller de tecnología es muy frecuente que tengamos que formar equipos para resolver los problemas y construir los proyectos propuestos.

Las principales características del trabajo en equipo son:

- El liderazgo es compartido por los miembros del grupo, repartiendo responsabilidades entre todos y rotando en el cargo de forma sucesiva.
- El reparto de tareas es claro y consensuado.
- Los conflictos son resueltos dentro del equipo a través de la confrontación positiva de ideas.
- Las decisiones se toman mediante acuerdos que beneficien al equipo.

La clave para el éxito de un equipo reside en el compromiso de sus miembros y en la buena comunicación entre ellos.

Responsabilidades de los miembros

Existen ciertas responsabilidades que deben ser asumidas por los miembros de los equipos de trabajo. Veamos algunas de ellas:

- **Cabeza del equipo.** Será responsable de repartir las tareas entre los componentes y hará de enlace con el profesor o la profesora.
- **Secretario o secretaria.** Debe anotar los acuerdos tomados en las reuniones. Será responsable de almacenar y ordenar los documentos relacionados con los proyectos.
- **Responsable de herramientas.** Debe comprobar al entrar en el taller que están todas las herramientas asignadas al equipo y que se encuentran en buen estado. También debe asegurarse de que quedan recogidas y limpias al terminar.
- **Responsable de materiales.** Debe comprobar que el equipo dispone de los materiales necesarios y que estos quedan correctamente almacenados al finalizar la hora de trabajo.
- **Responsable de seguridad y limpieza.** Debe verificar que el equipo cumple las normas de seguridad. También debe organizar el cuadrante de limpieza.

Comprende, piensa, investiga...

20 Mapa conceptual de paisaje. Seguro que alguna vez has entrado en un restaurante de comida rápida. La próxima vez, observa la colocación de los lugares de preparación de la comida y lo que hace cada una de las personas que trabajan allí. En tu cuaderno, haz un dibujo o un esquema donde anotes el lugar en el que se sitúa cada una y trata de adivinar su rol.

21 Petición del oyente. Crea un equipo con otros tres o cuatro compañeros y compañeras, y organizad los preparativos para fabricar un puzle con piezas de madera. Distribuid equitativamente los cargos y plantead la responsabilidad de cada miembro del equipo. Pensad en las diferentes tareas, incluida la de conseguir la caja donde se guardará el puzle, y repartidlas entre vosotros.

Recordad que el objetivo es anotar esta información en una hoja para entregar al profesor o a la profesora, no la fabricación en sí del objeto.

Visita nuestra web para acceder a la presentación «Trabajo en equipo».

5 EL AULA TALLER Y LOS TRABAJOS DE TECNOLOGÍA

Conociendo las fases de un proyecto, habrás observado que tras el diseño y la planificación se ha de poner en práctica la fase constructiva. El taller es el lugar donde llevarás a cabo estos trabajos.

5.1 El taller de tecnología

El taller de tecnología es el espacio de trabajo habitual para llevar a cabo los trabajos de construcción y ensamble. Es un sitio ideal para trabajar en equipo y contaremos con diferentes espacios, como el almacén, donde se han de organizar y guardar los materiales fungibles y consumibles que se emplearán para realizar proyectos; las herramientas manuales y eléctricas; los dispositivos eléctricos y electrónicos, y los instrumentos de medida.

Este espacio se empleará, por tanto, siempre que haya que construir algún proyecto técnico, pero también se puede acudir para actividades de reconocimiento físico de herramientas y materiales, para el empleo de útiles y aparatos de medida o para el montaje de cualquier experimento.

Las áreas y los recursos pueden estar repartidos de forma similar al ejemplo de la figura. En ocasiones, algunos centros disponen de ordenadores portátiles dentro de un armario en la propia aula, pero otros centros han podido habilitar un espacio contiguo al aula taller como sala de ordenadores.

El aula taller es un lugar de trabajo, por lo que habrá que seguir ciertas normas de comportamiento para evitar accidentes con las herramientas.

Plano del aula taller

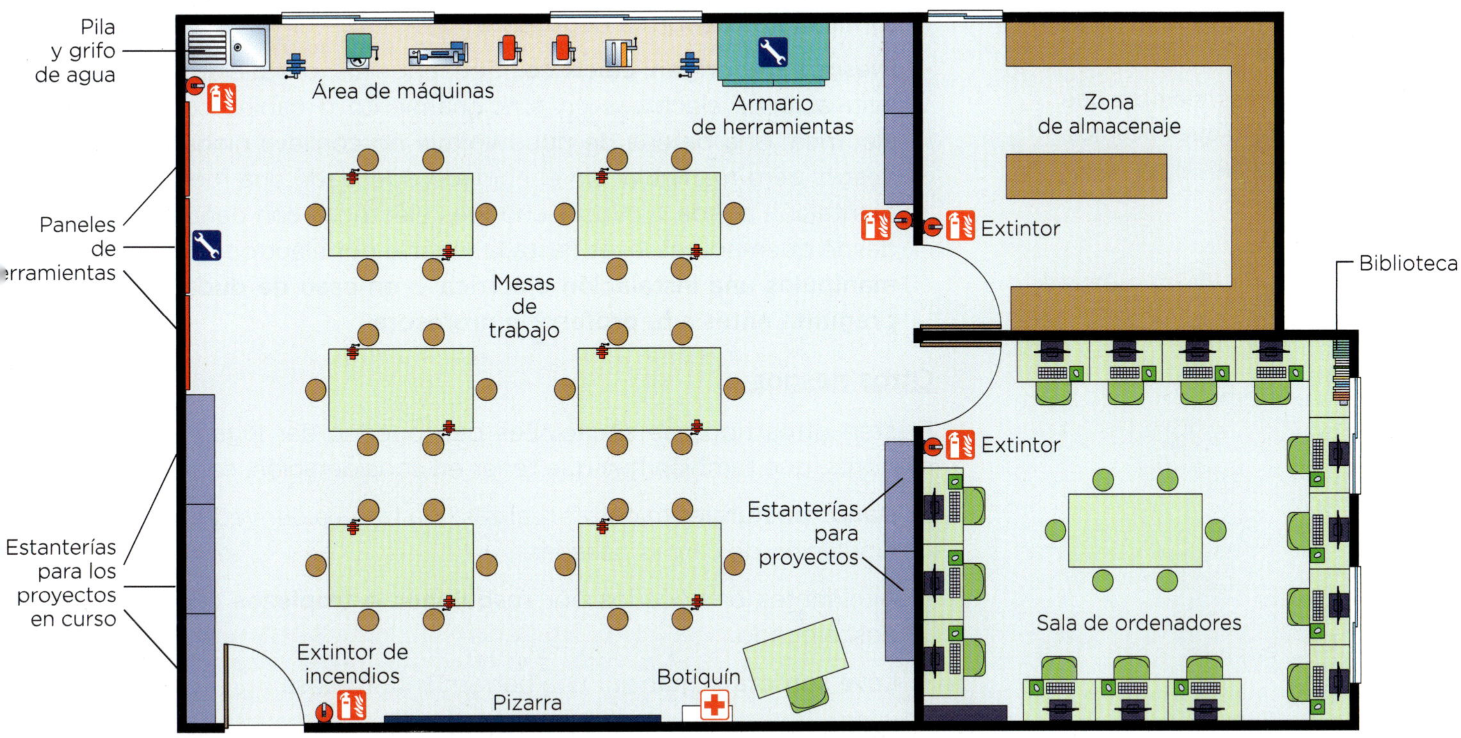

Aprende las normas de trabajo en el aula taller con la presentación «Cómo se trabaja en el aula taller» y obtén información sobre las herramientas en la imagen interactiva «Panel de herramientas» de anayaeducacion.es.

La conducta PAS

Proteger

Avisar

Socorrer

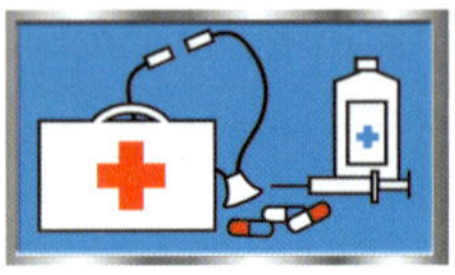

La conducta PAS es un acrónimo de las actuaciones en caso de que ocurra un accidente:

- **Proteger,** para evitar que se produzca otro accidente.
- **Avisar** al responsable o a los servicios de emergencias.
- **Socorrer** a las víctimas, siempre que estemos seguros de lo que hacemos.

5.2 Conoce los riesgos del trabajo en el taller

Uno de los grandes avances sociales de los últimos años ha sido la comprensión de la necesidad de preservar la salud de los trabajadores.

En el aula taller de tecnología, como en cualquier otro tipo de centro de trabajo productivo, se acometen una serie de tareas que conllevan riesgos. Para poder prevenir dichos riesgos, es fundamental saber cuáles son. Por esto es necesario **conocer los peligros** que puede acarrear el manejo incorrecto de cada una de las herramientas y todos los riesgos a los que se está expuesto en el aula taller.

Para evitar accidentes, es imprescindible **aplicar las normas de uso** de cada herramienta y de cada área del taller.

Se debe tener en cuenta que puede ocurrir un accidente en cualquier momento, por lo que habrá que **conservar la calma y conocer el procedimiento correcto de actuación.**

Los principales riesgos que puedes encontrar en el taller de tecnología son:

- **Riesgos de origen mecánico.** Asociados con aquellas actividades que pueden producir heridas de diversa consideración, tales como **cortes, pinchazos o golpes** producidos por una manipulación descuidada de las herramientas, tanto eléctricas como manuales.

  En muy raras ocasiones pueden producirse explosiones cuando se emplea maquinaria a presión.

  Has de prestar mucha atención y seguir al pie de la letra las instrucciones del profesorado cuando manipules herramientas de corte, como las sierras —en especial las sierras eléctricas—, y las taladradoras; también al utilizar herramientas de golpeo, como martillos o mazas. Recuerda que uno de los principales factores de accidente por corte en el taller ocurre cuando se manejan el cúter y los destornilladores de forma negligente.

- **Riesgos de origen eléctrico.** Son aquellos producidos al tocar instalaciones eléctricas en funcionamiento o cables con tensión eléctrica. Una batería de poco voltaje no conlleva ningún tipo de riesgo, pero manipular sin el cuidado adecuado una fuente de alimentación puede provocar choques eléctricos con daños que van desde quemaduras leves hasta la muerte por electrocución. **Nunca manipules una instalación eléctrica** y, **en caso de duda, siempre pregunta antes a tu profesor o profesora.**

Otros riesgos

Existen otros tipos de situaciones que pueden dar lugar a lesiones menores, que también hay que tener en consideración, como:

- **Daños posturales** mientras realizas una tarea o derivados de la manipulación de cargas pesadas.
- Accidentes provocados por **resbalones o tropiezos** con material descolocado.
- **Leve sordera** al manejar una herramienta ruidosa.
- **Contacto con sustancias corrosivas** o inhalación de sustancias tóxicas.

5.3 Reduce los riesgos en el taller

Para disminuir los riesgos, se han de poner en conocimiento de todas las personas presentes en el taller ciertas medidas de prevención:

- **Organización.** Es obligatorio que cada estudiante conozca su mesa de trabajo y su entorno. Así se evitarán movimientos innecesarios de personas en el taller.
- **Conocimiento de herramientas.** Nunca se ha de manejar una herramienta cuyos riesgos se ignoren. Cada estudiante está obligado a conocer las herramientas que vaya a utilizar.
- **Actitudes.** Cualquier persona que trabaje en un taller debe mantener una actitud tranquila y llevar una vestimenta adecuada. Se ha de recoger el pelo largo en una coleta para evitar que quede atrapado por una máquina en funcionamiento. Es preferible no vestir con cazadoras, abrigos o chaquetas, porque limitan y entorpecen los movimientos. Nunca se debe jugar ni correr en el taller de tecnología. Incluso, aunque es más saludable mantener un ambiente relajado de trabajo, las bromas pueden llegar a distraer a una persona que esté manejando una herramienta.
- **Prevención.** El empleo de gafas y guantes de trabajo es obligatorio si se intuye que la herramienta que se está manejando puede llegar a provocar un accidente. Las herramientas han de usarse siempre para el propósito para el que se han diseñado. La mejor regla es que, en caso de duda, preguntes a tu profesora o profesor. No uses maquinaria eléctrica sin la supervisión del profesorado, aunque ello suponga un retraso en el trabajo.
- **Mantenimiento.** Participa activamente en el mantenimiento y limpieza del taller y de las herramientas. Te ayudará a conocer el material con el que trabajas.

Utiliza siempre la protección adecuada para cada tipo de trabajo.

En **anayaeducacion.es** encontrarás la presentación «Riesgos en el aula taller».

5.4 La señalización de seguridad

Disponer de elementos de señalización en un taller es una de las mejores formas de prevención. Las señales recuerdan los riesgos derivados del trabajo y evitan accidentes. Existe una terminología estándar sobre los símbolos empleados que todo estudiante debe conocer. Los tipos de señales son:

- **De advertencia.** Son triangulares, de fondo amarillo y pictograma negro. Indican situaciones de peligro potencial que pueden producir daños irreversibles en las personas.
- **De prohibición.** Son redondas, formadas por un anillo exterior rojo y un círculo interior blanco. El color más habitual para el pictograma de prohibición es el negro, aunque en ocasiones se usa además el rojo. Indican qué tipo de acciones nunca deben llevarse a cabo.
- **De obligación.** Son redondas de color azul y pictograma blanco. Fuerzan al cumplimiento de una determinada acción o norma.
- **De información.** Son cuadradas o rectangulares, de color azul y pictograma blanco. En ocasiones el pictograma está sobre fondo blanco, en cuyo caso su color sería negro.
- **De lucha contra incendios.** Son cuadradas, de color rojo y con el pictograma en blanco. Indican la situación de mangueras, extintores, etc.
- **De información de emergencia.** Son cuadradas o rectangulares, de fondo verde y pictograma blanco. Indican salidas de emergencia, puestos de socorro, etc.
- **De peligro.** Negras y rojas destacando la palabra «Danger» o «Peligro» y con un espacio en blanco para describir el riesgo en su interior.

Los colores son muy importantes para identificar el grado de peligro. Los más empleados son:

- **Color rojo.** Para prohibición o para resaltar una situación de peligro.
- **Color amarillo.** Para indicar un riesgo.
- **Color azul.** Para indicar una obligación o una recomendación.
- **Color verde.** Para indicar una información.

Comprende, piensa, investiga...

22 Haz un listado de los tipos de riesgos presentes en el taller de tecnología y cómo evitarlos. Pon un ejemplo de cada uno de ellos.

23 ¿Cuántos tipos de señales de seguridad conoces? ¿Qué representan? ¿Qué color se asocia a cada una? ¿Has visto alguna en tu instituto?

24 ¿Te has fijado en las señales de tráfico? ¿Cuántas crees que podrían aplicarse al trabajo en el taller?

25 En el taller de tecnología, observa cuáles son las zonas de trabajo con más riesgo y elabora un pequeño informe.

26 Por grupos, confeccionad carteles de cartulina para identificar las distintas zonas del aula, con señales advirtiendo de los posibles riesgos.

27 Explica en qué consistirá la conducta PAS en las siguientes situaciones:

a) Un compañero se quema con una pistola termofusible.

b) Una compañera se ha cortado en un dedo con un cúter.

c) Dos compañeros estaban trasladando una pieza pesada de una mesa a otra y se les ha resbalado, cayendo sobre el pie de uno de ellos.

ELABORAR UN PRESUPUESTO

PRESENTACIÓN DEL PROYECTO

Una de las partes más importantes de un proyecto es conocer previamente cuánto va a costar realizarlo. De hecho, cualquier actividad tecnológica, industrial o de tipo empresarial se dice que es realizable cuando se puede asumir el coste.

PASOS PARA REALIZAR EL PROYECTO

PRESUPUESTANDO UNA REFORMA EN CASA

Seguramente en tu casa o en otra conocida han hecho alguna reforma. El albañil o la empresa de reformas ha ido primero a la casa, ha anotado en qué consiste el trabajo, ha preguntado o ha aconsejado los materiales que se quiere utilizar, y tras evaluar el coste de cada uno e incluir el beneficio por el trabajo, ha dado la cifra del coste total de la obra. A esta acción se la denomina «presupuestar un trabajo».

1 Para calcular el gasto de materiales, se ha de tener clara la lista de todos los que se van a utilizar, mientras que para determinar el coste de la mano de obra, hay que tener en cuenta el tiempo que cada persona del equipo va a dedicar al proyecto. Por lo general, en nuestro caso, todos los componentes del grupo dedican el mismo tiempo, pero para hacer un cálculo riguroso, hay que fijar precios diferentes según el tipo de trabajo. Podéis aplicar el criterio que queráis y asignar salarios por hora según la tarea de cada uno: diseñador, operario, director de proyecto, etc.

2 Todos los datos se recogerán en una tabla en la que se desglosará cada coste a fin de obtener la suma final para conocer el coste estimado del proyecto, o presupuesto.

Observa el siguiente ejemplo. Un equipo quiere construir un proyecto en el que el conjunto de piezas de madera puede costearse con 2,60 €. Además, los costes de otros materiales serán de 2,4 € en escuadras de metal, 0,60 € en tornillería, y 0,15 € en material fungible, como barras de termofusible y otros elementos de unión, como cola de contacto y clavos.

En el equipo, los roles adquiridos por los componentes a lo largo del proyecto han sido: una compañera ha trabajado de directora de proyecto cuyo coste se ha estipulado en 10 €/h, un diseñador-proyectista con un coste de 8 €/h y dos operarios a 5 €/h. Para simplificar, deciden aplicar el mismo tiempo de trabajo a la totalidad de los integrantes, que se eleva a 10 horas de trabajo, excepto al que ha diseñado los planos, que ha trabajado dos horas más dibujando en casa. Por último, preguntan a la profesora sobre los gastos de herramientas, de maquinaria y del alquiler del local, y la profesora estima 2 €/h en la primera y 3 €/h en la partida de alquiler del inmueble.

3 Reunido vuestro equipo, copiad estas tablas en el cuaderno que os servirán de plantilla para hacer el cálculo de vuestro presupuesto.

Presupuesto de materiales				
N.º	Material	Coste ud.	Unidades	Total
1				
2				
3				
	Total materiales			

Presupuesto de mano de obra				
N.º	Asignación	Salario (€/h)	Horas	Total
1				
2				
	Total mano de obra			
			COSTE TOTAL DEL PROYECTO	

En el apartado «portfolio» del banco de recursos de anayaeducacion.es, encontrarás orientaciones sobre cómo elaborar tu **portfolio.**

TRABAJA CON LO APRENDIDO

La actividad técnica

1 Anota en tu cuaderno tres objetos que te vienen a la mente cuando piensas en la palabra «tecnología».

2 **El espejo.** ¿Qué diferencia hay entre «técnica» y «tecnología»?

Impacto ambiental de la actividad tecnológica

3 Anota los tipos de contenedores de residuos que tienes cerca de tu casa. ¿De qué color son? ¿Para qué es cada uno? Averigua si en tu familia separáis los residuos y cómo podrías colaborar tú.

4 ¿Conoces el proceso que sigue la basura que producimos? ¿Has oído hablar de los vertederos? ¿Son todos legales y controlados? Visiona el documental «Basurero para rato» del programa El Escarabajo Verde. Para ello, visita la página https://bit.ly/2goXnWd y anota en tu cuaderno aquellas cuestiones que se consideran controvertidas, como el efecto de la basura acumulada en el medioambiente, en el suelo, etc.

5 Has visto en esta unidad el concepto de las «3 R» para reducir, reciclar y reutilizar. Pero ¿tienes claro qué significa cada una de estas acciones? Busca información más detallada en las guías de Intermon Oxfam (https://blog.oxfamintermon.org/) y Greenpeace (https://bit.ly/2UnwCJ8), y describe cada una de estas acciones.

6 ¿Qué relación encuentras entre la contaminación atmosférica y el deterioro de los suelos?

7 ¿Qué se entiende por contaminación antrópica? Describe algún ejemplo que conozcas.

8 ¿Qué se entiende por sostenibilidad, o desarrollo sostenible?

9 Busca información en las webs de noticias sobre el panel intergubernamental sobre el cambio climático (IPCC) y haz un breve resumen de las conclusiones a las que han llegado en sus últimos informes.

10 ¿Cuáles son los principales contaminantes de las aguas?

11 ¿Se pueden considerar los restos emitidos a la atmósfera por la erupción de un volcán como elementos contaminantes?

12 Lee las siguientes afirmaciones publicadas por la OMS (Organización Mundial de la Salud). En ellas, aparecen huecos para los que se dan tres posibilidades. ¿Cuál crees que es el valor correcto?

I) La concentración atmosférica de dióxido de carbono, gas que atrapa más calor en las capas bajas de la atmósfera, ha aumentado en ? desde los tiempos anteriores a la Revolución Industrial. [a) más de un 10 %, b) más de un 20 %, c) más de un 30 %]

II) En la última década del siglo XX, los desastres naturales relacionados con las condiciones meteorológicas produjeron aproximadamente 600 000 muertes en todo el mundo, el ? de ellas en países pobres. [a) 75 %, b) 85 %, c) 95 %]

III) Las temperaturas récord alcanzadas en el verano de 2003 en Europa Occidental están asociadas con las ? muertes más en el mismo período de años anteriores. [a) 70 000, b) 100 000, c) 125 000]

IV) La falta de agua y su mala calidad pueden poner en peligro la salud y la higiene, con el consiguiente aumento del riesgo de enfermedades diarreicas que son causa de la muerte de ? de personas cada año. [a) 200 millones, b) 2 millones, c) 20 millones]

V) La diarrea, el paludismo y la malnutrición produjeron aproximadamente ? de muertes en 2004, de las cuales más de un tercio se registraron en África. [a) 2 millones, b) 3 millones, c) 4 millones]

13 Observa el gráfico de la página siguiente y responde a las preguntas:

a) ¿En qué año aproximadamente se estima que se midió la temperatura media más baja en el planeta? ¿Y la más elevada?

b) Observando la secuencia de puntos en el gráfico, ¿puedes detectar algún cambio a partir de la década de los años 60?

c) El IPCC, organismo responsable de estos estudios, muestra cuatro líneas de tendencia diferentes: una roja que cubre el período de los últimos 150 años, una azul que cubre los últimos 100 años, una naranja para los últimos 50 años y una amarilla para los últimos 25. ¿Cuál de las tendencias presenta una mayor diferencia entre el inicio y el final del período medido?

Repasa tus conocimientos con el mapa interactivo de «Para estudiar» y las actividades interactivas «¡Ponte a prueba!» y «Aprende jugando».

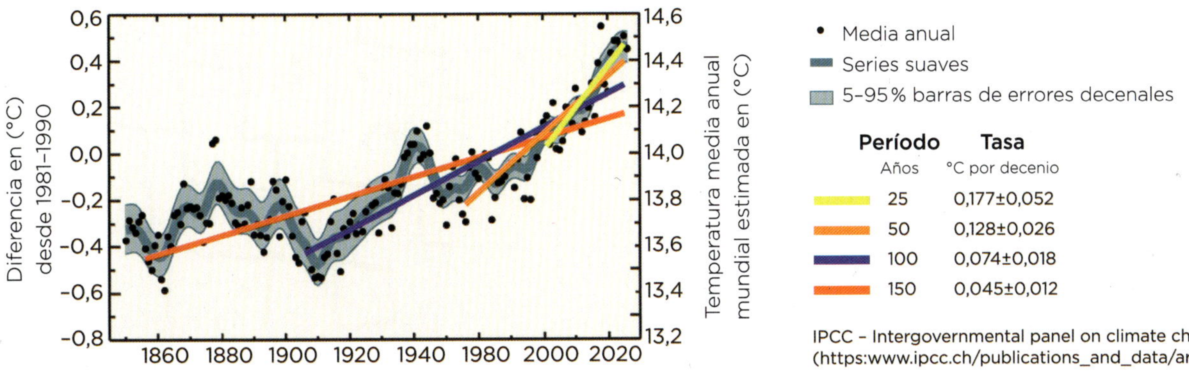

IPCC - Intergovernmental panel on climate change (https:www.ipcc.ch/publications_and_data/ar4/wg1/es/figure-ts-6.html)

d) Para los citados períodos de tiempo en la pregunta c, ¿cuál es la variación por decenio que han medido en el IPCC?

e) En 2015 se ha registrado una temperatura media en el planeta de 14,8 °C. Si se mantuviera la tendencia de un aumento de 0,177 °C en los próximos 10 decenios, ¿cuál sería la temperatura que se registraría en el año 2115?

f) A la vista de la inclinación de las series históricas, has observado que la línea roja tiene menos pendiente que la línea azul, que a su vez tiene menos pendiente que la línea naranja y que a su vez tiene menos pendiente que la línea amarilla. ¿Qué crees que significa esto?

Proceso de resolución de problemas tecnológicos

14 **Las variaciones.** Propón cinco soluciones diferentes al problema «colocar un objeto a 3 metros de altura», sin pensar en posibles restricciones. Anota al lado de cada una por qué crees que es una buena solución.

15 Coge una botella de plástico pequeña de 33 cL de las que se utilizan para el agua. Realiza un análisis completo del objeto y trata de diseñar una botella que tenga la misma funcionalidad pero que varíe en su forma.

16 ¿Cuáles son los costes que se incorporan en la elaboración de un presupuesto?

17 Haz un análisis completo de un objeto que utilizas a diario, por ejemplo, la mochila.

18 Supón que dispones de 800 € para comprar un ordenador hecho a medida, monitor, software, periféricos y cualquier producto relacionado. Busca en varias webs el precio de los componentes y haz un presupuesto teniendo cuidado de no superar el dinero disponible.

19 Detalla los pasos que debes seguir para preparar el desayuno que más te guste. Empieza suponiendo que tienes que comprar todos los productos y, por tanto, confeccionar el presupuesto necesario.

20 Supón ahora que tienes que repetir la actividad anterior, pero esta vez se trata del desayuno de cuatro personas. Imagina que cada uno pide algo diferente, por ejemplo, la bebida que acompañe al resto de alimentos. A la hora de hacer el presupuesto, ten en cuenta el coste de cada desayuno individual y, también, el coste total.

21 ¿Qué similitudes encuentras entre las dos actividades previas y el proyecto técnico? ¿Qué diferencias observas?

22 Compara las características de dos teléfonos móviles: el tuyo y otro distinto. Puede ser el de alguien que conozcas o el teléfono que te gustaría tener. Incluye los precios de ambos y el resto de las características más importantes: tamaño de pantalla, cantidad de memoria, posibilidad de expansión de memoria, etc.

El aula taller

23 **Mapa mental.** Haz un mapa conceptual con los principales riesgos de origen mecánico y eléctrico que se puede encontrar cualquiera en un taller de tecnología.

24 ¿Cuáles son las principales medidas de prevención que se pueden llevar a cabo en un taller de tecnología para disminuir los riesgos de accidente?

25 Dibuja en tu cuaderno al menos una señal de cada tipo (advertencia, prohibición, obligación, información, lucha contra incendios, información de emergencia y peligro) de acuerdo con las normas de señalización estudiadas en la unidad.

En el banco de recursos de **anayaeducacion.es** encontrarás documentos explicando las técnicas y las llaves indicadas en algunas actividades.

2

DISEÑO DE ELEMENTOS TÉCNICOS

La tecnología y el dibujo

Los seres humanos comenzamos a desarrollar nuestras habilidades para el dibujo desde la infancia. El dibujo es una forma de expresión inherente a nuestra naturaleza, de manera que nos valemos de la comunicación gráfica para expresar ideas, contar historias, demostrar sentimientos y transmitir opiniones.

Desde el punto de vista técnico, el dibujo es esencial para especificar la forma, las características o el tamaño de los objetos que fabricamos. Para ello, se emplea un lenguaje universal; así, un dibujo tuyo podría ser interpretado y reproducido por cualquier persona sin importar el idioma que hable.

COMPROMISO ODS

ODS

Es más que probable que ya conozcas los Objetivos para el Desarrollo Sostenible (ODS) propuestos por la ONU. Estos 17 objetivos pretenden lograr un mundo mejor, más igualitario y más habitable. Las 169 metas propuestas deberían alcanzarse antes del año 2030. Para conseguirlo, es necesaria la colaboración del mayor número posible de personas, y un primer paso es conseguir aumentar la conciencia pública con relación a ellos.

Entra en la página de las Naciones Unidas https://www.un.org/sustainabledevelopment/es/, repasa los objetivos y observa los iconos diseñados para cada uno de ellos.

Consulta en la página de la ONU o en la web de Anaya cuál es la **meta 4.1** y diseña (de manera individual o en grupo) un cartel para concienciar al público sobre la necesidad de alcanzar esa meta. Además del texto, debes incluir una imagen o un icono de diseño propio para dar más fuerza comunicativa al cartel.

Visita nuestra página **anayaeducacion.es** para obtener más información sobre la **meta 4.1** y los demás objetivos de desarrollo sostenible.

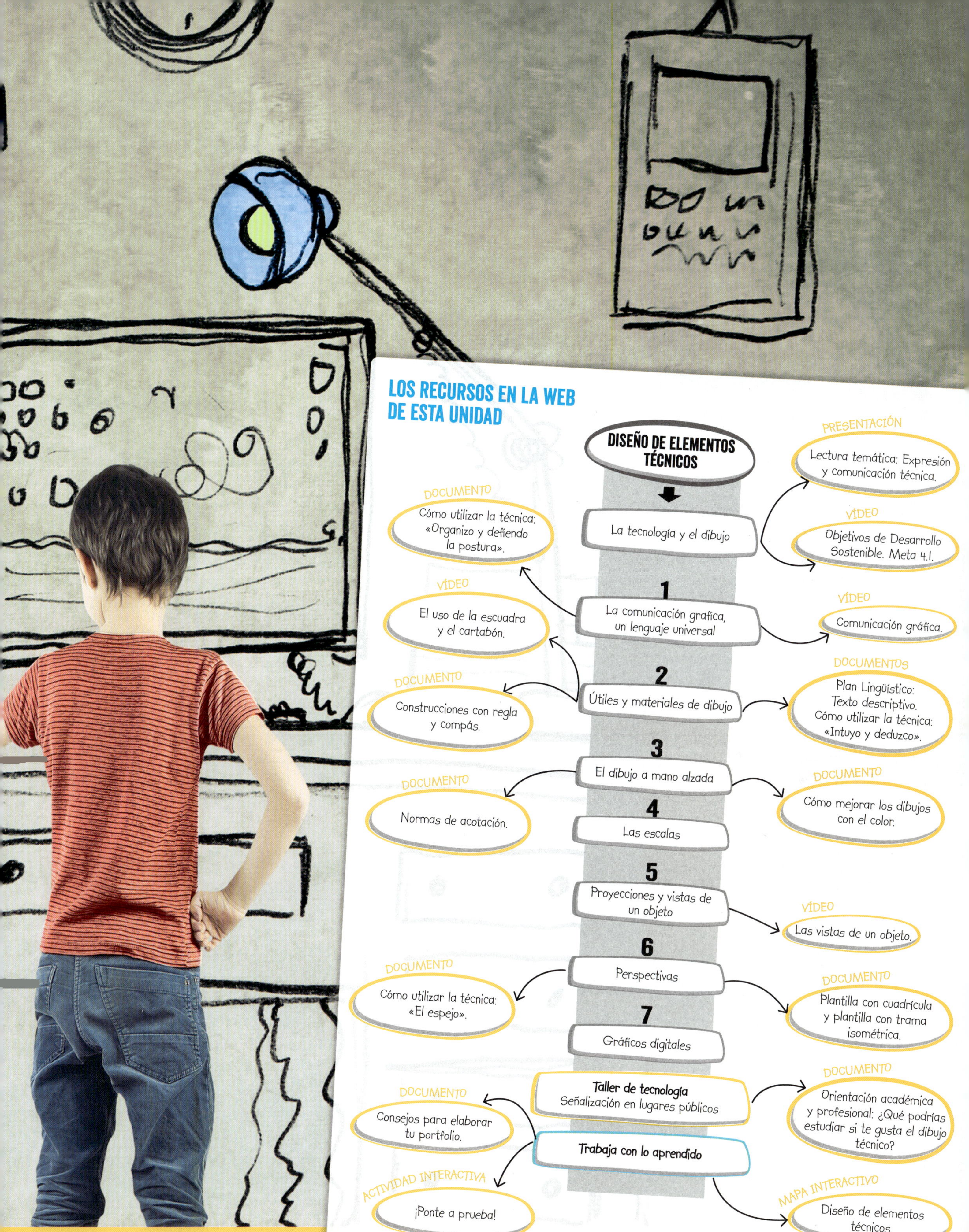

LOS RECURSOS EN LA WEB DE ESTA UNIDAD

DISEÑO DE ELEMENTOS TÉCNICOS

- La tecnología y el dibujo
  - PRESENTACIÓN: Lectura temática: Expresión y comunicación técnica.
  - VÍDEO: Objetivos de Desarrollo Sostenible. Meta 4.1.
- 1 La comunicación gráfica, un lenguaje universal
  - DOCUMENTO: Cómo utilizar la técnica: «Organizo y defiendo la postura».
  - VÍDEO: Comunicación gráfica.
- 2 Útiles y materiales de dibujo
  - VÍDEO: El uso de la escuadra y el cartabón.
  - DOCUMENTO: Construcciones con regla y compás.
  - DOCUMENTOS: Plan Lingüístico: Texto descriptivo. Cómo utilizar la técnica: «Intuyo y deduzco».
- 3 El dibujo a mano alzada
  - DOCUMENTO: Normas de acotación.
  - DOCUMENTO: Cómo mejorar los dibujos con el color.
- 4 Las escalas
- 5 Proyecciones y vistas de un objeto
  - VÍDEO: Las vistas de un objeto.
- 6 Perspectivas
  - DOCUMENTO: Cómo utilizar la técnica: «El espejo».
  - DOCUMENTO: Plantilla con cuadrícula y plantilla con trama isométrica.
- 7 Gráficos digitales
- **Taller de tecnología** Señalización en lugares públicos
  - DOCUMENTO: Consejos para elaborar tu portfolio.
  - DOCUMENTO: Orientación académica y profesional: ¿Qué podrías estudiar si te gusta el dibujo técnico?
- **Trabaja con lo aprendido**
  - ACTIVIDAD INTERACTIVA: ¡Ponte a prueba!
  - MAPA INTERACTIVO: Diseño de elementos técnicos.

1 LA COMUNICACIÓN GRÁFICA, UN LENGUAJE UNIVERSAL

El dibujo técnico en el arte

En la práctica, esta distinción entre dibujo artístico y dibujo técnico no es tan rígida como se ha definido. Algunos artistas emplean las técnicas de dibujo técnico para representar espacios y perspectivas.

Seguro que habrás oído más de una vez que «una imagen vale más que mil palabras». En tecnología se necesita usar el dibujo para representar aquellos objetos que se quieren construir.

1.1 Dibujo artístico vs. dibujo técnico

El dibujo artístico es una forma de representar objetos o escenas que puede aproximarse a la realidad o, por el contrario, reflejar la visión personal del artista.

El **dibujo técnico** es un lenguaje universal normalizado que permite la exposición y el intercambio de la información necesaria para construir un objeto de forma precisa.

El dibujo artístico está, por lo general, libre de reglas. Atiende a la sensibilidad del dibujante. Por otro lado, el dibujo técnico se basa en normas de dibujo para ofrecer información gráfica fiel a la realidad que describe, junto con información numérica y simbólica; es decir, aporta información para que el diseño pueda convertirse en un objeto real, por tanto incluye habitualmente medidas y otras informaciones numéricas que permitan su identificación, fabricación o montaje.

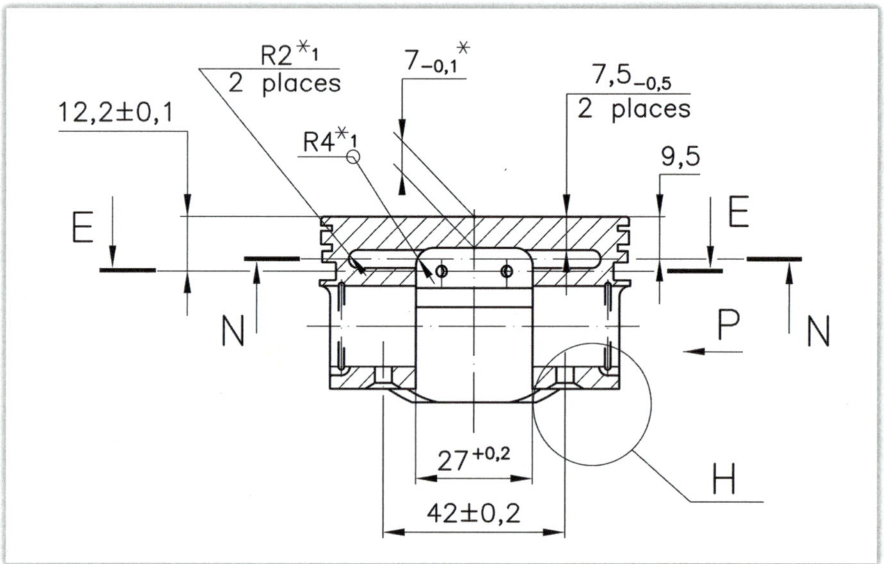

Comprende, piensa, investiga...

1 Anota en tu cuaderno qué tipo de dibujo sería el más adecuado para representar cada uno de estos objetos o escenas:

- Una puesta de sol.
- El plano de una vivienda.
- Un mapa de carreteras.
- El diseño de un teléfono móvil.
- El dibujo de una mascota.
- El dibujo de un bosque.

2 **Organizo y defiendo la postura.** ¿Qué ventajas supone, en tu opinión, la utilización de la normalización en el dibujo técnico?

3 Dibuja en tu cuaderno tu goma de borrar. Primero de forma artística y después de forma técnica, incluyendo toda la información que consideres necesaria para que cualquier persona que observe el dibujo entienda de qué objeto se trata, hasta el punto de poder «construir» uno igual.

En **anayaeducacion.es** encontrarás un vídeo sobre la comunicación gráfica como introducción a lo que vas a estudiar en esta unidad.

2 ÚTILES Y MATERIALES DE DIBUJO

Formatos

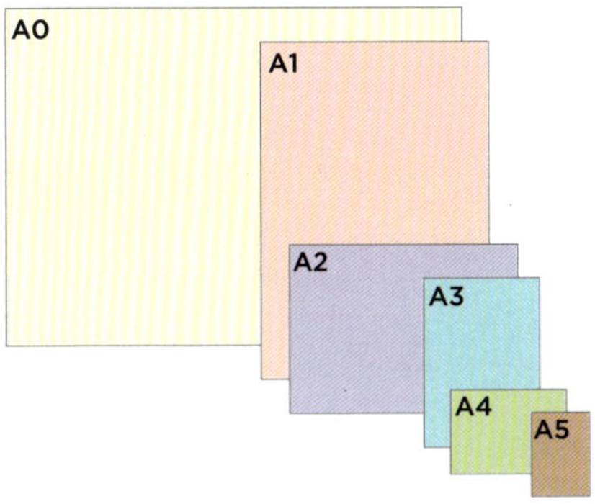

Observa cómo, a medida que el formato aumenta de valor (A0, A1, A2...), disminuye su tamaño. El formato A0 es el formato base porque se parte de una superficie de 1 m^2.

Para dibujar, es necesario disponer de un soporte sobre el que plasmar el dibujo y de una serie de útiles y herramientas que nos facilitarán el trabajo.

2.1 Papel

El papel es el principal soporte empleado en dibujo técnico. Existe una amplia variedad de papeles, con diversos tamaños, texturas, gramajes y colores. Cada uno es adecuado para un tipo de dibujo.

Tipo de papel	Características
Dibujo a lápiz	Textura rugosa y sin brillo. Puede estar encolado.
Dibujo a tinta	Liso y satinado. Debe estar encolado para evitar que la tinta se disperse por su superficie.
De esbozo	De menor calidad que los anteriores, puede llegar a ser translúcido. Se usa para bocetos y croquis.
Vegetal	Papel translúcido, ideal para calcar y el dibujo a tinta.
Milimetrado	Papel especial que lleva impresa una pauta formada por una cuadrícula dividida en milímetros. Se usa para representación de gráficos matemáticos o dibujos a escala.

El tamaño de papel más usado es el conocido como DIN A4. Las dimensiones de este papel se obtienen a partir de otro mucho mayor, el DIN A0. En la tabla adjunta puedes ver las medidas que tienen.

DIN	A0	A1	A2	A3	A4	A5	A6
Largo mm	1189	841	594	420	297	210	148
Ancho mm	841	594	420	297	210	148	105

A partir del formato inicial, DIN A0, se obtienen los inferiores doblando el papel cada vez por el lado más largo. El lado corto pasa a ser el lado largo del formato inferior.

Al cortar o doblar por la mitad el DIN A0 por su lado más largo, 1189 mm, obtenemos el ancho del papel de formato inferior, DIN A1:

$$1189 \text{ mm} / 2 = 594{,}5 \text{ mm} \simeq 594 \text{ mm}$$

Al doblar o cortar por la mitad el DIN A1, obtenemos el DIN A2 y así sucesivamente.

Comprende, piensa, investiga...

4 Ya has visto que al doblar por la mitad una hoja DIN A3 consigues dos hojas DIN A4. ¿Qué tamaño tendría la hoja de la que sacarías dos DIN A0?

5 Calcula el tamaño que tendrían los papeles de formato DIN A7, A8, A9 y A10.

DIN	A6	A7	A8	A9	A10
Largo mm	148			52	
Ancho mm	105				

6 Calcula la superficie de los formatos DIN A0, A1, A2 y A3. Haz el cálculo en mm^2 y después pásalo a m^2 (si es necesario, aproxima a un valor con uno o dos decimales). ¿Qué observas?

7 ¿Podrías deducir qué superficie tiene la hoja DIN A4?

8 Busca el significado de la palabra «gramaje» y exprésalo con tus propias palabras.

La dureza de los lápices

Observa en la fotografía los diferentes colores que se distinguen en el extremo opuesto a las puntas. Se trata de un código de colores que indica el tipo de dureza de la mina del lapicero. Desde el color negro, propio de los lapiceros muy blandos (4B y 3B), hasta el color verde de un lápiz de mina muy dura (2H), pasando por el clásico rojo de dureza media (HB). Comprueba de qué color es el tuyo.

2.2 Lápices, minas y portaminas

Los lápices y los portaminas se usan para trazar líneas. Los portaminas nos evitan tener que afilar la punta, aunque su trazo es menos preciso que el del lápiz. Los portaminas más habituales sirven para minas entre 0,5 y 0,7 milímetros. Tanto los lápices como las minas de los portaminas pueden ser negras o de colores.

Las minas de los lápides de dibujo están hechas de grafito y arcilla, y se clasifican por su dureza.

Graduación	Dureza	Uso
De 9H a 5H	Dura.	Dibujo técnico
De 4H a 2H	Cuanto más alto es el número, mayor es la dureza de la mina y más tenue el trazo que hace sobre el papel.	Dibujo técnico y diseño
H		Dibujo técnico, diseño, bocetos y dibujo artístico
F y HB	Media.	
De B a 6B	Blanda.	Bocetos, dibujo artístico y diseño
De 7B a 9B	Cuanto más alto es el número, más blanda es la mina y más oscuro el trazo que hace sobre el papel.	Bocetos y dibujo artístico

2.3 Tinta, plumillas y rotuladores calibrados

La tinta es una mezcla líquida de colorantes empleada para teñir la superficie sobre la que se aplica.

Aunque hay tinta de muchos colores distintos, la más usada es la negra.

Las plumillas son piezas metálicas que se insertan en un soporte llamado palillero. Para usarlas, hay que sumergirlas en tinta cada poco tiempo. Están en desuso debido a la aparición de los rotuladores calibrados.

Los rotuladores calibrados incorporan una carga de tinta que fluye continuamente. Hay una amplia variedad de grosores, que van desde 0,05 mm hasta 2 mm (depende de los fabricantes). Lo más importante de un rotulador calibrado es que haga un trazo uniforme al deslizarlo sobre el papel y que no suelte al final de la línea una gota más gruesa de tinta que estropearía el trabajo.

La gama normalizada de espesores es la siguiente: 0,18; 0,25; 0,35; 0,5; 1,14 y 2 mm.

Comprende, piensa, investiga...

9 ¿Qué dureza tiene el lápiz que usas para escribir?

10 **Intuyo y deduzco.** Utiliza la lógica y piensa. Si se apretara con igual fuerza un lápiz con la mina 2H y otro con mina 2B, ¿cuál sería más fácil de borrar con una goma de borrar común?

11 ¿Es uniforme la escala de dureza entre diferentes países y fabricantes? ¿Qué opinas de ello?

12 Existen diversos tipos de gomas de borrar y correctores. Busca y anota la información que encuentres sobre este tema.

2.4 Regla, escuadra y cartabón

La regla es uno de los instrumentos de dibujo más utilizados. Nos permite trazar líneas rectas y, como normalmente está graduada, medir los trazos y las distancias. Hoy día suelen estar hechas de plástico, pero también las hay de madera o de metal.

El escalímetro también resulta muy útil, ya que facilita el trabajo con distintas escalas.

La escuadra y **el cartabón** son dos triángulos rectángulos que se emplean para dibujar líneas paralelas y perpendiculares. Forman parte del mismo juego si la hipotenusa de la escuadra es igual que el cateto mayor del cartabón.

La escuadra es un triángulo rectángulo isósceles. Los dos ángulos iguales miden 45°.

El cartabón es un triángulo rectángulo escaleno. Tiene un ángulo de 30°, otro de 60° y el último de 90°.

Observa la posición de la escuadra y el cartabón en la figura superior, es la adecuada para dibujar líneas paralelas. El cartabón queda fijo y la escuadra se desliza presentando varias posiciones horizontales. Así, se irán trazando las paralelas.

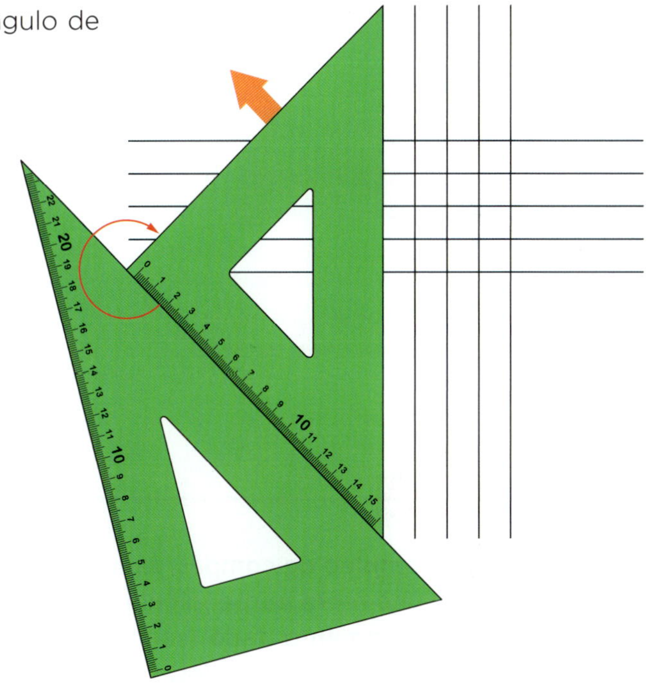

Para trazar líneas perpendiculares, tan solo hay que cambiar la posición de la escuadra, tal y como se ve en la figura, mientras que el cartabón sigue fijo en la posición original. Al deslizar la escuadra, podrás ir trazando líneas paralelas entre sí y perpendiculares a las originales.

Comprende, piensa, investiga...

13 Comprueba tus instrumentos de dibujo técnico. Anota en tu cuaderno la respuesta a las siguientes preguntas: ¿Cuándo forman parte de un mismo juego la escuadra y el cartabón? ¿Qué propiedades tienen los lados de cada uno?

14 Mirando su sección, descubrirás que muchas reglas tienen un escalón en la parte opuesta a donde tienen las marcas de graduación. Averigua para qué se utiliza este escalón.

15 ¿Qué ventajas tiene el escalímetro respecto a una regla normal?

16 Si tienes rotuladores calibrados, anota el grosor de sus puntas. ¿En qué unidades crees que se mide ese grosor (mm, cm, etc.)?

17 La escuadra y el cartabón se pueden usar para dibujar ángulos. De manera gráfica, explica en tu cuaderno cómo los colocarías para dibujar ángulos de 90°, 45°, 30°, 60°, 75° y 120°.

En **anayaeducacion.es** encontrarás un vídeo sobre el uso de la escuadra y el cartabón.

Compás de dibujo

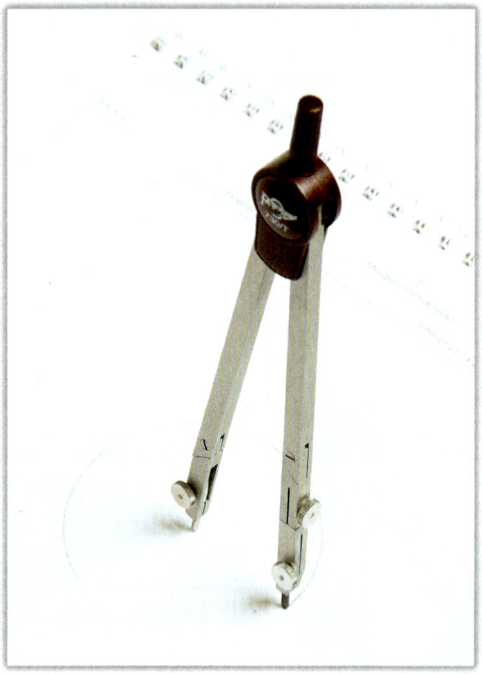

2.5 El compás y el transportador

El compás sirve para trazar arcos y circunferencias. Los compases suelen estar hechos de metal. Constan de dos patas articuladas unidas a un mecanismo de sujeción en la parte superior. Una de las patas tiene una aguja que se apoya en el centro de la circunferencia, la otra tiene una mina, que será la que dibujará la línea. Esta última se puede sustituir por un prolongador para hacer circunferencias mayores, o también por un soporte para usar un rotulador calibrado.

El transportador es un instrumento especialmente indicado para marcar ángulos que no pueden ser obtenidos mediante la escuadra y el cartabón. Para usarlo, hay que alinear bien las referencias que tiene impresas. Los ángulos se miden en sentido contrario a las agujas del reloj.

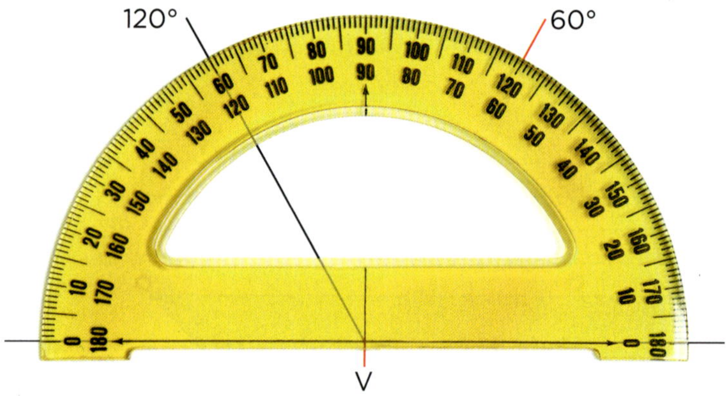

Ejemplo resuelto

Combinando el empleo de compás, escuadra y cartabón, obtener una recta perpendicular (línea roja) que divide a un segmento dado (segmento negro) en dos partes exactamente iguales.

Esto es muy útil cuando se carece de instrumentos de dibujo con graduación.

1. Se dibuja el segmento recto (1). Se abre el compás de forma que la punta se clave en un extremo del segmento y la mina del compás coincida con el otro extremo.
2. Se marca un arco de circunferencia (2) y se repite la acción intercambiando la posición de los extremos del compás entre los extremos del segmento.
3. Se marca entonces otro arco de circunferencia (3).
4. Ambos arcos se cortan en un punto (4). Con ayuda de la escuadra y el cartabón se marca la recta perpendicular al segmento inicial que pase por dicho punto (4) y que lo cortará en dos partes iguales.

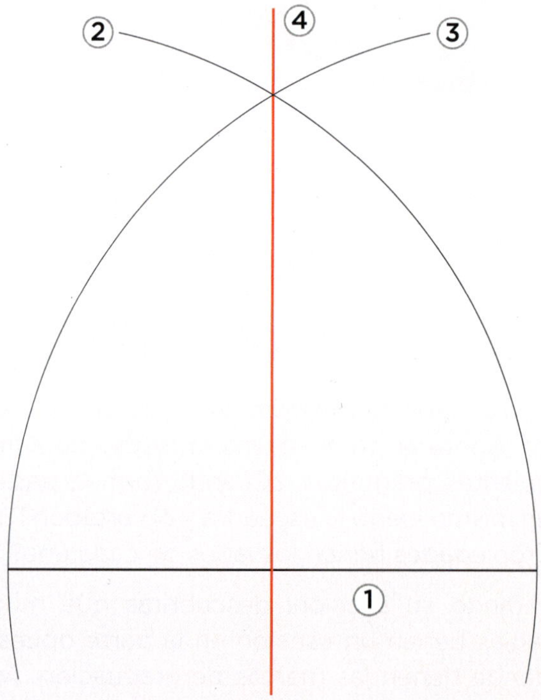

Encontrarás más información sobre el empleo del compás en el documento «Construcciones con regla y compás» de nuestra web, anayaeducacion.es.

3 EL DIBUJO A MANO ALZADA

Un dibujo a mano alzada es aquel que se hace sin instrumentos, como la regla o el compás.

3.1 Boceto

El boceto es un dibujo a mano alzada, poco detallado, que transmite una idea inicial de cómo será el objeto final.

Seguramente has hecho alguna vez un boceto para explicar una idea o para ayudar a localizar una calle haciendo un pequeño mapa. A menudo, se emplean los sinónimos de «borrador» o «esbozo» para referirse a un boceto.

En el dibujo inferior, se ha realizado un diseño de una silla a mano alzada. Observa que para conservar cierta coherencia en la forma de representarlo, en el dibujo coexisten dos tipos de líneas: las gruesas, que definen el contorno, y las finas, que sirven de guía y referencia para llevar a cabo una representación en perspectiva.

3.2 Croquis

El croquis es un dibujo que también puede hacerse a mano alzada, aunque más detallado que el boceto, ya que cuenta con medidas y otras anotaciones que permitan construir el objeto que describe.

En la figura de la derecha se ha representado la silla, lista para su fabricación, ya que se definen su forma —mediante la perspectiva—, sus medidas y los materiales que la componen.

Las líneas empleadas para alojar los números que corresponden a las medidas son líneas paralelas equipadas con flechas en los extremos.

Observa que las flechas señalan el punto de corte con las líneas auxiliares y definen intuitivamente las longitudes de cada medida.

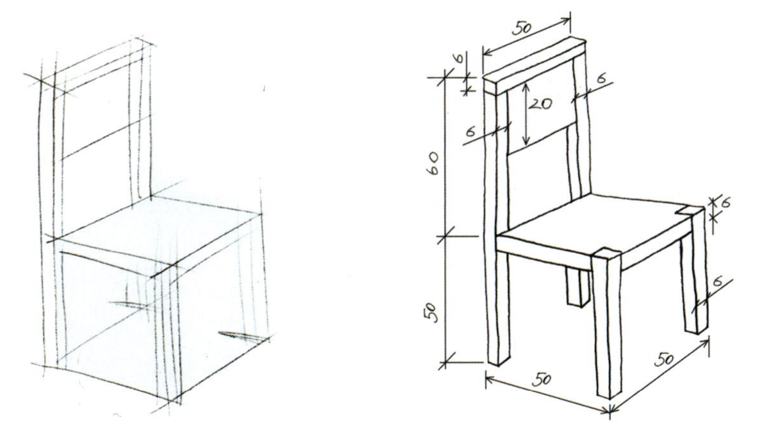

Acotaciones

Las medidas de un objeto, o acotaciones, forman parte de la información que se ofrece en un dibujo técnico para poder fabricar el objeto. Para acotar, se suelen emplear líneas finas acabadas en flechas o trazos oblicuos entre dos líneas auxiliares que indican la longitud total referida.

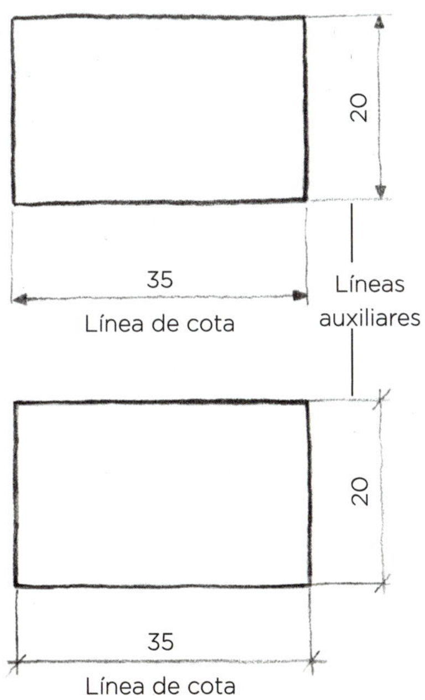

Comprende, piensa, investiga...

18 Desde tu mesa de trabajo en clase gira la cabeza y trata de dibujar, desde tu perspectiva, la mesa y la silla de alguien que esté cerca de ti.

Los documentos «Cómo mejorar los dibujos con el color» y «Normas de acotación» que encontrarás en anayaeducacion.es te ayudarán a la hora de hacer tus croquis.

4 LAS ESCALAS

Las escalas se utilizan en dibujo para permitir la adecuada representación de objetos utilizando tamaños que no corresponden a sus dimensiones reales. Permiten representar objetos de gran tamaño en formatos más pequeños y objetos de reducidas dimensiones en un mayor tamaño, de forma que se puedan apreciar sus detalles.

Matemáticamente, la **escala** se define como la relación entre las dimensiones de un objeto en su representación y las dimensiones del objeto real.

Escala = Tamaño del dibujo/Tamaño real

La escala se indica en el dibujo mediante esa relación con la letra E delante.

Existen tres tipos de escala:

- **Escala real:** E 1:1. Los objetos aparecen representados con sus dimensiones reales.
- **Escala de ampliación:** E 5:1, E 2/1. Se utiliza para representar los objetos más grandes de lo que son en la realidad.
- **Escala de reducción:** E 1:10, E 1/1000. Los objetos aparecen representados con un tamaño menor al que tienen en la realidad.

Cuando se incluyen las medidas junto al objeto representado, estas deben ser las **medidas reales** del mismo.

Escalímetro

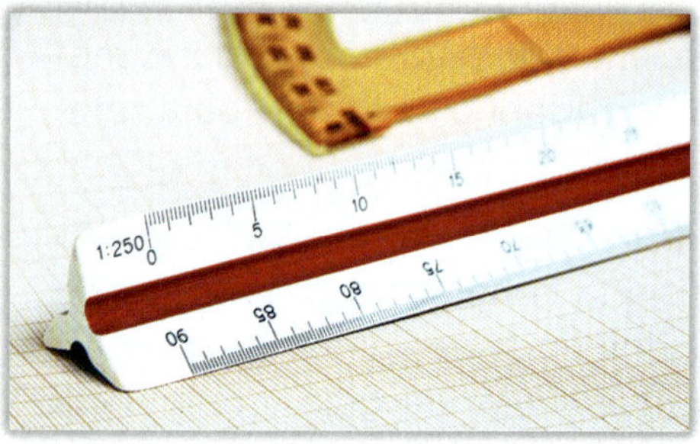

Un escalímetro es una regla graduada de acuerdo con una escala que permite representar directamente los objetos al mostrar la medida real en su graduación.

Escalas normalizadas

Aunque se puede utilizar cualquier escala para representar un objeto, en la práctica se aconseja el uso de las llamadas escalas normalizadas. El uso de estas escalas facilitará el intercambio de información y la utilización de escalímetros en los dibujos.

Escalas de ampliación	50:1	20:1	10:1
	1:100	1:200	
Escala natural	1:1		
Escalas de reducción	1:2	1:5	1:10
	1:20	1:50	1:100
	1:200	1:500	1:1000
	1:2000	1:5000	1:10000

Comprende, piensa, investiga...

19 Explica, utilizando tus propias palabras, qué son las escalas y para qué se utilizan.

20 Indica cinco objetos que representarías utilizando cada uno de los tipos de escala estudiados.

21 Se ha dibujado la planta de un campo de fútbol empleando una hoja DIN A4 incluyendo el dibujo en un rectángulo de 18 centímetros de ancho y 28 centímetros de largo. Teniendo en cuenta que un campo de fútbol tiene unas dimensiones de 100 metros de largo por 50 metros de ancho. ¿Podrías identificar el error que se ha cometido? ¿Qué escala sería la apropiada para mostrar el campo en la superficie de una hoja UNE A4?

22 Dibuja el croquis de un coche, aplicando la escala correcta para que quepa en una página de tu cuaderno. Las medidas reales del coche deben ser 4041 milímetros de largo y 1500 milímetros de alto. Dibuja primero en el cuaderno un rectángulo que se ajuste a la escala elegida y después dibuja el coche sin salirte de los límites de ese rectángulo.

5 PROYECCIONES Y VISTAS DE UN OBJETO

Tipos de proyecciones

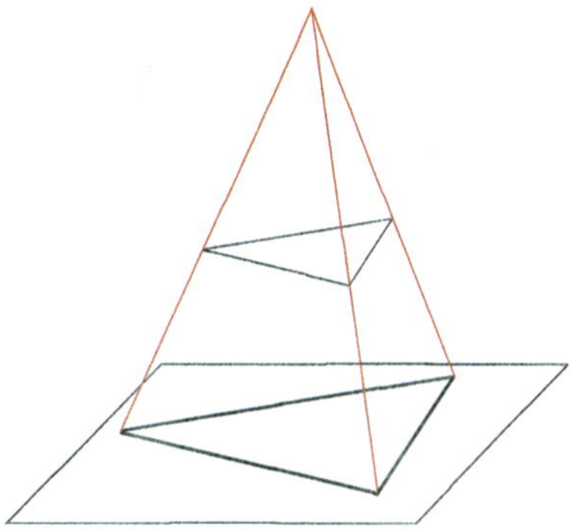

Proyección cónica.

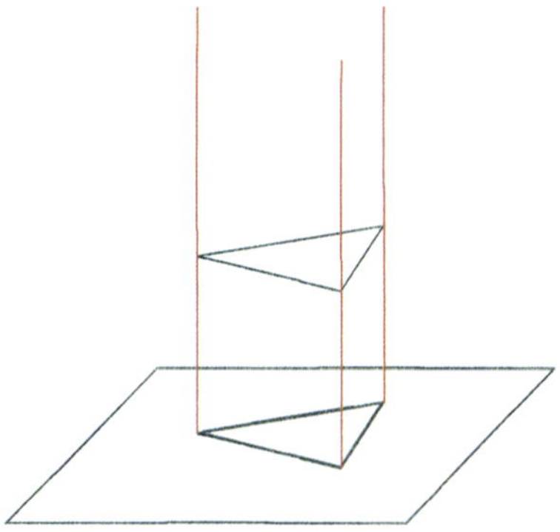

Proyección ortogonal.

5.1 Proyecciones

En dibujo técnico desempeñan un papel fundamental las proyecciones de los objetos, que nos permiten representar fielmente un objeto situado en el espacio. Una proyección se puede definir, de forma simplificada, como la representación de un objeto sobre una superficie.

En una proyección intervienen un foco (V), o punto desde el que se proyecta; unas líneas proyectantes, que parten del foco, y un plano, sobre el que se proyecta el objeto.

Cuando todas las líneas pasan por el foco, la proyección se denomina **cónica.** Sin embargo, si el foco está muy alejado, lo que se entiende técnicamente como que está en el infinito, las líneas de proyección serán paralelas.

Si el plano de proyección es perpendicular a las líneas proyectantes, se habla de proyección **ortogonal,** que es la utilizada para dibujar las vistas (o proyecciones ortogonales) de un objeto.

5.2 Cómo entender mejor qué son las vistas

Para entender qué son las vistas de un objeto, podemos imaginar que se encuentra encerrado, flotando dentro de un cubo transparente. Así, las vistas del objeto aparecen en las paredes interiores del cubo como proyecciones ortogonales de cada una de sus caras.

Como consecuencia, las vistas de un objeto son seis, tantas como caras tiene el cubo imaginario que rodea al objeto. Sin embargo, salvo que la complejidad de este así lo exija, la utilización de tres vistas principales suele ser suficiente. En cualquier caso, se emplearán las vistas que sean necesarias para describir todos los detalles del objeto.

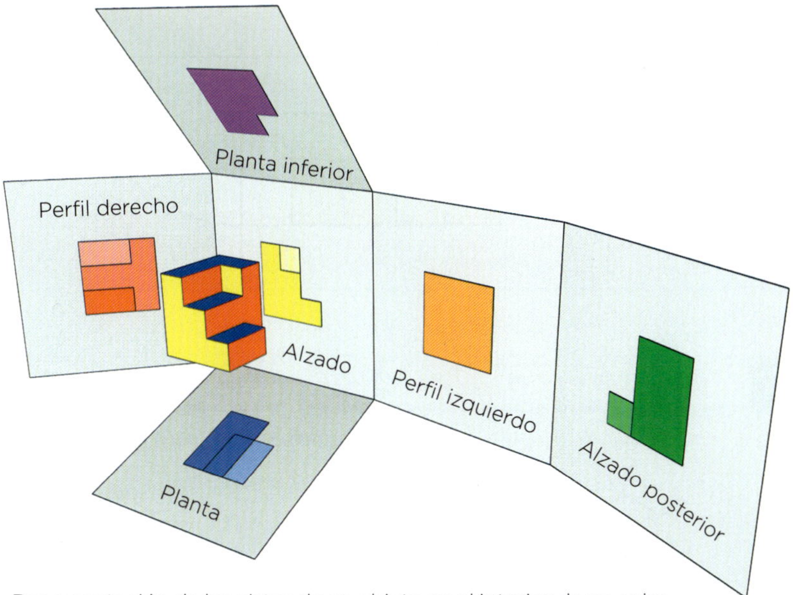

Representación de las vistas de un objeto en el interior de un cubo imaginario desplegado.

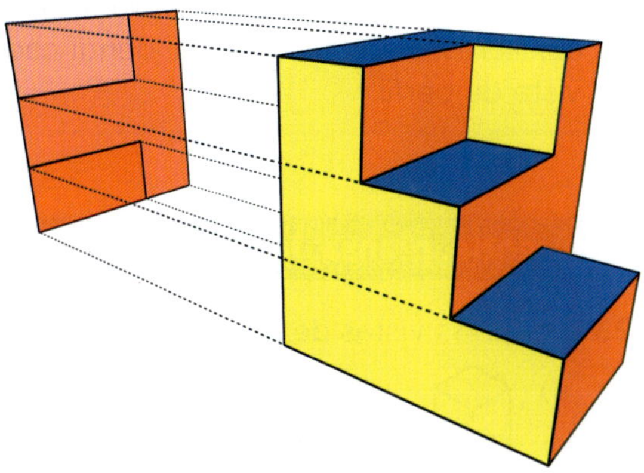

Proyección ortogonal del perfil derecho.

Encontrarás un vídeo para conocer mejor las vistas de un objeto en nuestra web **anayaeducacion.es**.

5.3 Denominación de las vistas

Las vistas se denominan:

- **Alzado** es la vista frontal del objeto, para la que se elige la cara que proporciona la mayor cantidad de información posible.
- **Planta** es la vista superior.
- **Planta inferior,** o vista inferior del objeto.
- **Perfil** es la vista lateral. Según se proyecte el objeto desde el lado derecho o del izquierdo, obtendrás el perfil izquierdo o derecho, respectivamente.
- **Alzado posterior,** o vista posterior del objeto.

Ejemplo resuelto

Dibujar las vistas de un objeto

1. Se dibujan primero los ejes que delimitarán los espacios de cada una de las vistas, utilizando una línea continua fina.

   La primera vista que hay que dibujar es el alzado, que será aquella que ofrezca más información y detalles. En este ejemplo, será el área naranja, ya que indica la forma del objeto.

2. A continuación, se trazan líneas auxiliares verticales desde los contornos del alzado hacia la planta.
3. Utilizando la información suministrada por el alzado, se dibuja la planta del objeto. Las líneas auxiliares proporcionarán la anchura y la ubicación de elementos relevantes del objeto. El área es la zona amarilla del objeto.
4. Traza líneas auxiliares horizontales desde el alzado hacia el perfil y, mediante el uso del compás, desde la planta al perfil.
5. Dibuja ahora el perfil (recuerda que el perfil izquierdo va situado a la derecha del alzado, y el derecho, a su izquierda) apoyándote en las líneas auxiliares. El área azul es la identificada como la vista de perfil.

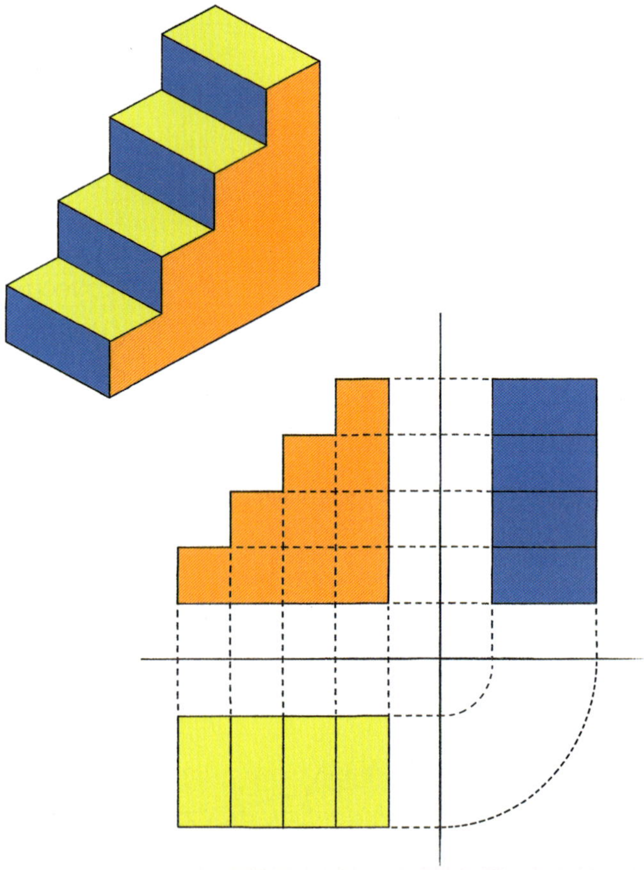

Comprende, piensa, investiga...

23 Dibuja las vistas de los siguientes objetos:

a) 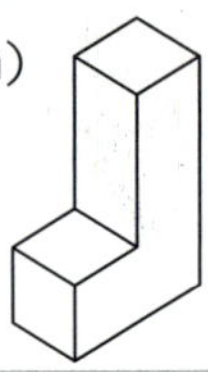

b) 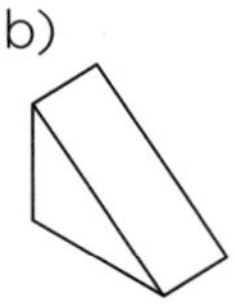

c) 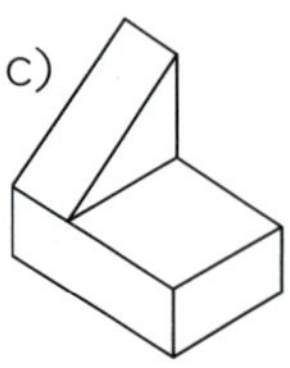

d) 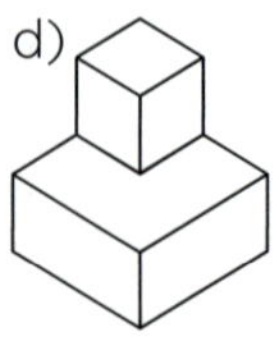

e) 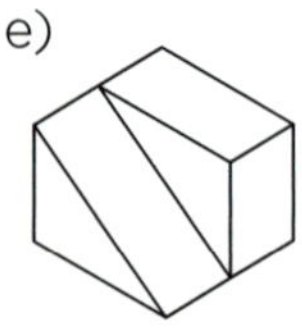

f) 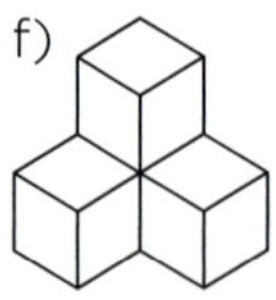

6 PERSPECTIVAS

La perspectiva es la técnica que permite crear la sensación de profundidad cuando se dibuja sobre una superficie plana. Para ayudarnos a dibujar en perspectiva, es habitual trazar unos ejes de referencia. Estos ejes son distintos dependiendo del tipo de perspectiva.

6.1 Perspectiva caballera

Para la perspectiva caballera, se dibujarán un eje horizontal, otro vertical y un tercero para la profundidad. El eje de profundidad forma un ángulo de 45° con el eje horizontal.

La imagen queda un poco deformada si no se aplica algún coeficiente de reducción al eje de profundidad. Para evitar ese efecto, es habitual reducir dividiendo por 2 (que equivale al coeficiente ½) las dimensiones de las líneas correspondientes al eje de profundidad. Observa el siguiente ejemplo en el que aparecen cuatro cubos dibujados con diferentes coeficientes de reducción y comprueba las longitudes diferentes de la línea de profundidad según se asigne un coeficiente u otro.

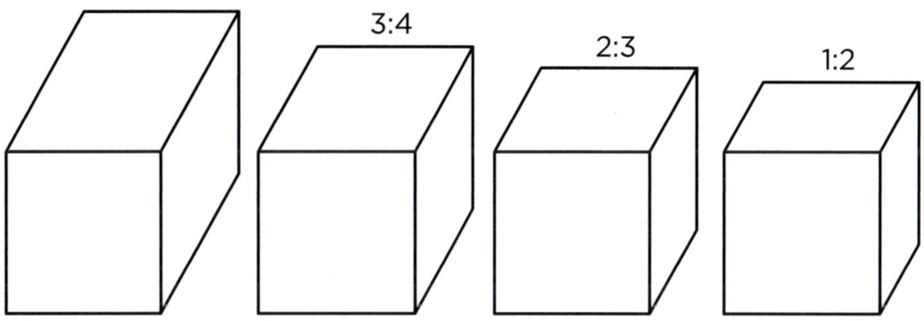

Plantilla cuadriculada

La perspectiva caballera es muy sencilla de representar, solo se necesita una hoja cuadriculada para hacerlo.

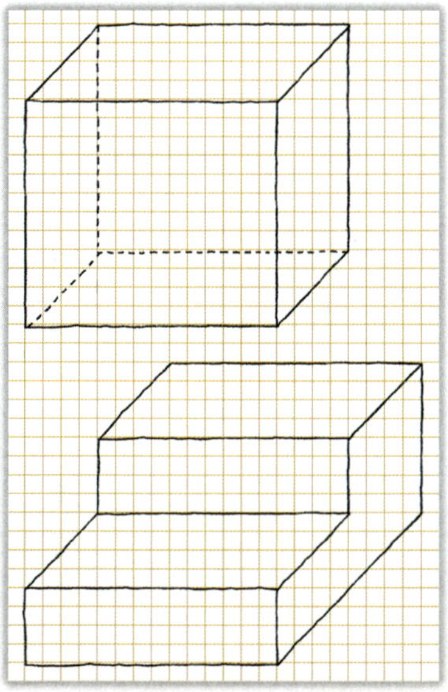

6.2 Pasos para dibujar la perspectiva

1 Dibuja los ejes.

2 Identifica dónde representar cada una de las vistas en función del perfil de la pieza que conozcas.

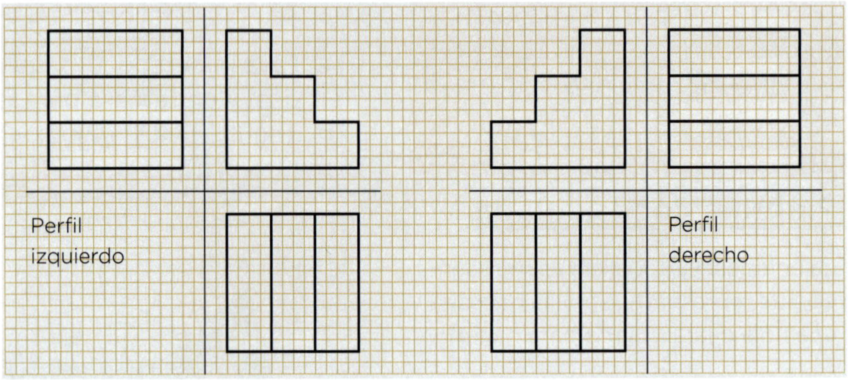

3 Sitúa en cada plano la vista que corresponda.

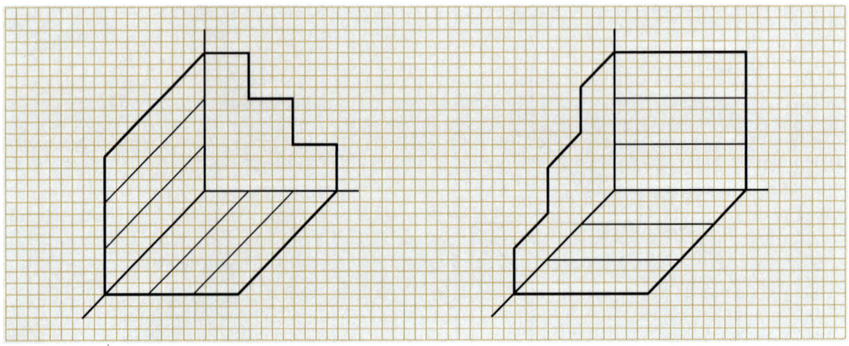

4 Traza líneas auxiliares paralelas a los ejes por los vértices de las vistas del objeto.

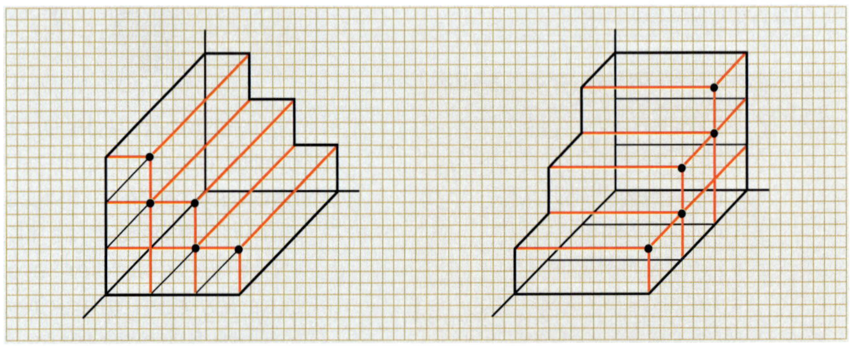

5 Para finalizar, marca las aristas de tu objeto y elimina.

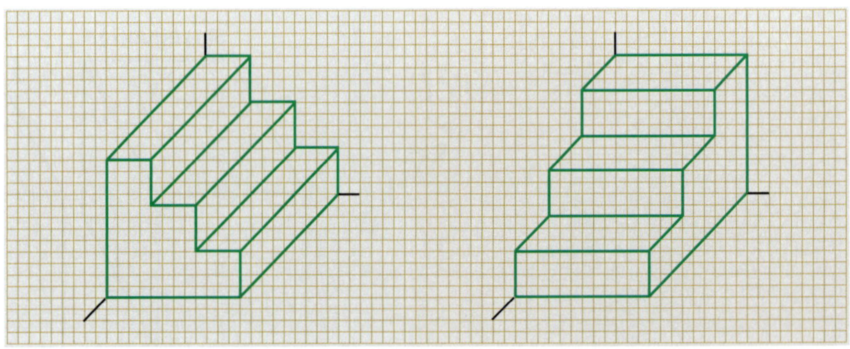

Recuerda que las vistas que tienes del objeto se han obtenido a partir de la posición que ocupa en el triedro, por lo que su representación será diferente si tienes el perfil izquierdo o el derecho.

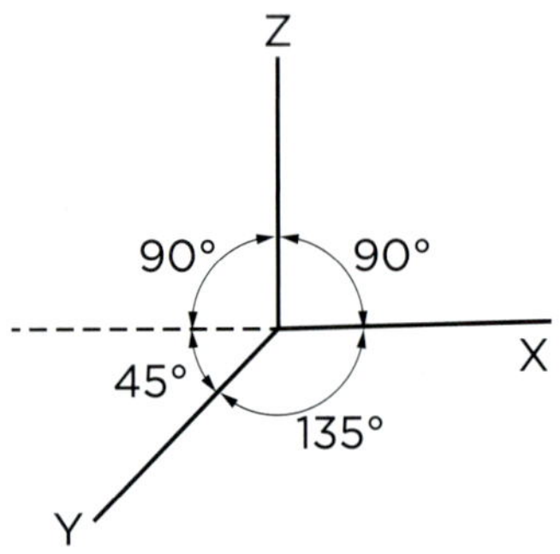

Ejes para dibujar en perspectiva caballera.

En **anayaeducacion.es** dispones de una plantilla cuadriculada imprimible para ayudarte en tus dibujos en perspectiva caballera.

6.3 Perspectiva isométrica

En esta perspectiva, los tres ejes de referencia forman entre sí ángulos de 120°. Se emplea una plantilla formada por triángulos equiláteros para facilitar la representación de piezas.

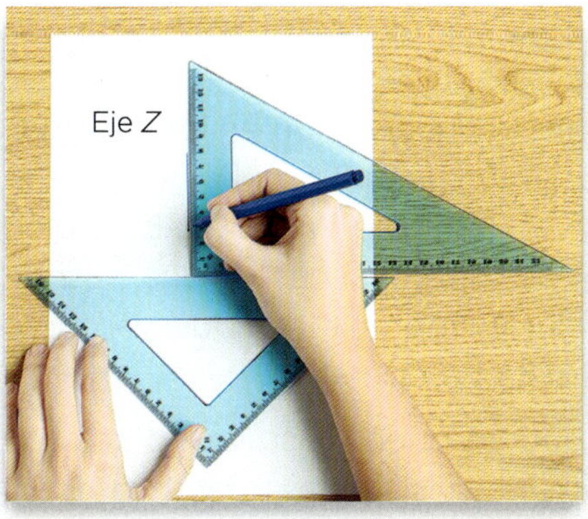

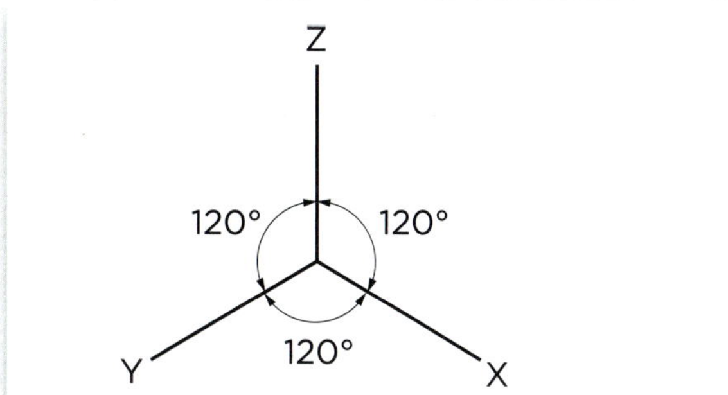

Ejes para dibujar en perspectiva isométrica.

Aunque al dibujar en perspectiva isométrica es habitual no usar ningún coeficiente de reducción y mantener las proporciones en los tres ejes, la norma indica que se aplique un coeficiente de reducción de 0,82 a todos ellos. De esa manera, se conserva la apariencia respecto al objeto real, aunque se conservan las proporciones entre los ejes.

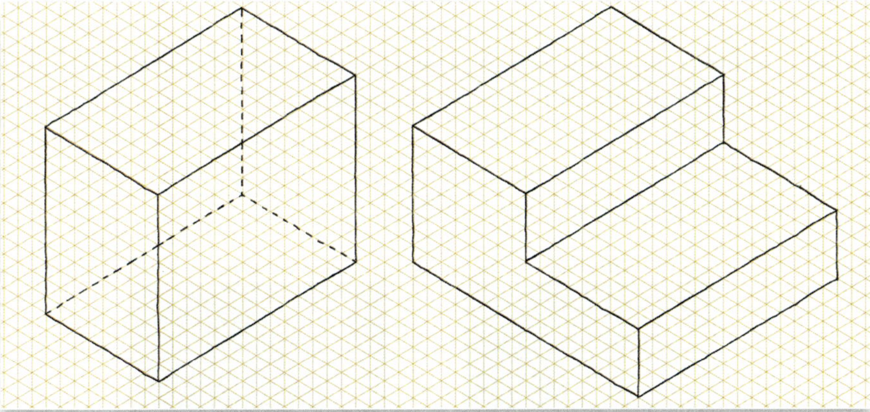

Comprende, piensa, investiga...

24 ¿Cuál sería la medida a la que habría que dibujar cada una de las aristas de un cubo en perspectiva isométrica, si en la realidad midiera 10 centímetros de lado? Para calcularlo, ten en cuenta el coeficiente de reducción de los ejes isométricos. ¿Y si se tuviera que representar en perspectiva caballera?

En anayaeducacion.es dispones de una plantilla imprimible con una trama para ayudarte en tus dibujos en perspectiva isométrica.

7
GRÁFICOS DIGITALES

Interfaz de Pinta

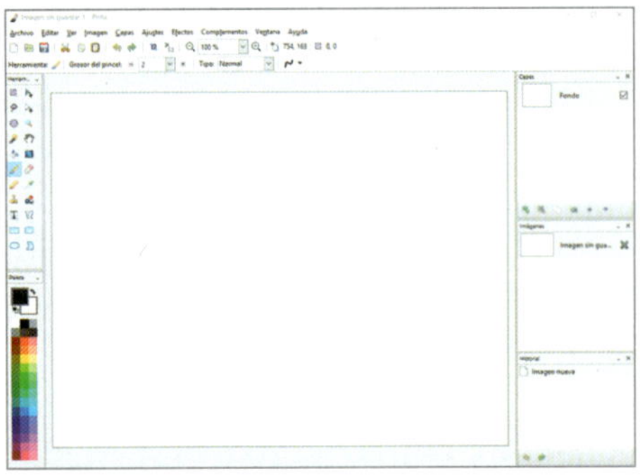

Los gráficos digitales pueden estar formados por **puntos de imagen** llamados **píxeles.** Estos gráficos reciben el nombre de **mapa de bits.**

También existe otro tipo de gráficos digitales definidos por líneas y elementos geométricos. Este último tipo se llama **gráfico vectorial.**

7.1 Paint3D y Pinta

Paint3D es un sencillo programa gráfico incluido en los sistemas Windows desde 2017 como sustituto del antiguo Paint, que venía incorporado desde las primeras versiones de Windows. Está bien integrado en el sistema operativo y permite el acceso a una nutrida galería de modelos 3D para modificar e imprimir. Aunque ya no se actualiza, Paint sigue presente en el sistema operativo.

Pinta es una aplicación libre que se puede instalar no solo en Windows, sino también en Linux, Mac y sistemas operativos BSD. Está en continuo desarrollo e incorpora muchas de las herramientas que se echan de menos en Paint, son fáciles de usar y sirven para dibujar y retocar imágenes sin recurrir a programas más complejos.

Comprende, piensa, investiga...

25 Utiliza Paint, Paint3D o Pinta para dibujar un paisaje parecido al de la imagen de la izquierda. Usa las herramientas que pone a tu disposición para crear formas y rellenar. ¿Qué pasa si quieres mover o retocar alguno de los objetos que has dibujado?

26 Investiga en los menús de las aplicaciones de dibujo que estás utilizando y busca el modo de redimensionar el lienzo de trabajo para que tenga un tamaño de 1024 x 768 píxeles. Anota en tu cuaderno cómo lo has logrado.

27 Busca en Internet otras alternativas libres a MS Paint. Anota los sistemas operativos para los que están disponibles y el tamaño del archivo descargado.

28 Accede a una web de descarga de imágenes gratuitas y libres de derechos como https://www.pexels.com/. Busca una imagen que te guste (debes hacer la búsqueda en inglés). Usa los filtros de Pinta para obtener imágenes similares a las de los ejemplos, a partir del original que descargues.

Original

Ajuste de luminosidad

Boceto a lápiz

Boceto en tinta

7.2 Inkscape

Es software libre de dibujo vectorial. Aunque permite usos avanzados, su interfaz de usuario es tan amigable que también nos sirve para hacer algunas prácticas sencillas.

El menú es mucho más completo que el de Paint y tiene barras de herramientas alrededor de toda la zona de trabajo, aunque usaremos con más frecuencia las de la barra izquierda y la barra superior.

El rectángulo que aparece en el centro es una imagen a escala de la lámina que imprimiríamos en papel. Se puede dibujar dentro y alrededor de esta hoja, pero a la hora de imprimir solo aparecerá lo que esté dentro de ella.

La herramienta más útil para crear figuras es la aplicación de nodos al contorno de alguna figura regular, por ejemplo, un círculo o una elipse.

Cuando dibujes un círculo, selecciona en el menú **Trayecto → Objeto a trayecto** y utilizando la herramienta **Editar nodos de trayecto o tiradores de control,** irás insertando nuevos nodos. Manipulando su posición y ángulo, le podrás ir dando una nueva forma a la figura.

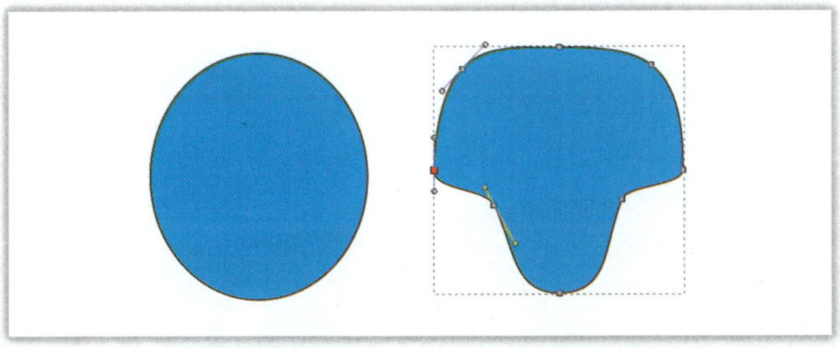

Observa que, a partir del círculo de la izquierda, se ha creado una forma irregular gracias a la inserción de varios nodos en su contorno.

Comprende, piensa, investiga...

29 **El espejo.** Prueba ahora a dibujar un paisaje con Inkscape que sea parecido al que hiciste con Paint. ¿Cuál te ha resultado más fácil de hacer? ¿Qué ventajas e inconvenientes aprecias en cada uno de los dos programas?

30 Dibuja un cielo estrellado parecido al del ejemplo. Para hacerlo, solo tienes que usar la herramienta **estrellas y polígonos,** modificar el número de esquinas y ajustar el radio base.

Al situar el ratón sobre el tirador del radio base, aparece en la parte inferior un indicador de lo que ocurre al pulsar las teclas Ctrl, Mayúsculas o Alt.

SEÑALIZACIÓN EN LOCALES PÚBLICOS

PRESENTACIÓN DEL PROYECTO

Piensa en las señales que te permiten localizar el ascensor o los aseos en un centro comercial o en un aeropuerto.

En este proyecto deberás aplicar los conocimientos sobre lenguaje icónico adquiridos para diseñar cuatro señales informativas.

PASOS PARA REALIZAR EL PROYECTO

1 Debes elegir entre alguna de las ideas que se proponen o pensar en otras que se ajusten a lo que aquí se explica. Recuerda que no son señales de tráfico, ni de obligación o prohibición, sino informativas. Deben ser señales fáciles de interpretar por personas de distintas edades y de cualquier nacionalidad.

2 Ideas propuestas: las señales pueden indicar la situación de ascensores, escaleras mecánicas, escalera de incendios, salida de emergencia, extintor, manguera contra incendios, aparcamiento (se puede afinar creando señales también para zonas de bicicletas y motos), aseos (masculino, femenino y de discapacitados), sala de lactancia, teléfono público, fuente de agua potable.

3 Emplea las herramientas que proporciona Inkscape para dibujar un conjunto de cuatro señales en la hoja de trabajo.

SEÑALIZACIÓN EN EL AULA TALLER

PRESENTACIÓN DEL PROYECTO

Ahora, piensa en el tipo de cartelería que convendría colocar en el aula taller.

Piensa en las herramientas y máquinas que hay en el aula taller e inspírate en ellas para crear tus propias señales de información, peligro, prohibición y obligación.

PASOS PARA REALIZAR EL PROYECTO

1 Debes elegir una señal de cada tipo entre alguna de las ideas que se proponen o pensar en otra que se ajuste a lo que se pide en el enunciado. Estas señales son parecidas a las de tráfico y siguen el mismo código de formas y colores.

2 Como señales de información te proponemos: almacén, aula de informática, biblioteca, extintor, materiales metálicos, etc.

Como señalización de peligro: riesgo eléctrico, herramientas cortantes, máquinas trabajando. Las señales de prohibición: no usar móviles, no usar auriculares, no tirar papeles al suelo, no ponerse en pie sobre las sillas, no subirse a las mesas, etc.

Y como señales de obligación: usar guantes, gafas o casco; recogerse el pelo, etc.

3 Igual que en el proyecto anterior, deberás aplicar los conocimientos sobre lenguaje icónico y emplear las herramientas que proporciona Inkscape para dibujar un conjunto de cuatro señales sobre la hoja de trabajo.

4 Entre todos, elegid las mejores señales para imprimirlas a gran tamaño y colocarlas en el aula-taller.

Recuerda seleccionar el material de trabajo de esta unidad para tu **portfolio.**

TRABAJA CON LO APRENDIDO

Útiles y materiales de dibujo

1 ¿Qué características debe tener un papel para ser idóneo para dibujar a tinta? ¿Y para hacer un dibujo con precisión milimétrica?

2 Explica las características de los siguientes tipos de papel en relación con sus atributos para el dibujo:

a) Papel para dibujo a lápiz

b) Papel para dibujo a tinta

c) Papel de esbozo

d) Papel vegetal

e) Papel milimetrado

3 Ordena de más blando a más duro las siguientes graduaciones de lapiceros:

HB, 6H, F, 2H, B, 6B

4 ¿Qué diferencia hay entre una plumilla y un rotulador calibrado? Describe cada uno de ellos y di cuáles son sus usos habituales.

5 ¿Cuáles son los ángulos de una escuadra? ¿Y de un cartabón? Haz una lista con los ángulos que se pueden llegar a definir con la combinación de ambos elementos.

6 ¿Cuál es la función de un prolongador en un compás?

7 Los azulejos andaluces son uno de los emblemas más arraigados del arte andalusí. Elige un azulejo con dibujo geométrico y reproduce su trazado empleando las herramientas de dibujo estudiadas.

El dibujo a mano alzada

8 Haz un boceto de varios objetos que usas en el instituto: el bolígrafo que usas normalmente, el sacapuntas y unas tijeras.

9 Dibuja un croquis del juego de escuadra y cartabón que usas. Recuerda añadir las medidas y el valor de los ángulos de cada uno.

10 Indica las diferencias que existen entre la representación de un objeto mediante un boceto y la representación del mismo mediante un croquis. ¿Cuál de los dos ofrece más información sobre el objeto?

11 Realiza las siguientes mediciones de tu cuerpo (identificadas en la figura con las letras A, B, C) y anótalas en tu cuaderno. Con las medidas realizadas, trata de dibujar el boceto de tu brazo. Ayúdate de líneas auxiliares que rodeen el boceto.

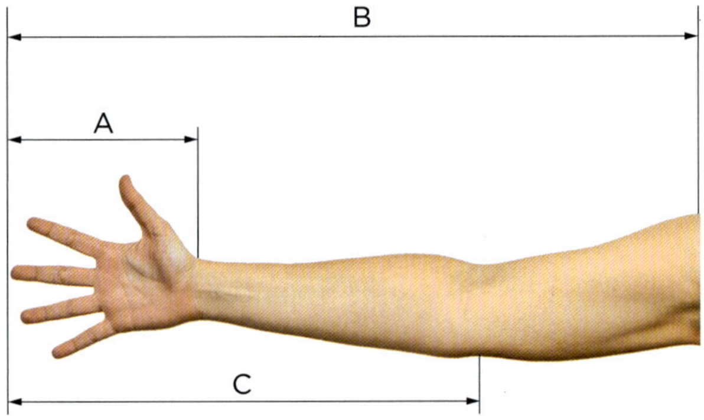

Las escalas

12 Toma medidas de tu habitación en metros. Divide cada una por 100 y dibuja en tu cuaderno la superficie a escala. Toma nota de la medida de tu cama, tu armario y de otros enseres de tu habitación, divídelos por 100, dibújalos en cartulina y recórtalos. Trata de diseñar tu habitación colocando los muebles de diferente forma, elige el diseño que más te guste y dibújalo.

13 ¿Qué diferencia hay entre una regla graduada y un escalímetro?

Proyecciones y vistas de un objeto

14 Interpreta las vistas de la figura y dibuja el objeto en perspectiva caballera.

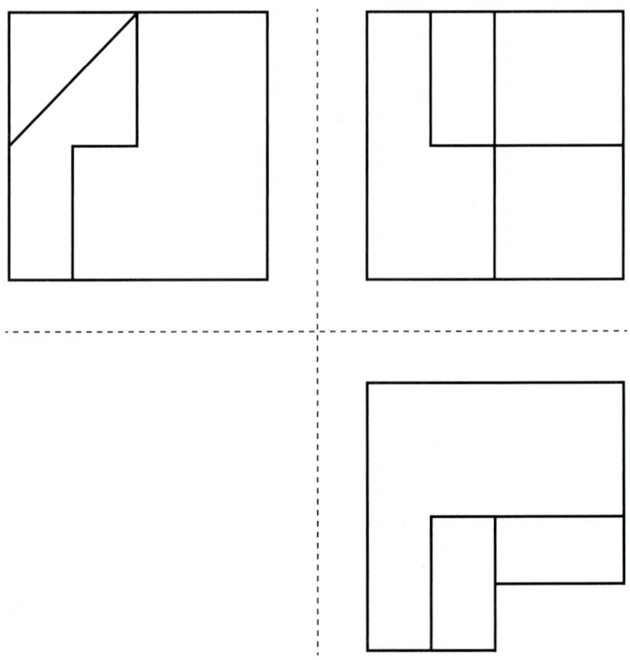

En **anayaeducacion.es** encontrarás diversos recursos como plantillas imprimibles y actividades interactivas.

15 Obtén las vistas necesarias del siguiente objeto en perspectiva.

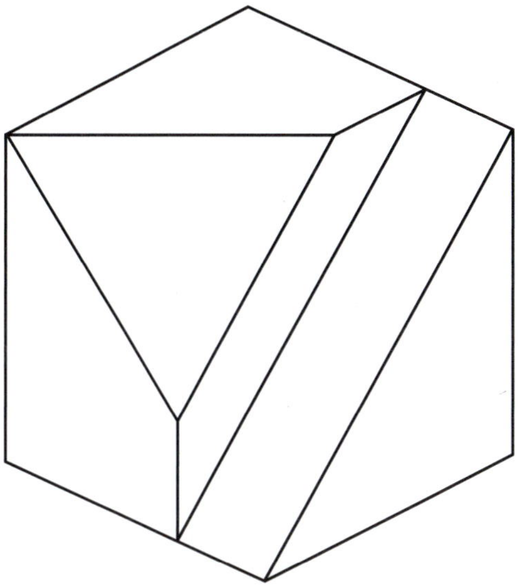

Perspectivas

16 Explica por qué se emplea un coeficiente de reducción en la perspectiva caballera.

17 Dibuja, en la perspectiva que elijas, el objeto representado en las siguientes proyecciones:

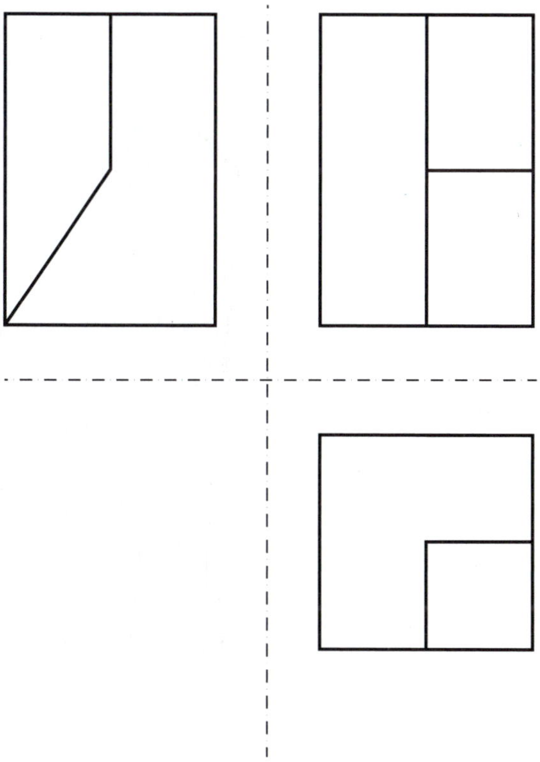

18 Las vistas siguientes se corresponden con una pieza de la que se quiere obtener su perspectiva isométrica. Crea una cuadrícula con los ángulos de dicha perspectiva para dibujarla.

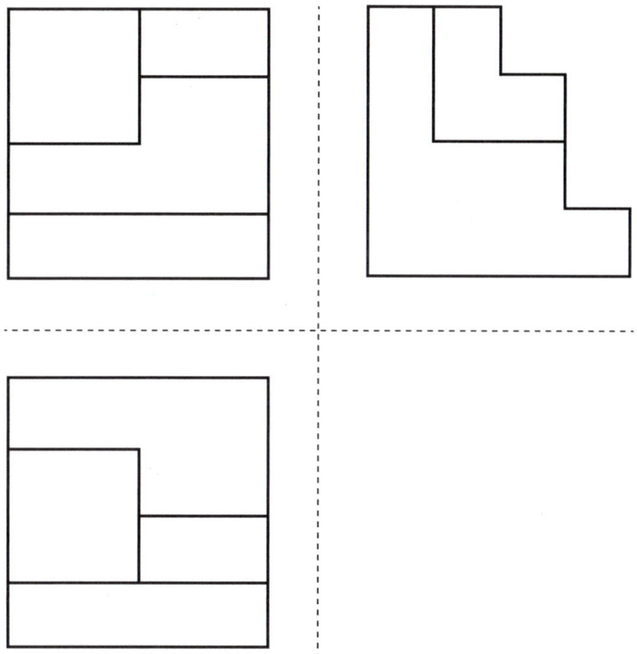

Gráficos digitales

19 Elige algún cuadro famoso como, por ejemplo, *La Gioconda,* de Leonardo; *La maja,* de Goya, algún paisaje o un bodegón y haz una copia a estilo libre usando Inkscape. Para ello, utiliza en una capa inferior una imagen del cuadro y sobre él ve haciendo polígonos usando las herramientas. Cuando hayas terminado, combina todos los polígonos y retira la capa inferior.

20 Haz una lista de las ventajas e inconvenientes que has observado al realizar dibujos con las aplicaciones Paint e Inskcape en relación con la comodidad de utilización de las herramientas de dibujo y los resultados que se obtienen.

Repasa los contenidos con el mapa conceptual interactivo de la unidad y resuelve la actividad interactiva ¡Ponte a prueba! en **anayaeducacion.es**.

3

MATERIALES TECNOLÓGICOS. MADERA Y METALES

Nuestra relación con el planeta

La materia que nos brinda la naturaleza tiene múltiples formas y es abundante. Los seres humanos, a lo largo de su historia, han sido capaces de extraerla y convertirla en materiales útiles para su actividad diaria. Observa a tu alrededor y podrás distinguir una infinidad de materiales que constituyen los objetos que empleas a diario.

COMPROMISO ODS

ODS

Como ya sabrás, la obtención de las materias primas y los procesos para la producción de materiales de uso técnico tienen un impacto negativo en el medioambiente. Pero además, dificultan la posibilidad de alcanzar determinados objetivos de desarrollo sostenible:

1 En algunos países, el control de los recursos naturales de los que se extraen materiales de uso técnico da lugar a guerras. Según el secretario general de la ONU, «Más del 40 % de los conflictos armados internos de los últimos sesenta años están vinculados con los recursos naturales».

Dentro del ODS 16, ¿qué metas relacionadas con la paz y la justicia se ven más comprometidas? Busca información de las guerras originadas por el dominio de este tipo de recursos, como, por ejemplo, el coltán.

2 Numerosos ecosistemas se ven dañados al llevar a cabo una extracción indiscriminada de recursos. Esos métodos de extracción priorizan el aspecto económico frente a la conservación del planeta. En lo que se refiere al ODS 15 acerca de la vida de ecosistemas terrestres, ¿qué actividades de extracción son las que más dificultan alcanzar las metas?

Consulta la web de **anayaeducacion.es** para obtener información sobre las principales metas de los ODS 15 y 16.

LOS RECURSOS EN LA WEB DE ESTA UNIDAD

MATERIALES TECNOLÓGICOS. MADERA Y METALES

Nuestra relación con el planeta
- PRESENTACIÓN: Lectura temática: Materiales: maderas y metales.
- VÍDEOS: Objetivos de Desarrollo Sostenible. Objetivos 15 y 16.

1 Los materiales
- ACTIVIDAD INTERACTIVA: Aprende jugando: Materiales de uso técnico.
- DOCUMENTO: Cómo utilizar la técnica: «¿Qué te hace decir eso?».
- VÍDEO: Los materiales de uso técnico.

2 Propiedades de los materiales
- PRESENTACIÓN: Propiedades de los materiales.
- DOCUMENTO: Cómo utilizar la técnica: «Intuyo y deduzco».

3 La madera
- PRESENTACIÓN: Obtención de la madera Propiedades de la madera: árboles.

4 ¿Qué uso le damos a la madera?
- DOCUMENTO: Cómo utilizar la técnica: «El espejo».

5 Herramientas para el trabajo con madera
- ACTIVIDAD INTERACTIVA: Herramientas para trabajar la madera.
- PRESENTACIÓN: Herramientas manuales y sus usos. Máquinas herramienta.

6 Los metales
- DOCUMENTO: Organizador gráfico: «Cadena de secuencias».
- DOCUMENTO: Cómo utilizar la técnica: «La pregunta».
- DOCUMENTO: Cómo utilizar la técnica: «Consecuencias y resultados».

7 Los metales férricos
- PRESENTACIÓN: Galería de imágenes: Minerales que contienen hierro.

8 Los metales no férricos
- ACTIVIDAD INTERACTIVA: Metales no férricos y sus aleaciones.

9 Herramientas para el trabajo con metales
- DOCUMENTOS: Normas de seguridad: Corte de metales. Doblado de metales.

10 El trabajo con los metales
- PRESENTACIÓN: Fabricación por deformación.

Taller de tecnología
Construir una caja de resonancia

Trabaja con lo aprendido
- DOCUMENTO: Consejos para elaborar tu portfolio.
- ACTIVIDAD INTERACTIVA: ¡Ponte a prueba!
- DOCUMENTO: Cómo utilizar las técnicas: «Las alternativas», «Intuyo y deduzco» y «Las desventajas y los inconvenientes».
- DOCUMENTO: Orientación académica y laboral: ¿Conoces el grado en Ingeniería de materiales?

1 LOS MATERIALES

El celuloide

Hacia la mitad del siglo XIX, las existencias de marfil comenzaron a escasear, y los fabricantes de bolas de billar, que hasta entonces se hacían con este material, ofrecieron, mediante un concurso público, diez mil dólares a quien pudiera fabricar bolas de billar con algún material sustitutivo. El premio lo ganó John W. Hyatt, quien presentó una forma endurecida de nitrocelulosa que denominó «celuloide».

El celuloide, en forma de película, fue muy utilizado en la industria del cine. Dejó de utilizarse para este fin en 1940, debido, sobre todo, a que es un material altamente inflamable.

Un producto tecnológico es un objeto construido a partir de materiales, diseñado por el ser humano para cubrir una necesidad.

1.1 Las materias primas

Las **materias primas** son los materiales extraídos directamente de la naturaleza.

Su procedencia puede ser vegetal, animal o mineral. También se consideran materias primas el aire y el agua, imprescindibles para los cultivos y la vida en general, así como el petróleo y el gas natural, cuyo origen es fósil.

Materias primas

Ceras, grasas, fibras, huesos, marfil...

Madera, algodón, lino, resinas, aceites...

Minerales, rocas, gravas, arena...

1.2 Los materiales

Los materiales se suelen clasificar en tres grandes grupos según la forma en la que se han transformado las materias primas hasta que llegan al mercado:

- **Materiales naturales.** Son aquellos que se utilizan tal y como se encuentran en la naturaleza, con pocas modificaciones o ninguna. Entre ellos tenemos la piedra, la madera o las fibras naturales.
- **Materiales transformados.** Son aquellos que se obtienen sometiendo las materias primas a varios procesos físicos —como triturado, uso de disolventes, calentamiento, etc.— hasta conseguir el producto que se busca. Entre ellos se encuentran las cerámicas, los vidrios y los materiales metálicos.
- **Materiales sintéticos.** Son aquellos que se preparan, generalmente mediante procesos químicos, a partir de otros materiales que tienen propiedades muy diferentes al resultado final. Este es el caso, por ejemplo, de los plásticos y de las fibras sintéticas, como el nailon y el poliéster, que se elaboran a partir de algunos de los componentes del petróleo.

Comprende, piensa, investiga...

1 **¿Qué te hace decir eso?** ¿Crees que podemos utilizar las materias primas directamente o necesitan algún tipo de transformación antes de hacerlo? ¿Por qué piensas así? Pon algún ejemplo.

2 Haz una tabla en tu cuaderno y clasifica los siguientes elementos según sean materias primas, materiales o productos: madera, chaqueta, vidrio, trigo, arena, plástico, pan, persiana, ventana, lana, harina, petróleo, tablón, estantería, ovillo.

En **anayaeducacion.es** encontrarás la presentación «Obtención de los materiales» y en el apartado «Aprende jugando», una actividad interactiva sobre los materiales de uso técnico.

2 PROPIEDADES DE LOS MATERIALES

Las propiedades de los materiales son aquellas cualidades que poseen y que rigen su comportamiento ante acciones externas, pero también son las características que determinan la percepción que tienen nuestros sentidos de ellos.

2.1 Propiedades mecánicas

Son aquellas propiedades que están relacionadas con el comportamiento del material frente a los esfuerzos y las cargas.

Propiedades mecánicas

Dureza. Oposición de un cuerpo a ser penetrado o rayado por otro.

Fragilidad. Capacidad de un objeto para romperse fácilmente sin sufrir apenas deformaciones.

Resistencia mecánica. Capacidad de los cuerpos de resistir las fuerzas que se les aplican sin romperse o modificar su forma.

Elasticidad. Capacidad de un material de recuperar su forma original tras sufrir deformaciones ocasionadas por fuerzas externas después de cesar estas fuerzas.

Tenacidad. Oposición de un cuerpo a ser modificado, deformado o roto.

Plasticidad. Capacidad de un cuerpo de deformarse permanentemente al exceder su límite elástico, pero sin llegar a romperse.

2.2 Propiedades térmicas

Definen cómo se comporta el material frente al calor.

- **Dilatación.** Es el aumento de tamaño que sufre un cuerpo al incrementar su temperatura.
- **Conductividad térmica.** Capacidad de conducir el calor.

2.3 Propiedades ecológicas

Informan sobre el impacto que tiene el material sobre el ambiente.

- **Toxicidad.** Grado de efectividad de un veneno o una toxina.
- **Reciclabilidad.** Capacidad de un material para ser utilizado de nuevo para el mismo fin con el que se creó u otro distinto.
- **Ecotoxicidad.** Grado de los efectos tóxicos de un contaminante sobre un ecosistema.
- **Biodegradabilidad.** Capacidad de un material de descomponerse por medios naturales.

Curiosas propiedades

Un grupo de investigación de la Universidad de Cádiz, en colaboración con la Universidad de Florencia, ha desarrollado un material con curiosas propiedades. Se trata de un revestimiento hidrófobo; esto es, que repele el agua; biodegradable y «reversible», es decir, fácil de eliminar en caso necesario. Piensan emplearlo para la conservación de monumentos y edificios históricos.

Comprende, piensa, investiga...

3 **Saco de dudas.** En la actualidad, el etiquetado de los productos que compramos debe llevar impresas las propiedades ecológicas. Analiza los envases de varios de ellos, anota el tipo de producto, copia los símbolos e indica el significado de cada uno.

Podrás ver un vídeo sobre las materias primas, los materiales y sus propiedades en anayaeducacion.es.

3 LA MADERA

La madera es el material fibroso del que se componen los árboles. Está formada principalmente por dos sustancias: la **celulosa** (fibra natural que constituye las paredes de las células vegetales) y la **lignina** (que mantiene la celulosa unida, confiriéndole dureza y rigidez al árbol).

3.1 Las partes del tronco

El tronco es la parte del árbol más empleada y de mayor aprovechamiento para los trabajos tecnológicos. Hacen falta muchos pasos para transformar el tronco de un árbol en un objeto tecnológico, como un mueble.

Si hacemos un corte transversal al tronco de un árbol, podemos distinguir las partes en que se divide.

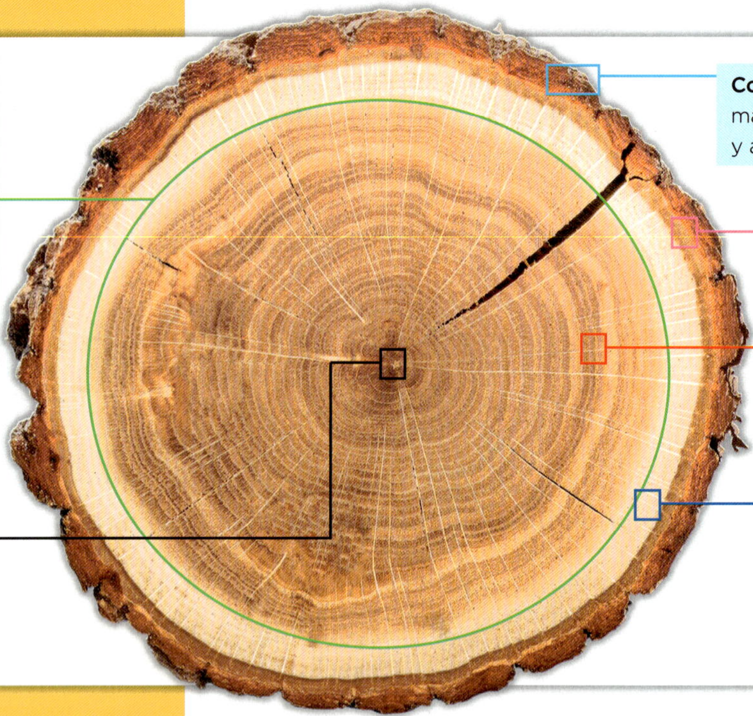

Duramen (o corazón): es la madera dura y consistente. Está formada por células fisiológicamente inactivas y se encuentra en el centro del árbol. Es más oscura que la albura, y la savia ya no fluye por ella.

Médula vegetal: es la zona central del tronco, que posee escasa resistencia, por lo que, generalmente, no se utiliza.

Corteza: protege la madera de enfermedades y ataques externos.

Cámbium: capa de crecimiento del árbol formada por células vivas.

Anillos de crecimiento: cada anillo corresponde a un año de vida del vegetal.

Albura: es la parte joven de la madera. Suele ser de color más claro y se utiliza para trabajos de escasa exigencia mecánica o cualidad estética. Transporta agua, sales minerales y otros nutrientes desde la raíz hasta las hojas de las ramas.

3.2 Tipos de maderas naturales

Las maderas naturales se pueden clasificar en:

- **Frondosas.** Se obtienen a partir de árboles poco resinosos, de textura fibrosa, frecuentemente de hoja caduca y son maderas de una amplia gama de colores, durezas y tonalidades, como el roble, el haya y el olivo. Muchas variedades soportan bien las inclemencias meteorológicas, lo que las hace muy adecuadas para mobiliario de jardín, como la teca, el ébano y la caoba. El chopo es otra de las especies de maderas frondosas, más blanda que las anteriores.
- **Resinosas.** Habitualmente proceden de árboles de hoja perenne, productores de resina, de madera blanca o de colores claros y, en general, de poca dureza. Predominan en zonas frías, en ambos hemisferios, suelen ser fáciles de trabajar y son las únicas válidas para obtener madera laminada. La familia de árboles más importante de esta variedad es la formada por las coníferas, siendo sus representantes más conocidos los pinos y abetos. Entre las coníferas de madera dura destacan los cipreses.

Comprende, piensa, investiga...

4 ¿Sabías que aproximadamente el 50% del territorio de la Comunidad Autónoma de Andalucía es superficie forestal? Averigua qué materiales se obtienen de los bosques andaluces.

Aprende más sobre la obtención de la madera con la presentación «Obtención de la madera».

3.3 Propiedades generales de la madera

Hay tantos tipos de maderas como árboles, lo que quiere decir que existe una amplia variedad donde elegir. Como material tecnológico, una primera clasificación de las maderas es, según su dureza, en duras y blandas, pero también interesan otras propiedades.

- **Dureza:** Comparada con otros materiales, la madera es blanda y se raya con facilidad, aunque existen diferentes niveles de dureza; esto es, hay maderas más duras que otras. En general, cuanto más oscura es la madera, más dura resulta ser. En cuanto a los materiales duros que pueden penetrar en la madera, por ejemplo un clavo, el efecto que producen en ella es que se abre en el sentido longitudinal de las fibras que la componen.
- **Tenacidad:** Las maderas, en general, son materiales muy tenaces que aguantan los golpes sin romperse; esto es, son poco frágiles.
- **Flexibilidad:** La madera suele ser un material relativamente flexible por su capacidad para ser deformada en el sentido de las fibras sin romperse.
- **Aislamiento térmico y eléctrico:** La madera es un buen aislante. Presenta una gran oposición al paso del calor y la electricidad.
- **Densidad:** La madera es poco densa y, por tanto, la mayor parte de maderas suelen flotar en el agua. La densidad afecta a la relación resistencia/peso, que en el caso de la madera es elevada, lo que la hace muy apropiada para su uso en construcción.
- **Higroscopicidad:** Teniendo en cuenta que es la capacidad de absorber o ceder humedad, la madera absorbe con facilidad la humedad del ambiente. Esta propiedad afecta al volumen y al peso de la pieza.
- **Conductividad acústica:** Debido a su baja densidad y su elevada elasticidad, la madera conduce muy bien el sonido. Estas dos propiedades la hacen muy adecuada para construir instrumentos musicales.

Es bien sabido por los guitarreros andaluces que el sonido de un instrumento de cuerda no solo depende de su forma, sino también de las propiedades de las maderas elegidas para su construcción.

Comprende, piensa, investiga...

5 No todas las partes del tronco tienen la misma densidad. ¿Qué partes crees que son más densas y por qué?

6 La madera de balsa se caracteriza por ser la menos densa que se conoce. ¿Qué otras propiedades consideras que debe tener?

7 Aunque en la actualidad los mangos de muchos utensilios de cocina se fabrican con plástico, durante años la madera ha sido el material predominante. ¿Qué propiedad hace a la madera adecuada para este uso? ¿Por qué crees que ha sido sustituida por el plástico?

8 Busca en Internet las propiedades que hacen de las siguientes maderas algunas de las más utilizadas: castaño, caoba, cerezo, fresno, haya, nogal, olivo, pino, roble, tejo y teca. Crea una tabla indicando las propiedades y los usos a los que se destinan (mobiliario, construcción de estructuras, forrar suelos o paredes, etc.).

9 **Intuyo y deduzco.** Teniendo en cuenta la información que has obtenido en la cuestión anterior y atendiendo a la propiedad de la flexibilidad, ¿qué madera emplearías para fabricar un arco? ¿Y un tablero para un pequeño puente?

Amplía la información con la presentación «Propiedades de la madera: árboles» de anayaeducacion.es.

3.4 El proceso de transformación de la madera

Hasta lograr que el material pueda ser usado para la construcción de objetos, hay que seguir varios pasos.

Por medio de hachas, sierras mecánicas o máquinas taladoras se corta el tronco y se eliminan ramas y raíces. En algunas ocasiones se aprovecha para realizar el descortezado del árbol tras la poda.

Desde los bosques hasta los aserraderos, se traslada en camiones o siguiendo el curso de un río, dependiendo del terreno y la orografía, la infraestructura de transporte y la distancia al aserradero.

Si el árbol no ha sido descortezado en el bosque, será lo primero que se le haga. Después, se cortará siguiendo una técnica u otra, en función de la forma que se quiera obtener: tableros, chapas o listones.

Eliminar la savia del interior de la madera. Se ordenan las maderas de forma que circule el aire entre ellas. Se puede seguir un proceso de secado natural o acelerarlo por medios artificiales, como la aplicación de calor o de productos químicos.

Comprende, piensa, investiga...

10 Fíjate en los árboles que hay en el camino al colegio o al instituto. ¿Cuáles son más abundantes, los frondosos o los resinosos? ¿Qué características te lo han indicado?

11 Escribe los nombres de las especies de árboles más frecuentes en tu provincia. ¿Son especies autóctonas o se han introducido desde otros países? ¿Por qué se introdujeron?

Puedes ampliar la información sobre la madera con los documentos «Casos especiales de serrado» y «Defectos de la madera» que encontrarás en **anayaeducacion.es**.

4 ¿QUÉ USO LE DAMOS A LA MADERA?

4.1 Maderas naturales

La madera natural puede ser aserrada de diferentes formas para obtener piezas que serán utilizadas en la construcción de objetos. Algunas de las presentaciones o formas comerciales más comunes son:

- **Listones.** Piezas de sección rectangular o circular. Su grosor es variable. Tienen múltiples usos en carpintería.
- **Molduras o perfiles.** Piezas similares a los listones, de formas más complejas. Se emplean en decoración.
- **Tablas y tablones.** De mayores dimensiones que los listones. Empleadas en construcción y en la industria del mueble.
- **Vigas.** Empleadas como elemento estructural en construcción. Su uso se está reduciendo, siendo sustituidas por el hormigón.
- **Tableros.** Piezas de gran superficie, se obtienen ensamblando varias tablas. Se emplean en la industria del mueble y en decoración.
- **Láminas o chapas.** Piezas delgadas usadas para forrar superficies.

4.2 Maderas prefabricadas

Ciertas piezas de madera son obtenidas por transformación de troncos en delgadas láminas o de restos de aserradero en astillas, obteniendo tableros artificiales de medidas estándares y de bajo coste. Las principales propiedades de los prefabricados de madera son:

- Son más uniformes, no tienen nudos o vetas; por lo tanto, se deforman menos.
- Están disponibles en diversos acabados: imitando madera natural o piedra, y en una amplia gama de colores lisos, con brillo, etc.
- Pueden tener tratamientos antiparasitarios y antihumedad.
- Aprovechan la madera de árboles cuya calidad no los hace adecuados para el aserrado.
- Tienen medidas estándares.
- Son más baratos que la madera natural.

Maderas prefabricadas		
Tableros contrachapados	**Tableros aglomerados**	**Tableros de fibras**

Formados a partir de un número impar de láminas encoladas, de entre 0,5 mm y 3 mm de espesor. Se disponen de forma que las fibras de los tableros consecutivos queden perpendiculares, aumentando su resistencia ante las deformaciones.	Se conocen también como tableros de partículas y se fabrican a partir de virutas y restos de madera encolados y prensados con resina sintética termoendurecida; su aspecto es sólido y compacto.	Se consiguen reduciendo restos de madera hasta fibras que se mezclan con adhesivos y productos químicos; finalmente, se prensa a alta temperatura. Los más conocidos son los tableros de densidad media o DM.

Formas comerciales de la madera

Tablas y listones

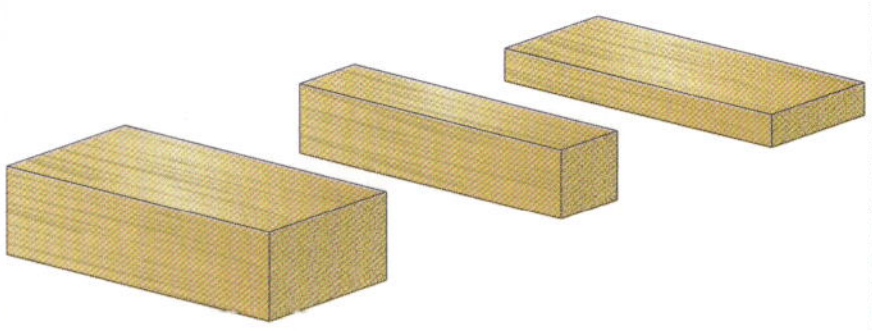

Tableros

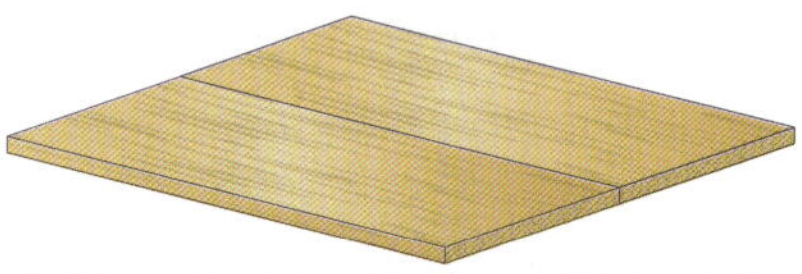

Redondos

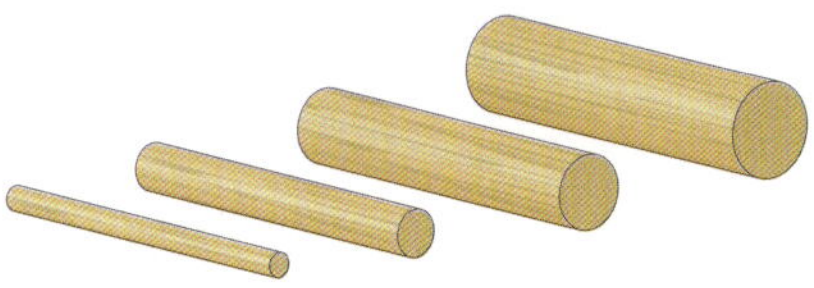

Molduras

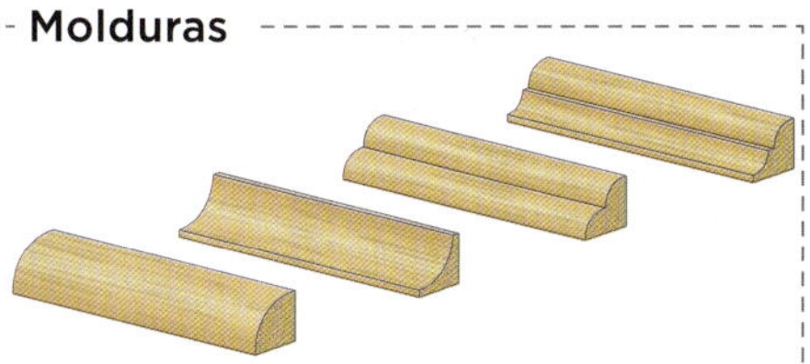

Chapas

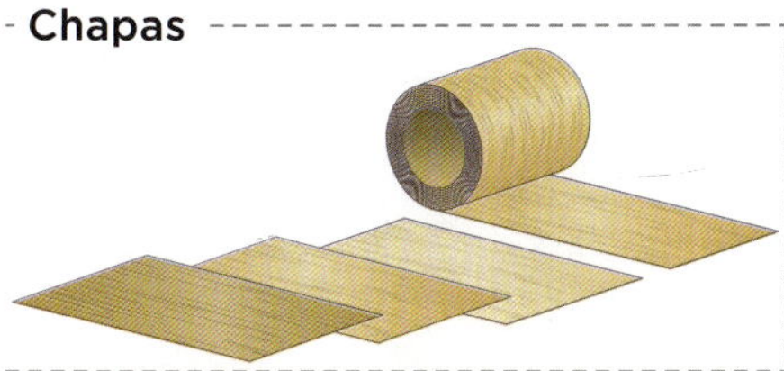

4.3 El papel y el cartón

El proceso de fabricación de papel apenas ha variado desde que fue desarrollado en China, aproximadamente en el siglo I a. C. El papel resultó más económico y fácil de fabricar que los materiales usados hasta entonces, pergamino y papiro, de producción mucho más limitada y costosa.

La producción de papel consta de dos grandes fases: la elaboración de la pasta de celulosa y la fabricación del papel, cada una con varios pasos, tal y como puede verse en la figura.

El cartón

El cartón se forma por varias capas de papel superpuestas, lo que le confiere mayor grosor, dureza y resistencia. La capa externa puede tener un tratamiento distinto para lograr un brillo o una impresión más llamativa; la técnica empleada con más frecuencia es el estucado. El principal uso del cartón es para embalajes y envases.

La fabricación del papel

1 En primer lugar, se descorteza la madera, se tritura y se mezcla con una gran cantidad de agua para fabricar pasta de papel.

2 Se cuece la pasta para separar la celulosa de la savia y se añaden reactivos químicos para blanquearla y darle más resistencia.

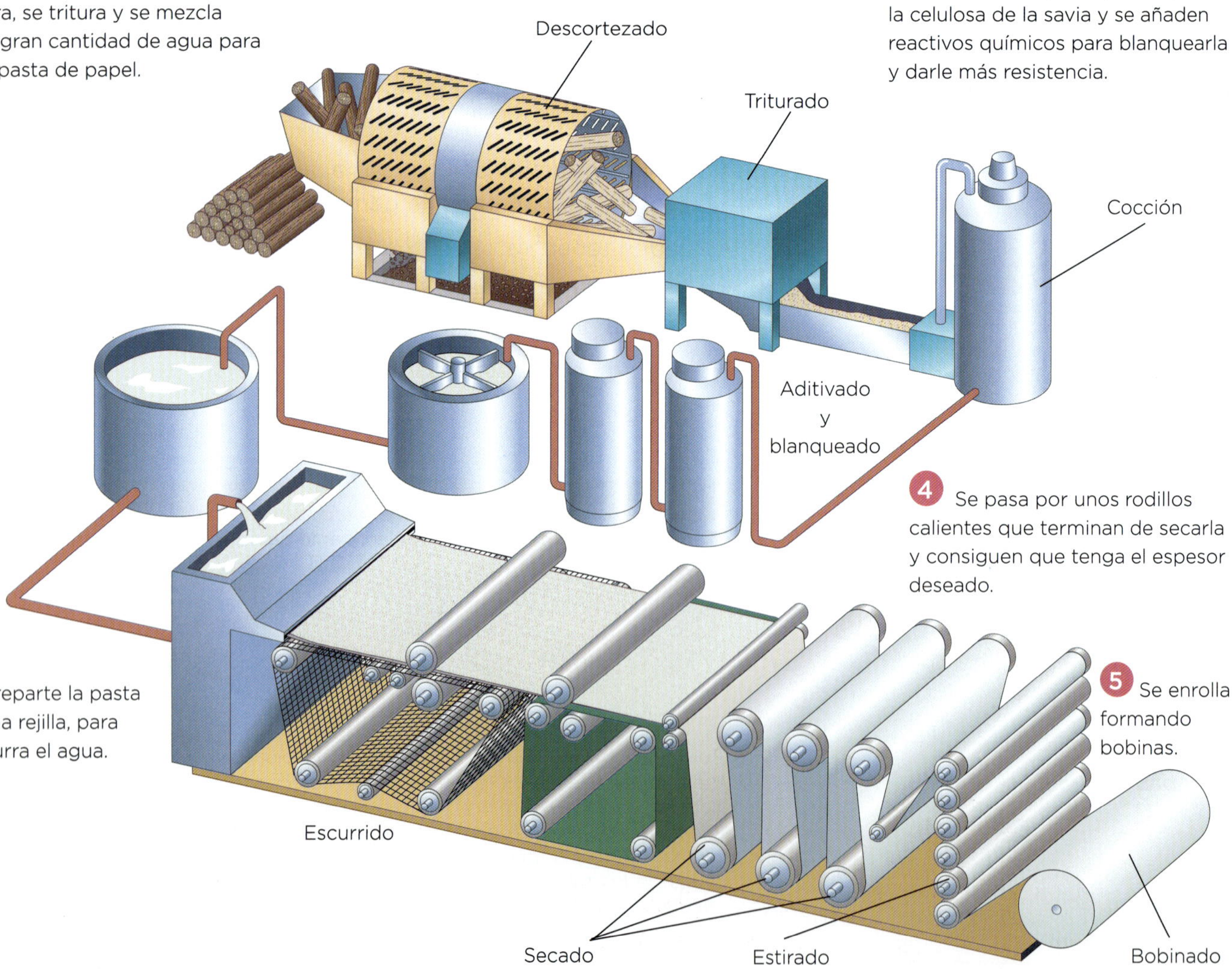

3 Se reparte la pasta sobre una rejilla, para que escurra el agua.

4 Se pasa por unos rodillos calientes que terminan de secarla y consiguen que tenga el espesor deseado.

5 Se enrolla formando bobinas.

Práctica guiada

Fabrica papel artesano

1 Prepara una rejilla de malla fina de acero o plástico. Móntala sobre un marco de madera con las dimensiones del tamaño de papel que quieras conseguir. Para fijar la malla al marco, solo hay que graparla.

2 Ahora prepara la mezcla con trozos de papel desechado del menor tamaño posible. Échalos en una cubeta de agua y déjalos medio día. Da vueltas a la mezcla de vez en cuando, con ayuda de una cuchara de madera, para hacer que el papel se deshaga y forme una pasta uniforme o tritúralos con una batidora.

3 Poniendo un recipiente debajo, vierte la pasta sobre la rejilla de forma homogénea y espera a que escurra la mayor parte del agua.

4 Coloca una bayeta absorbente sobre la pasta y gira el marco.

5 Deposita la lámina de pasta de papel sobre la bayeta, pon otra bayeta encima y continúa formando una pila de capas de pasta y bayetas hasta tener todas las hojas que quieras preparar.

6 Coloca la pila entre dos tableros y préńsala con ayuda de sargentos o poniendo objetos pesados sobre ella. Cuando esté totalmente seco, desprende con cuidado las láminas de papel de las bayetas.

Comprende, piensa, investiga...

12 **El espejo.** ¿Qué crees que es más ecológico: el uso de libros electrónicos o el de libros en papel? Busca argumentos y justifica tu respuesta.

13 Analiza un envase de cartón. Por ejemplo, una caja.

a) Toma sus medidas y representa sus vistas.

b) Desmóntalo con cuidado para extenderlo encima de la mesa. Haz un plano a escala 1:2, teniendo cuidado de no olvidar los pliegues y las pestañas.

c) ¿Es igual la cara interna del envase que la externa? Anota las diferencias que observes.

d) ¿Qué nuevos usos podrías darle al cartón, además de reciclarlo en el contenedor azul?

Otro derivado de la madera es el corcho, aprende algo sobre este material en el documento que encontrarás en anayaeducacion.es.

5 HERRAMIENTAS PARA EL TRABAJO CON MADERA

5.1 Herramientas de corte

- **Segueta.** También llamada «sierra de marquetería», se compone de un mango y un arco al que se atornilla una hoja dentada, o pelo. Dependiendo del número de dientes y del grosor de la hoja, se podrán hacer cortes de mayor precisión.

  Los pelos redondos permiten hacer cortes curvados, mientras que los pelos planos solo están destinados para cortes rectos.

  Los dientes deben montarse hacia delante y el pelo ha de quedar tenso para evitar que se parta con facilidad.
- **Serrucho.** Es la herramienta general para realizar cortes en la madera. Su corte es poco preciso, ya que la hoja es muy flexible y cimbrea.
- **Sierra de costilla.** Lleva una pieza metálica en forma de U en el borde superior, llamada «costilla», que sirve de refuerzo y evita que la hoja cimbree. Se emplea para cortes rectos, cortos y precisos. Si el corte es largo, la costilla puede entorpecer la labor al tropezar con la madera.
- **Sierra de arco.** Herramienta para cortes en madera o metal. Se emplea para el corte preciso de listones, ya que apenas se desprende serrín o virutas ni se astilla la madera. La pieza a cortar ha de ser de poco grosor, de lo contrario tropezará el arco.

Segueta

Serrucho

Sierra de costilla

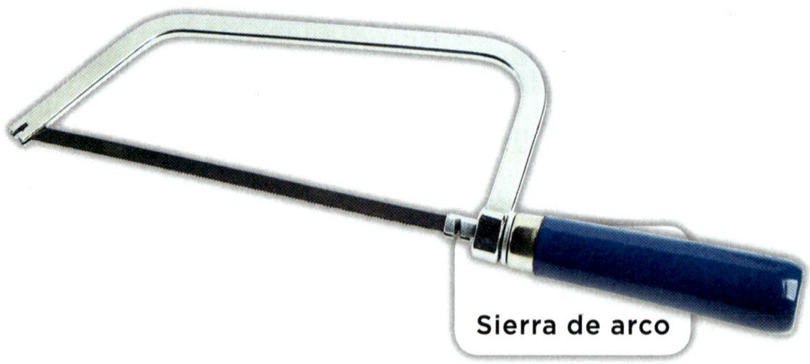
Sierra de arco

Máquinas herramienta para el corte de madera

Sierra circular. Para cortes rectos. El corte puede producir astillado si el disco no está bien afilado, si tiene un número reducido de dientes, o si se está cortando a pocas revoluciones.

Sierra de calar. Para cortes rectos y curvados. El corte es más lento que el de la sierra circular. Tiende a astillar el material.

Usa las herramientas de forma segura siguiendo las recomendaciones de los documentos «Normas de seguridad» de **anayaeducacion.es**.

5.2 Herramientas de remoción y ajuste

Herramientas para perforar

- **Barrenas.** Se emplean para hacer taladros poco profundos y de pequeño grosor.
- **Brocas.** Son herramientas cilíndricas que se acoplan al extremo de una taladradora o de un berbiquí para hacer taladros en el material.

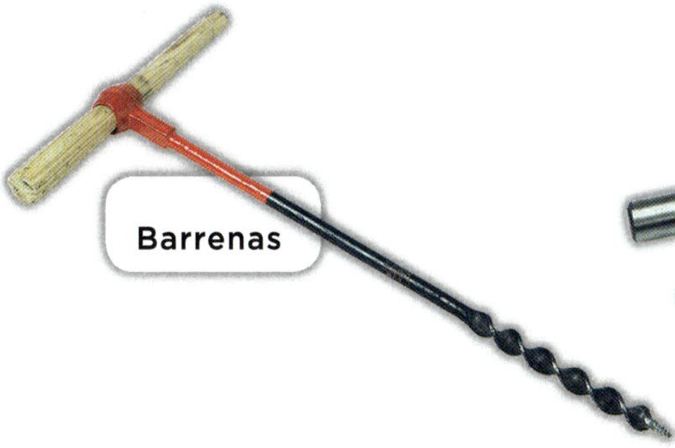

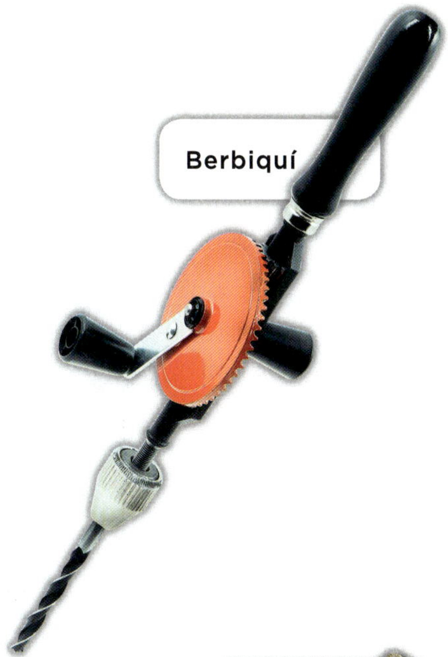

Herramientas para rebajar

- **Garlopa o cepillo.** Herramienta de ajuste que consiste en una hoja afilada de acero y un soporte del mismo ancho con la parte inferior perfectamente lisa. La hoja asoma ligeramente para arrancar virutas del material. Hay que mantener la hoja bien afilada y regulada, de forma que asome lo justo por la ranura (durmiente) para que las virutas sean delgadas y uniformes.

  Existen garlopas de diversos tamaños para rebajar piezas de madera más o menos grandes y poder realizar trabajos más detallados.
- **Escofinas.** Herramienta de acero con superficies dentadas que sirve para desbastar la madera eliminando el material sobrante. Los acabados que se consiguen son toscos debido a sus dientes triangulares.

  Limas y escofinas se presentan con distintos tamaños y secciones, pensados para hacer rebajes planos o curvos, pero no se deben usar limas para la madera, porque sus estrías se embozan con el serrín.
- **Formones, gubias y escoplos.** Herramientas para realizar cortes, muescas, rebajes y trabajos artesanos artísticos. El formón y el escoplo tienen la punta con filo biselado, mientras que las gubias lo tienen curvado y es más delgado. Para algunos trabajos, se necesita golpearlos con un mazo o martillo para penetrar en el material.

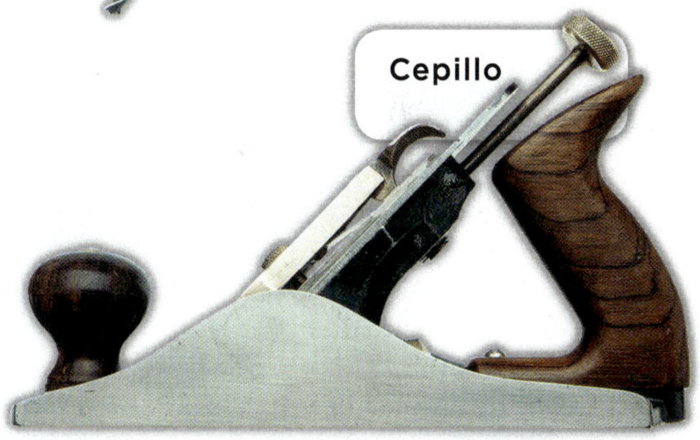

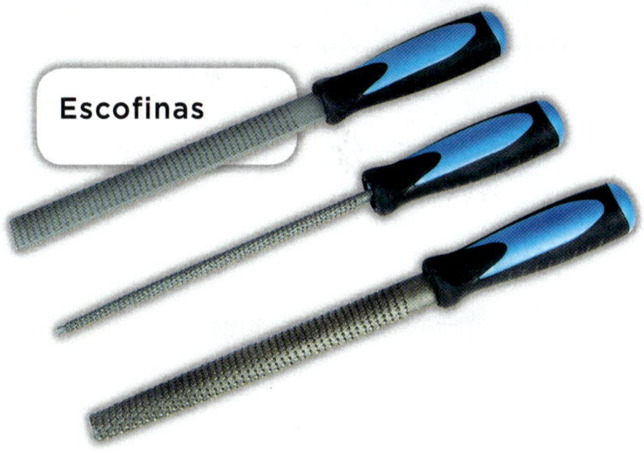

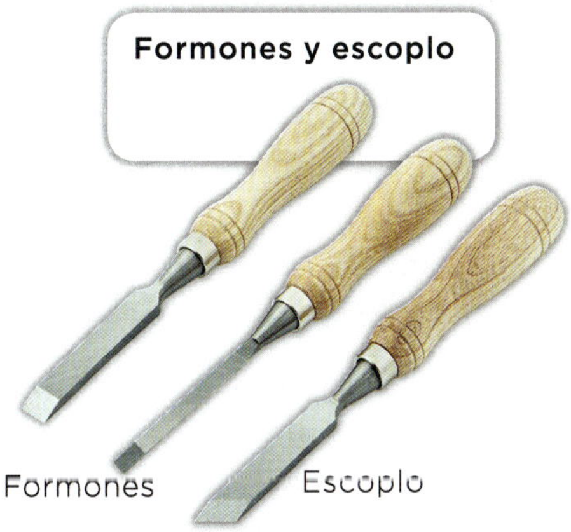

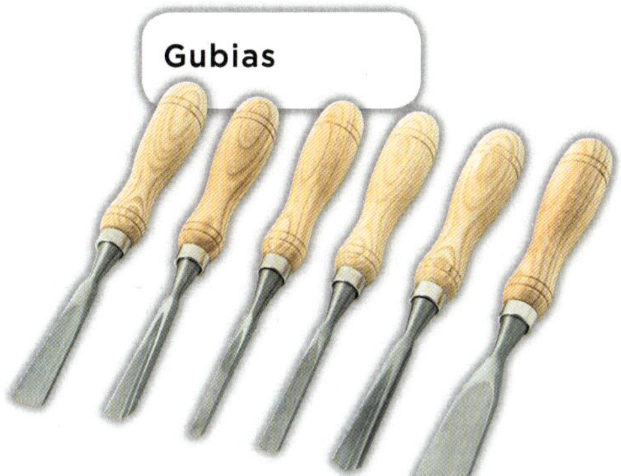

Las lijas

Son un accesorio que ayuda en el ajuste fino de las superficies, eliminando pequeñas imperfecciones. Están hechas de una hoja de papel a la que se adhieren materiales abrasivos.

5 HERRAMIENTAS PARA EL TRABAJO CON MADERA

Máquinas herramienta para mecanizar la madera

Fresadora. Esta herramienta permite conseguir formas complejas gracias al uso de distintos filos (fresas) y a la posibilidad de orientar la máquina o la pieza en diversos ángulos.

Cepillo eléctrico. Presenta algunas ventajas frente al manual, como la posibilidad de acoplar un aspirador que recoja la viruta o la de fijar una regulación más fina de las cuchillas.

Taladradora. Máquina a la que se le acopla una broca para hacer perforaciones circulares. La elección del tipo de broca dependerá del trabajo que se vaya a acometer.

Torno. Es una máquina herramienta empleada para obtener piezas en forma de figura de revolución, como el cono o el cilindro.

Encolado.

5.3 Herramientas y accesorios para uniones y montaje

Las uniones pueden ser permanentes o desmontables.

Uniones permanentes

- **Encolado.** Se emplea cola de carpintero.
- **Pegado con cola termofusible.** Es una forma rápida de unión, pero no es muy resistente.
- **Clavado.** Consiste en unir piezas mediante clavos. Para clavar, se utiliza un martillo, y para quitar los clavos, se emplean unas tenazas.
- **Ensambles.** Se llevan a cabo haciendo entrantes y salientes en las piezas, de modo que encajen y ajusten perfectamente. Este tipo de unión se refuerza con cola de carpintero.
- **Espigas y clavijas.** Mediante pequeños cilindros, o galletas, de madera que se insertan en unos orificios que hemos practicado en las dos partes que queremos unir, de forma que coincidan. Las piezas de unión se encolan antes de insertarlas.

Completa la información de estas páginas con las presentaciones «Herramientas manuales y sus usos» y «Máquinas herramienta».

Uniones desmontables

- **Atornillado.** Consiste en unir piezas mediante tornillos. El atornillado se lleva a cabo con el destornillador adecuado para los tornillos que se emplean, o con llaves especiales, como las llaves Allen.
- **Mediante herrajes.** Son piezas metálicas que se atornillan en las maderas que queremos unir. Los hay de muchos tipos: escuadras, tiras, estribos, etc.

Uniones permanentes	Uniones desmontables
 Mediante clavos.	 Mediante tornillos de ensamblar.
 Mediante ensamblado.	 Mediante herrajes móviles.
 Mediante espigas.	 Mediante herrajes rígidos.

Comprueba lo que has aprendido con la actividad interactiva «Herramientas para trabajar la madera».

6

LOS METALES

La minería en Andalucía

¿Sabías que el origen de la civilización andaluza está estrechamente ligado a su riqueza en minerales metálicos y al comercio de dichos minerales en el Mediterráneo?

Durante siglos se han extraído minerales de plomo, cobre y hierro, además de oro y plata, de las minas andaluzas. Este hecho ha contribuido a la degradación y deforestación de los distritos mineros.

Ahora Andalucía aporta aproximadamente el 50 % de los minerales metálicos nacionales, pero se está haciendo un esfuerzo por convertirla en una industria sostenible e innovadora.

De entre los elementos químicos de la naturaleza, los metales son el grupo más numeroso. Hay más de noventa tipos de elementos metálicos. Unos cuantos fueron descubiertos y empleados en las épocas prehistóricas, lo que fue un factor importante para el desarrollo de civilizaciones como la sumeria o la egipcia. Otros son menos comunes y han sido descubiertos en épocas más recientes.

En estado natural, la mayoría se encuentra formando parte de minerales que hay que procesar para extraer el metal separándolo de la ganga.

6.1 Metales y aleaciones

Hay siete metales conocidos por la humanidad desde la Antigüedad: hierro, cobre, plata, estaño, oro, mercurio y plomo. Desde finales del siglo XVIII se han logrado catalogar docenas de elementos metálicos. Además de los metales puros, a lo largo de la historia se han formado combinaciones de dos o más metales y de metales con otros elementos químicos para mejorar sus propiedades físicas. Estos se denominan **aleaciones,** y surgen cuando se combinan elementos químicos, de los cuales al menos uno es metálico.

Entre las aleaciones más importantes están el bronce, el latón y el acero inoxidable.

- El **bronce** es una aleación de cobre con estaño. Fue una de las primeras aleaciones utilizadas por la humanidad y fue tan importante que ha dado su nombre a una de las épocas de la historia.

  Aunque es de color dorado, en contacto con el aire tiende a formar una pátina oscura, azulada o verdosa. Gracias a su magnífica sonoridad ha sido empleado desde la Antigüedad para fabricar campanas y gongs.

- El **latón** es una aleación compuesta de cobre y cinc, muy utilizada para hacer alambres y varillas. Como no es atacado por el agua salada, se emplea en la fabricación de piezas y equipos para barcos; también se utiliza en instrumentos musicales de viento, pomos de puerta y monedas, entre otras aplicaciones.
- El **acero** es una aleación de hierro y carbono, que contiene menos del 1,76 % de este último.
- El **acero inoxidable** es una aleación de acero con, al menos, un 10 % de cromo, que lo hace resistente a la corrosión, por lo que es muy utilizado en elementos de cocina, en máquinas para procesar alimentos y en la construcción.

Comprende, piensa, investiga...

14 Los metales se encuentran en la naturaleza formando minerales. Averigua qué metal puede extraerse a partir de los siguientes minerales.

Cinabrio

Galena

Hematita

Malaquita

Blenda

6.2 Las propiedades de los metales

Entre las principales propiedades físicas de los metales se puede indicar que en general:

- Tienen alta densidad; es decir, su peso respecto al volumen que ocupan es superior al de la mayoría de los materiales.
- Son buenos conductores del calor y la electricidad.
- Reflejan la luz, de ahí su característico brillo metálico.
- Son sólidos a temperatura ambiente, excepto el mercurio.
- La mayoría de ellos son grises o blanquecinos, aunque también los hay de otros colores.
- Admiten la mezcla con otros metales y otras sustancias que mejoran sus propiedades, como sucede con el acero inoxidable, los latones o las aleaciones ligeras.

Algunas de las propiedades tecnológicas de los metales hacen de ellos unos materiales muy utilizados en la industria.

Propiedades tecnológicas de los metales		
	Colabilidad	Facilidad del material de mantener la fluidez, tras haber sido fundido, para rellenar un molde.
	Soldabilidad	Facilidad para unir dos o más piezas de metal por medio de la aplicación de calor, presión o ambas.
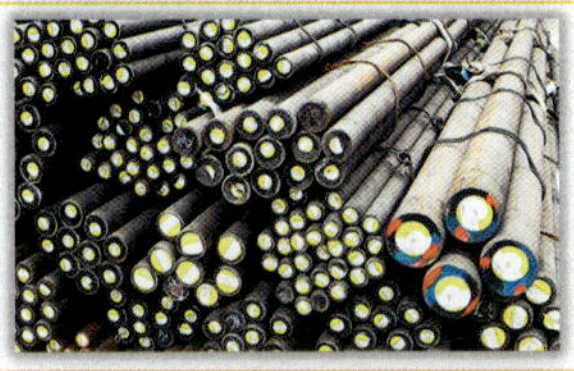	Ductilidad	Capacidad de estirarse formando hilos o filamentos.
	Maleabilidad	Capacidad de extenderse en láminas.
	Plegabilidad	Facilidad para doblarse sin romperse.
	Maquinabilidad	Facilidad para ser conformado, moldeado o trabajado por medio de máquinas herramienta en procesos en los que se elimina material (taladrado, torneado...).

anayaeducacion.es Completa la información de esta página con la presentación «Propiedades de los materiales metálicos».

Comprende, piensa, investiga...

15 **La pregunta.** Imagina una sociedad que no conozca el uso de los metales. ¿Cómo crees que vivirían? ¿Qué objetos cotidianos no existirían o estarían hechos de otros materiales?

16 Investiga en Internet. ¿Cuál es el metal más caro del mundo? ¿Para qué se utiliza? ¿Por qué crees que es tan caro?

Extracción de mineral en una mina subterránea.

6.3 La obtención de los metales

La distribución de los distintos minerales en la corteza terrestre no es uniforme. Esto da lugar a la existencia de puntos en los que se concentran cantidades mayores de alguno de ellos, formando yacimientos.

La minería es la industria que se encarga de la extracción de minerales. El método de extracción del mineral se puede hacer en **minas a cielo abierto** o en **minas subterráneas,** dependiendo de la profundidad a la que se encuentre el yacimiento.

Los tratamientos para separar la **mena** (parte útil) de la **ganga** pueden consistir en moler la roca, fundirla, lavarla o emplear métodos electroquímicos.

Hasta lograr que el material pueda ser usado para la construcción de objetos, hay que seguir varios pasos:

- Extracción de mineral.
- Separación de mena y ganga para obtener lingotes de metal.
- Transformación de los lingotes en piezas útiles.

Cuando seguimos estos pasos para la obtención de hierro o metales ferrosos, el proceso recibe el nombre de **siderurgia;** en el caso de cualquier otro metal, el proceso recibe el nombre de **metalurgia.**

Repercusiones medioambientales de la minería

La actividad minera tiene también consecuencias negativas para el medioambiente como:

- Degradación del paisaje y tala de bosques, en especial en minas a cielo abierto.
- Modificación de la estructura del suelo. Tanto por la construcción de túneles como por la de bancos. Al abandonar una explotación minera, es necesario realizar labores de consolidación del terreno, para evitar desprendimientos.
- Contaminación por polvo y humos debido a las voladuras.
- Contaminación acústica por las explosiones y el movimiento de maquinaria pesada.
- Toxicidad propia de algunos metales y procesos de refinado:
  - Separación y lavado, donde se usan ácidos y otras sustancias corrosivas.
  - Desprendimiento de gases nocivos que es necesario filtrar.

Comprende, piensa, investiga...

17 ¿Hay minas en tu comunidad autónoma? En caso afirmativo, ¿dónde están? ¿Qué minerales extraen? ¿Se trata de metales? ¿Los extraen a cielo abierto o en mina subterránea? En caso negativo, busca información sobre los metales que se extraen en España. ¿Dónde están las minas? ¿Son minas a cielo abierto o subterráneas?

18 Anota al menos tres aspectos positivos de la extracción de metales.

19 **Consecuencias y resultados.** ¿Qué riesgos crees que comporta trabajar en una mina subterránea?

20 ¿Qué problemas para el medioambiente y la salud supone la extracción de minerales?

7 LOS METALES FÉRRICOS

Alimentar el alto horno

Los materiales que hay que introducir en el alto horno son:

- **Mineral de hierro o mena.** Algunos minerales ricos en hierro son: pirita, magnetita, siderita, hematita o limonita.
- **Combustible.** Carbón de alto poder calorífico, generalmente coque.
- **Fundente.** Piedra caliza o arcilla.

Por cada dos toneladas de mineral de hierro se añaden una tonelada de combustible y media tonelada de fundente.

El hierro es el segundo metal más abundante de la corteza terrestre, solo superado por el aluminio. Los materiales metálicos férricos son aquellos que contienen hierro. Los principales son tres:

- **Hierro puro.** Contiene menos del 0,1% de carbono.
- **Acero.** Contiene entre el 0,1% y el 1,76% de carbono. Es más fuerte, ligero y flexible que el hierro, el cobre o el bronce.
- **Fundición.** Contiene entre el 1,76% y el 6,7% de carbono.

7.1 El alto horno

El alto horno es la instalación en la que se eliminan impurezas del mineral de hierro y se transforma en un producto llamado «arrabio», que contiene un 92% de hierro.

Por la parte superior del horno se va introduciendo la mezcla de mineral de hierro, combustible y fundente. Por la parte inferior, se insufla aire muy caliente; esto y las altas temperaturas alcanzadas favorecen las reacciones químicas que transforman el mineral de hierro en metal fundido. Este material fundido precipita hacia el fondo del horno y, debido a la diferencia de densidad, se separa en dos partes: el **arrabio,** o hierro fundido, todavía con impurezas, y la **escoria,** o material de desecho, que flota sobre el anterior.

Serán necesarios procesos posteriores, por lo general termoquímicos, para mejorar la pureza del arrabio.

Esquema de una planta siderúrgica

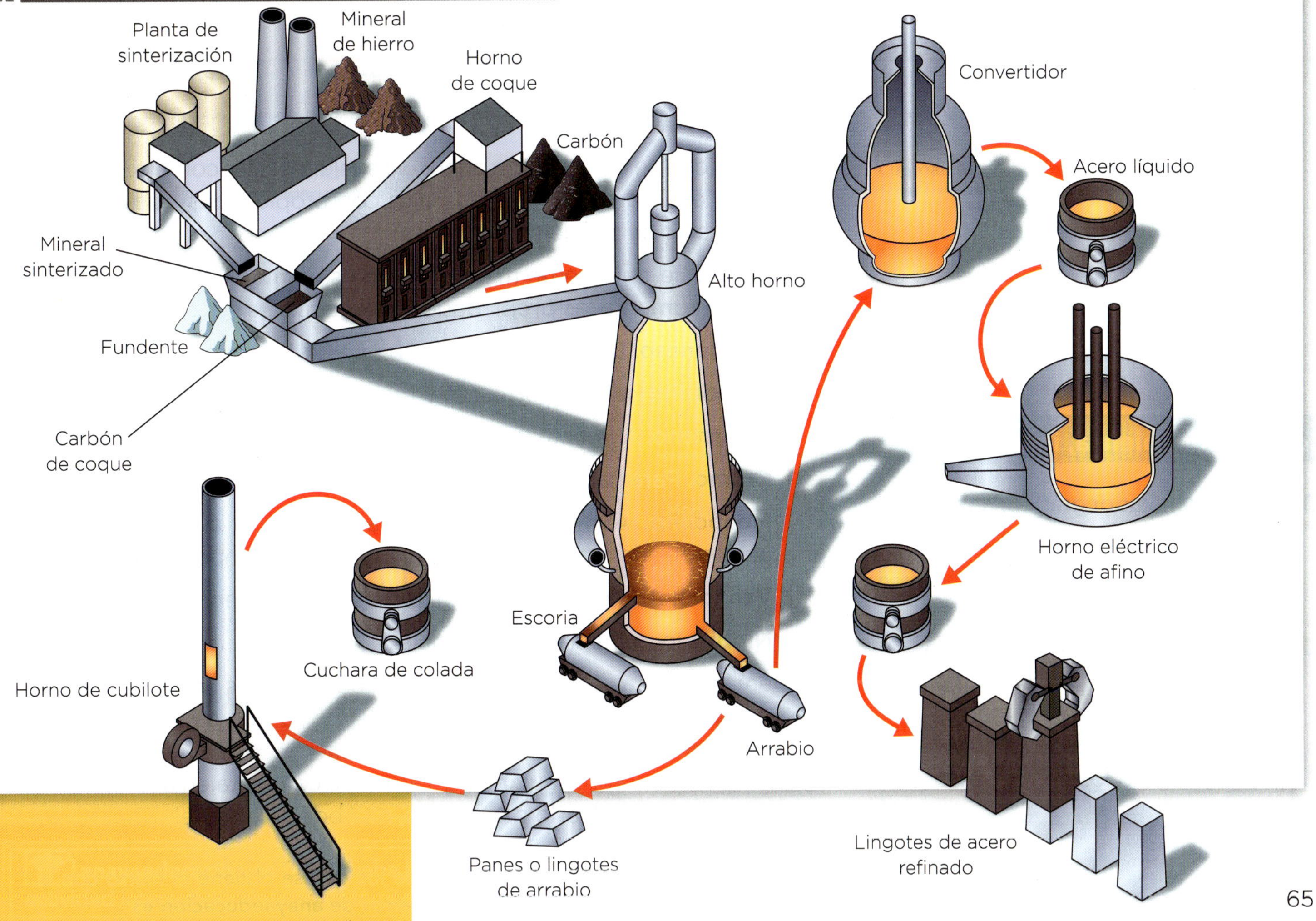

9 HERRAMIENTAS PARA EL TRABAJO CON LOS METALES

9.1 Herramientas de corte

- **Tijeras de chapa.** Son unas tijeras compactas, pesadas y de gran tamaño que permiten cortar chapas muy finas.
- **Cizalla.** Es una herramienta formada por unas cuchillas accionadas por mangos de grandes dimensiones, lo que permite hacer mucha fuerza. Se utiliza para cortes de piezas metálicas de mayor grosor.
- **Sierra de arco.** Idéntica a la empleada para madera, su hoja dentada puede sustituirse y tiene los dientes inclinados hacia delante. Permite cortar piezas de metal de poco grosor.

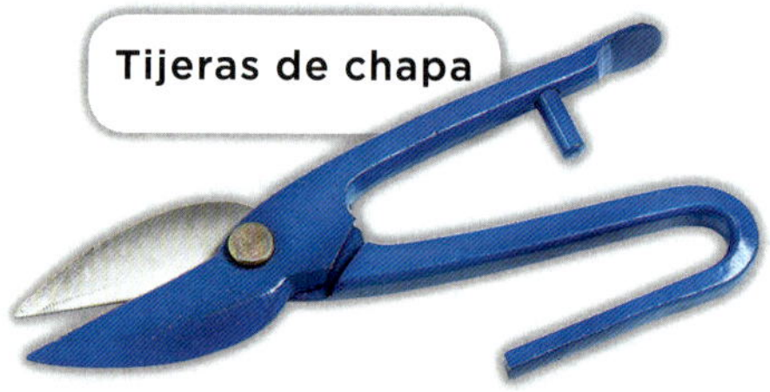

Máquinas herramienta de corte

- **Caladora.** Es una máquina herramienta que tiene una pequeña hoja serrada que sube y baja a gran velocidad y permite hacer cortes rectos o curvos. Existen hojas para diferentes materiales. Las hojas para corte de metal tienen los dientes más pequeños.
- **Radial.** Es una máquina herramienta que tiene un disco que gira a gran velocidad. Dependiendo del disco empleado, permite cortar madera, metales blandos o duros e, incluso, piedra.

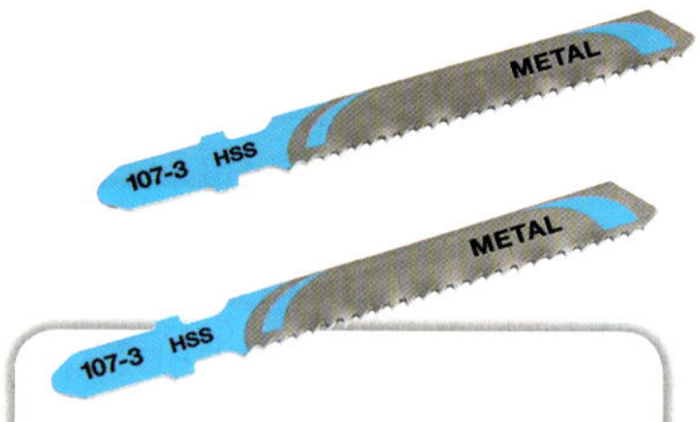

9.2 Herramientas para sujetar

- **Tornillo de banco.** Va fijo en la mesa de trabajo. Consta de dos mordazas, una fija y la otra móvil. La pieza se sujeta entre las dos mordazas.
- **Alicates.** Se emplean para sujetar piezas pequeñas y también para doblar y cortar alambres. Hay distintos tipos de alicates (de punta redonda, de punta plana, universales, etc.) diseñados para usos específicos.

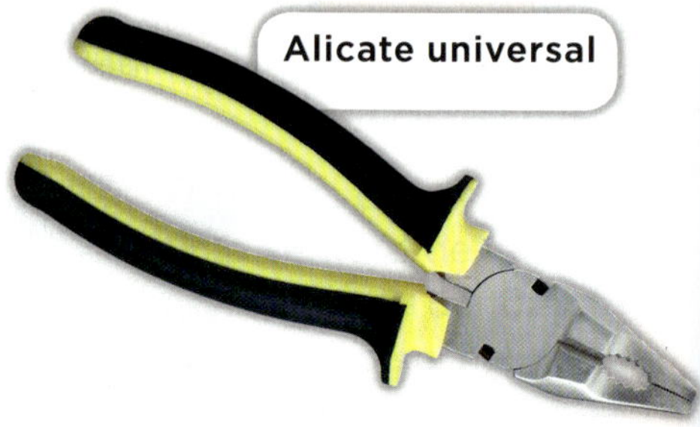

Usa las herramientas de forma segura siguiendo las recomendaciones de los documentos «Normas de seguridad» de anayaeducacion.es.

9.3 Herramientas para taladrar

- **Granete.** Es un cilindro de metal con un extremo terminado en punta, al que se golpea con un martillo, y sirve para marcar el punto donde se va a hacer el agujero y que la broca no resbale.
- **Taladradora.** Hay dos tipos de taladradora: la de mano y la de columna. Las de columna pueden estar montadas en un banco de trabajo o en una mesa. Están dotadas de una mesa regulable en altura y, a veces, en inclinación, a la que se fijan, con mordazas, las piezas que queremos perforar. Estas taladradoras permiten una cómoda regulación de la velocidad de giro y de avance de la broca.
- **Brocas.** Son piezas que se acoplan al taladrador, encargadas de hacer el agujero. Tienen un filo helicoidal cortante, que con el uso tiende a desgastarse. Cuando una broca ha perdido su efectividad, se puede afilar con máquinas afiladoras o amoladoras.

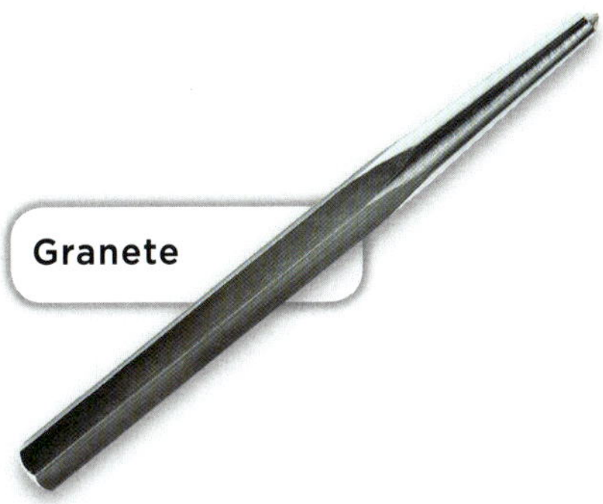
Granete

Brocas

Taladradora de columna

9.4 Herramientas para limar

- **Lima.** Es una barra de acero con estrías o rugosidades que permiten separar pequeñas cantidades de viruta de las piezas de metal por medio de fricción. Para ello, se elige la lima con la forma y el grano adecuados, según el trabajo que se quiera efectuar. Para desbastar, elegiremos una lima de grano grueso, mientras que para afinar, emplearemos una lima de grado medio o fino.
- **Papel de lija.** Es un papel al que se le han pegado unos granos de distintos materiales como silicio, corindón o circonio, muy abrasivos, y sirve para eliminar irregularidades de las piezas por medio de fricción. También se utiliza para eliminar el óxido de una superficie metálica. Normalmente, el papel de lija suele acoplarse a una máquina que vibra a alta velocidad, la lijadora, lo que facilita su uso.

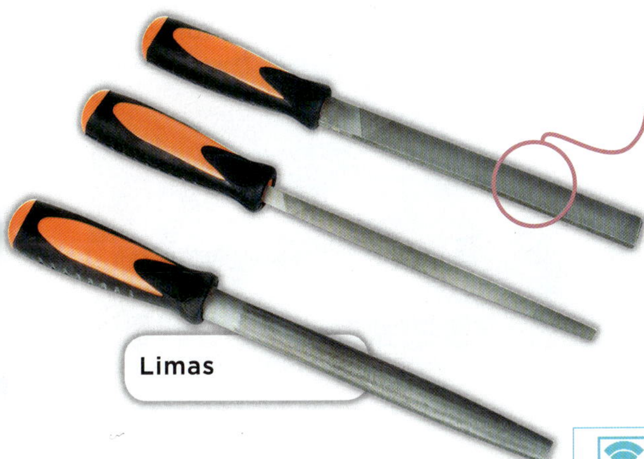
Limas

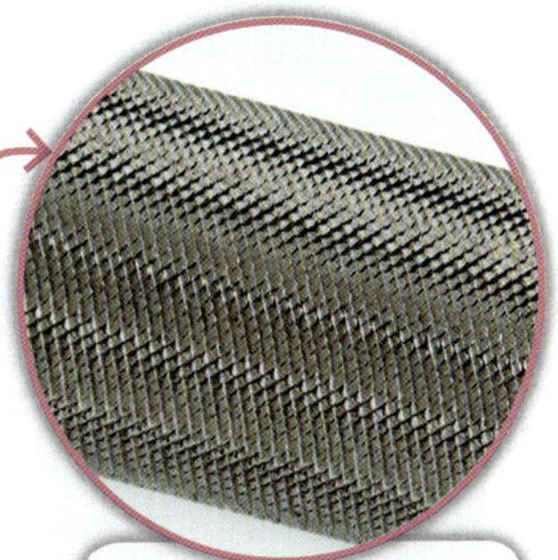
Detalle del rayado

Amoladora o esmeriladora

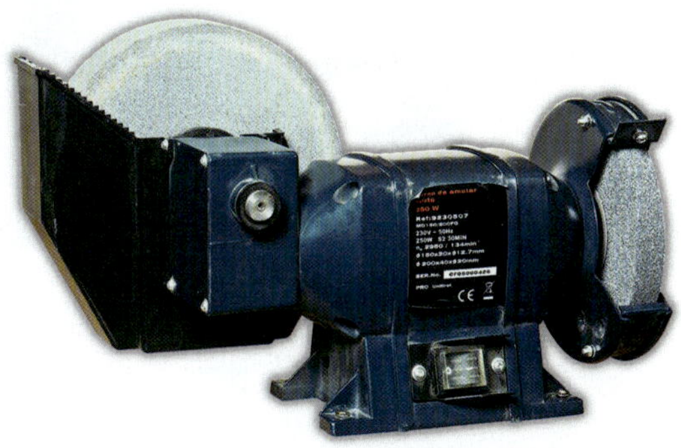

La esmeriladora es una máquina herramienta que lleva acoplada una piedra abrasiva llamada «muela», que gira, y al entrar en contacto con una pieza metálica, produce el desgaste de esta. Se utiliza normalmente para afilar herramientas.

Comprueba lo que has aprendido con las actividades interactivas «Aprende jugando: Adivina la herramienta» y «Herramientas para trabajar los metales».

10

EL TRABAJO CON LOS METALES

10.1 Los trabajos de mecanización con los metales

Forja

El acero ha sido trabajado tradicionalmente en la fragua para forjar todo tipo de herramientas, muebles, instrumentos y objetos varios. Aunque aún pervive, el trabajo artesano del herrero ha sido sustituido en su mayoría por técnicas industriales, como la forja con estampa. En este caso, se va dando forma al material por medio de moldes llamados «troqueles» y usando prensas y/o martillos neumáticos.

Fresado

Es un proceso que se lleva a cabo con una máquina herramienta llamada «fresadora», que lleva acoplada una herramienta de corte cilíndrica de diferentes formas, llamada «fresa», y que gira a gran velocidad. Gracias a la amplia variedad de fresas que existe, es posible hacer agujeros de diferentes formas, ranuras, canales, etc.

Torneado

Para este proceso se emplea una máquina herramienta llamada «torno», que hace girar una pieza de metal a gran velocidad y a la que se le aplica una cuchilla que arranca virutas de metal, dándole forma y obteniendo una pieza con sección circular.

Mecanizado con arranque de viruta

Fresadora

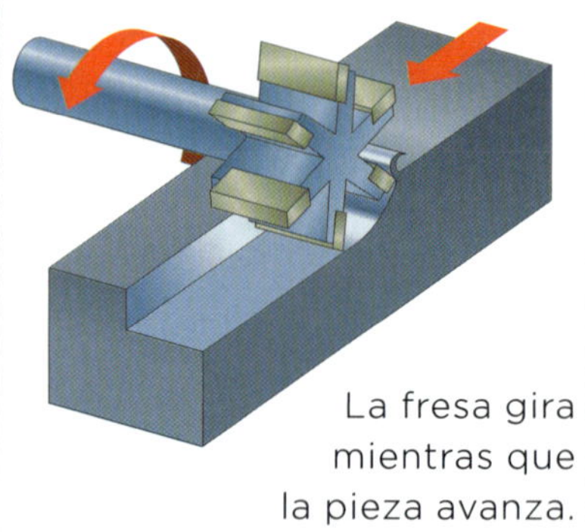

Torno

Comprueba lo que has aprendido con la actividad interactiva «Mecanización de metales».

Mecanizado sin arranque de viruta

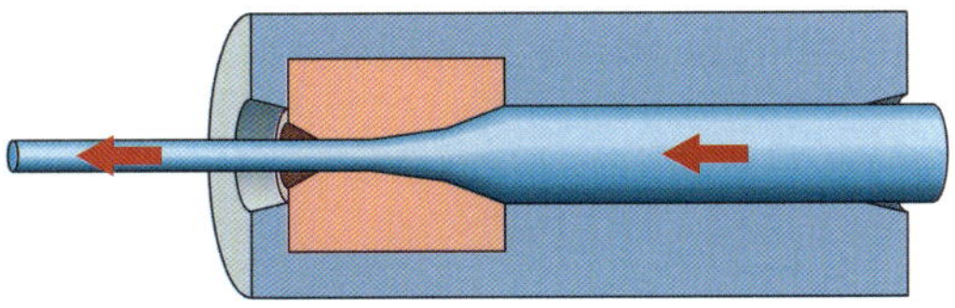

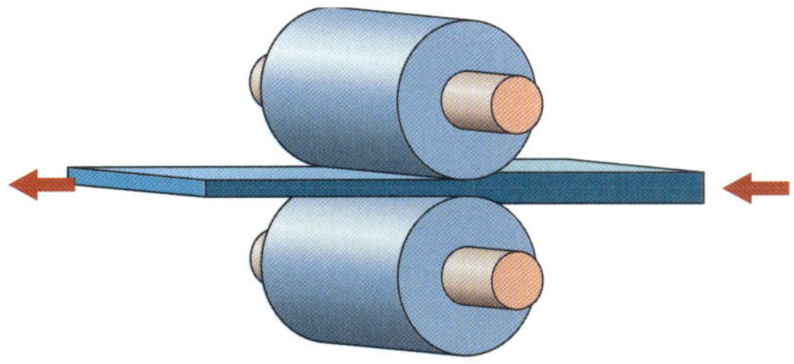

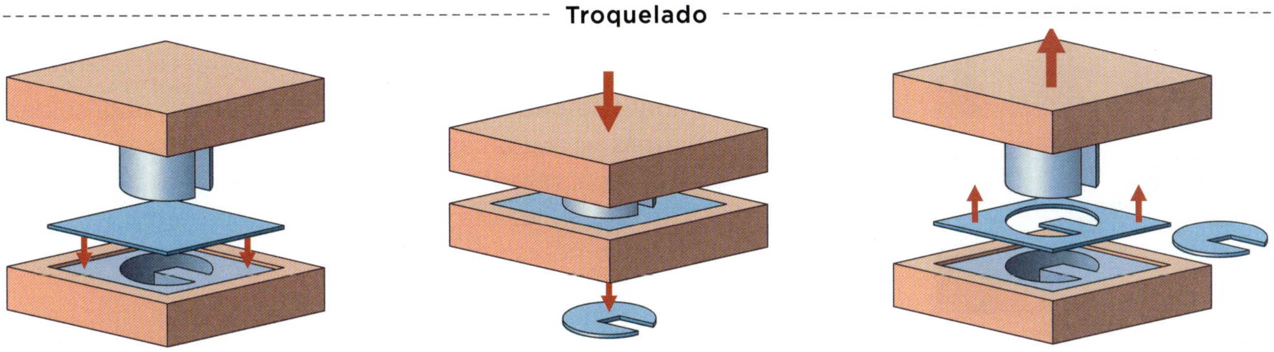

Laminado

Es un proceso por el cual se hace pasar una pieza de metal entre dos rodillos que giran en sentido contrario. De esta forma, la pieza de metal disminuye su grosor. Si se quiere disminuir aún más su grosor, se puede hacer este mismo proceso pero en varias etapas.

Trefilado

Es un proceso de estirado de un alambre de metal hasta convertirlo en un alambre más fino, el cual se hace pasar por un orificio. Si la reducción de diámetro es grande, se suele hacer en varias etapas.

Estampado

Es un proceso por el cual se presiona una chapa de metal entre dos moldes que encajan perfectamente. De esta forma, la chapa de metal toma la forma del molde. Este proceso puede hacerse con la chapa en frío o en caliente.

Troquelado

Es un proceso en el cual se presiona una cuchilla con una determinada forma sobre una lámina de metal, produciéndose el corte de la chapa con la forma de la cuchilla. Por ejemplo, así se obtienen las arandelas.

Puedes complementar la información de estas páginas con la presentación «Fabricación por deformación» que encontrarás en **anayaeducacion.es**.

Perfiles

Pieza de sección constante que se prolonga una longitud dada. Puede ser un perfil cuadrado, redondo o irregular, como el caso de los perfiles empleados para conformar ventanas en carpintería metálica.

10.2 Las uniones

Las principales formas de unión de piezas metálicas son las uniones fijas, en las que se acoplan permanentemente dos piezas metálicas, y las uniones desmontables, que pueden realizarse mediante tornillos, pasadores o chavetas.

Uniones fijas

Las uniones fijas son las que están pensadas para perdurar en el tiempo. Las más importantes son las remachadas y las soldadas.

- **Las uniones remachadas.** Un remache es una pieza metálica de forma cilíndrica dotada de una cabeza. La cabeza impide que el remache pase completo por el taladro. Las uniones remachadas se realizan de la siguiente forma:

  Se hace un taladro en las dos piezas que se quiere unir. Se inserta un remache en el agujero y se asegura por presión. El remachado puede ser a máquina o manual, golpeando el extremo opuesto a la cabeza. También existen máquinas remachadoras manuales que emplean remaches de metales blandos, como el aluminio.
- **Las uniones soldadas.** Existen distintas técnicas para soldar metales. Algunas necesitan aportar un material para realizar la unión y otras se hacen sin aporte de material, como en la soldadura eléctrica. Cuando se aporta material que funde a menos de 450 °C, se conoce como «soldadura blanda», y en caso contrario, «como soldadura fuerte».
- **La soldadura blanda.** La soldadura blanda se caracteriza por que la unión se hace sin fusión de los metales que se van a unir. Con frecuencia se emplea un soldador y un material de aporte formado por plomo, estaño u otros componentes que funden por debajo de los 450 °C. Este tipo de unión se aplica fundamentalmente a piezas pequeñas y a componentes eléctricos y electrónicos.

Remaches

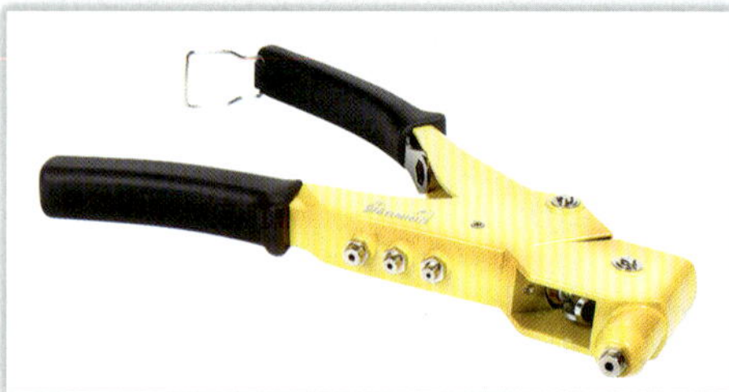

Remachadora manual.

Unión con una remachadora manual.

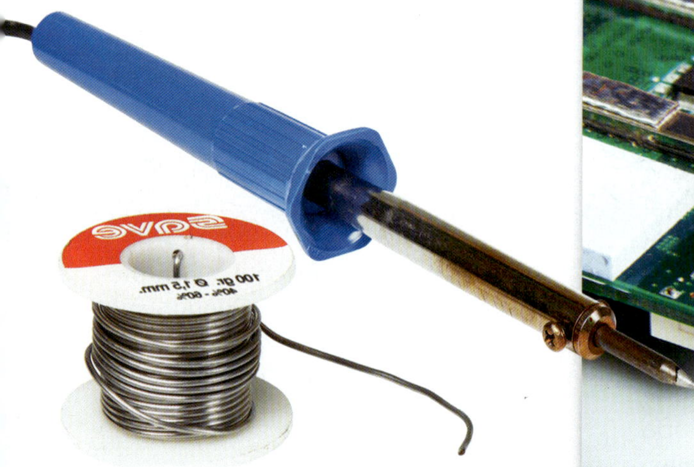

Soldadura oxiacetilénica.

Soldadura por arco.

→ **La soldadura fuerte.** La soldadura oxiacetilénica usa bombonas de dos gases, oxígeno y acetileno, y un soplete. Se regula la mezcla de ambos gases para lograr una llama que puede emplearse para la soldadura sin aporte de material, o bien aportando metal en forma de varillas.

La soldadura eléctrica por arco aprovecha el calor generado por un arco voltaico para fundir una parte del material de las piezas que se quiere unir. Es el tipo de soldadura que se emplea casi en exclusiva para la construcción de estructuras metálicas.

10.3 Uniones desmontables

El principal medio de unión desmontable es mediante el empleo de tornillos. Estas uniones se pueden hacer de tres formas:

- Cuando las piezas disponen de roscas, se usan tornillos con el paso de tuerca adecuado y, generalmente, ninguna pieza más.
- Si las piezas no disponen de roscas, se pueden utilizar tornillos autorroscantes, que van creando la rosca a medida que se introducen.
- Otro método para unir piezas sin rosca sería pasando un tornillo y asegurando la unión por medio de una o más tuercas. A esta unión de tornillo y tuerca se la denomina **perno.**

Uniones desmontables

Llaves fijas

CONSTRUIR UNA CAJA DE RESONANCIA

PRESENTACIÓN DEL PROYECTO

¿Has escuchado cómo suena una guitarra o un violín cuando se pulsan las cuerdas? El sonido procede de su vibración, pero se amplifica gracias a la caja de resonancia de estos instrumentos. De hecho, los instrumentos de cuerda son huecos y su interior actúa para aumentar la intensidad del sonido que produce.

MATERIALES Y HERRAMIENTAS

Para construir una caja acústica del tamaño que quieras, necesitas una serie de materiales de los que el principal será el tablero que constituya la caja de resonancia. Puedes utilizar madera de contrachapado de 5 mm a 8 mm de espesor, pero también podrías emplear DM de 3-4 mm de espesor, o, incluso, cartón prensado, que facilita mucho el trabajo y reduce el tiempo de ejecución. Además, tendrás que adquirir en tu equipo los siguientes materiales:

- Cola blanca de carpintero para unir las piezas, aunque también puedes utilizar silicona termofusible, que tarda menos en secar.
- Listoncillo de madera blanda de sección cuadrada de 10 × 10 milímetros.
- Hilos de diferentes materiales, como hilo de nailon, hilo de pescar, hilo de costura, gomas elásticas, etc.
- Cuatro tornillos rosca madera de 10 milímetros de longitud máxima.
- Compás de marcado.
- Segueta con pelo para cortar la madera o un cúter si utilizas DM o cartón prensado.
- Pistola termofusible.

PASOS PARA REALIZAR EL PROYECTO

1 Marca y corta seis piezas cuadradas o rectangulares del tablero de contrachapado con las medidas adecuadas para formar un cubo o un prisma.

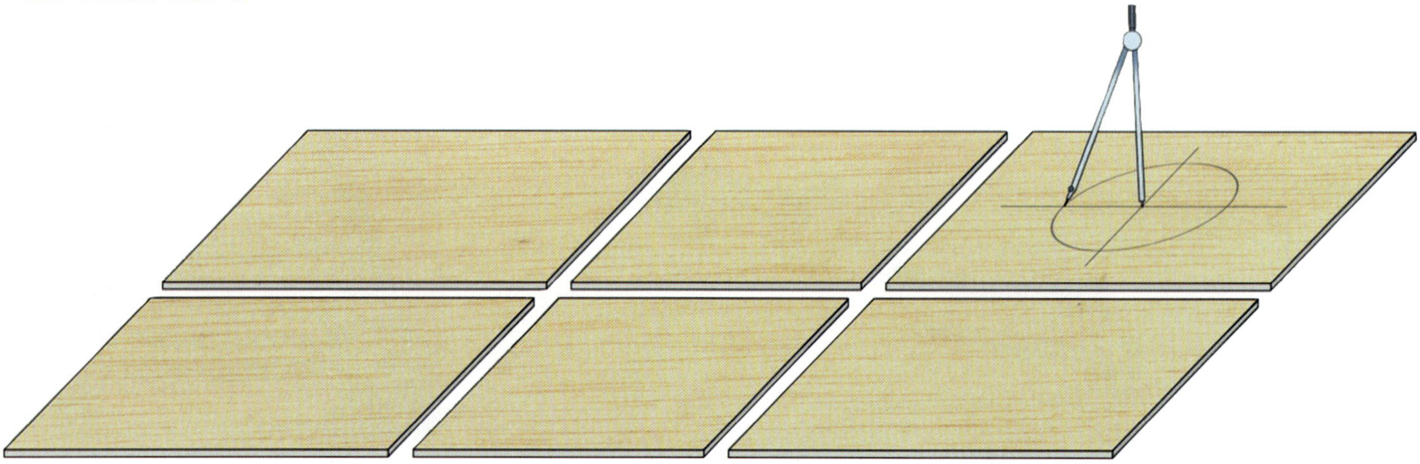

2 Sierra un círculo interior en la pieza que servirá de tapa. Para ello, comienza haciendo una perforación con el taladro, introduce después el pelo de la segueta en el orificio y vuelve a tensarlo. Por último, procede a recortar el círculo con la segueta.

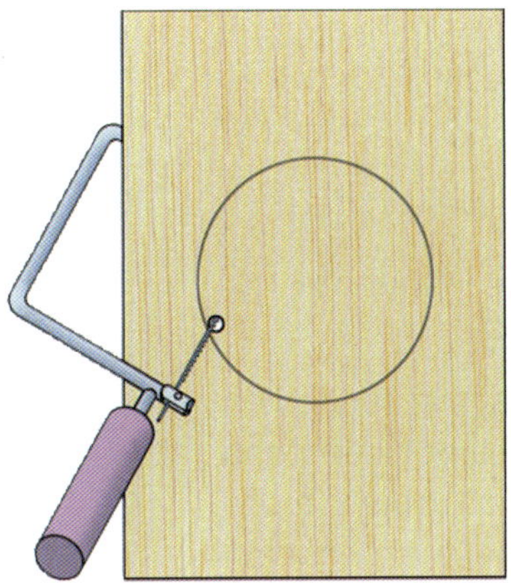

3 Corta, del listoncillo, dos tacos de madera un poco más estrechos que la tapa de la caja; en cada uno, enrosca cuatro tornillos equidistantes entre sí.

4 Une los dos tacos a la tapa de la caja, en extremos opuestos del círculo que habías cortado en la tapa, cuidando de que queden bien paralelos entre sí y a los bordes de la caja.

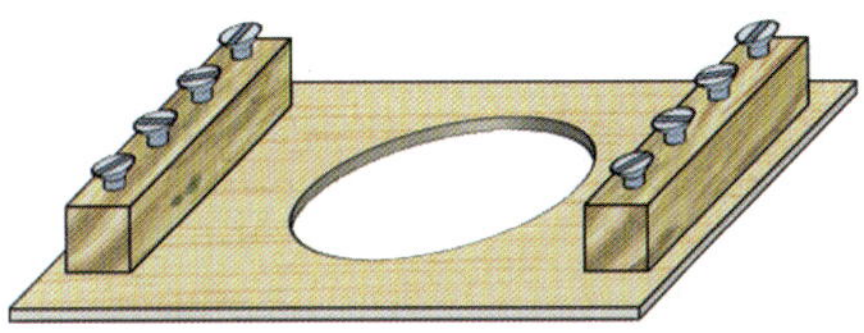

5 Ensambla todas las piezas para formar la caja. Para ello, puedes emplear algún tipo de pegamento, puntillas e, incluso, reforzar el interior de las aristas con listoncillo.

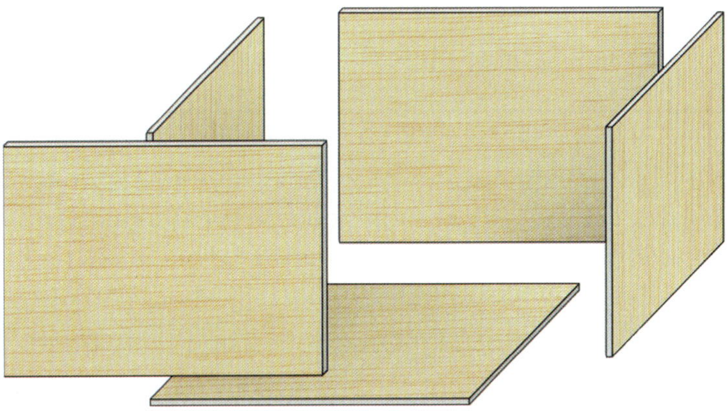

6 Por último, coloca y tensa cuatro hilos diferentes entre cada par de tornillos opuestos y sella las aristas.

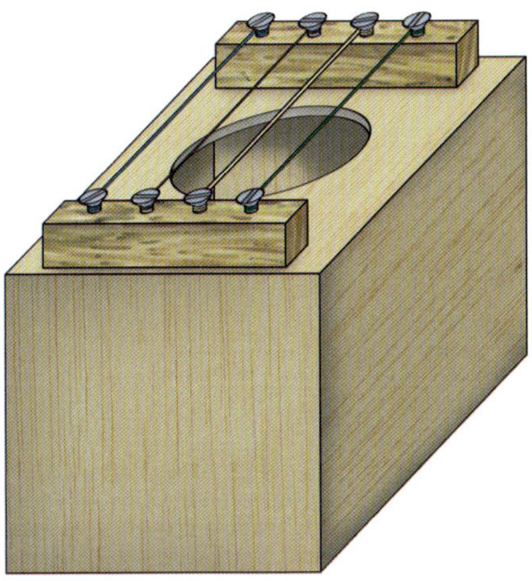

INVESTIGA

Muchos instrumentos musicales se fabrican con madera natural, pero de todos ellos, posiblemente los más famosos sean los instrumentos de cuerda Stradivarius. Muchos expertos consideran que los violines Stradivarius son los mejores de la historia y que el sonido que emiten es el más brillante. Uno de los secretos de su calidad reside en el tipo de madera que se utilizó para estos instrumentos. Investiga y explica los materiales y las técnicas que se emplearon para fabricarlos.

Recuerda seleccionar el material de trabajo de esta unidad para tu **portfolio.**

TRABAJA CON LO APRENDIDO

Propiedades de los materiales

1 En el supermercado puedes encontrar muchos productos en cuya etiqueta se puede observar la forma de un árbol y las letras FSC. ¿Qué significan?

2 ¿Qué diferencia la elasticidad de la plasticidad?

3 Anota tres productos en los que se puede ver impreso el anagrama de reciclabilidad.

4 Anota en tu cuaderno diez objetos que tengas en casa y que te gusten especialmente por cada una de las siguientes propiedades (dos objetos por cada propiedad). Escribe una pequeña explicación de por qué lo has escogido.

Brillo	Color	Forma	Olor	Textura

La madera

5 Dibuja el corte del tronco de un árbol, identifica sus partes y explica de qué depende el número de anillos que tiene.

6 ¿A través de qué propiedad se explica por qué la madera flota en el agua?

7 Haz una lista de objetos que hayas visto fabricados en madera y algún otro material. ¿Tienen las mismas propiedades? ¿En qué se diferencian?

8 **¿Qué te hace decir eso?** Observa esta afirmación: «La dureza y la densidad de la madera están relacionadas. Cuanto más densa es, más dura resulta». ¿Crees que es cierto? Justifica tu respuesta.

9 **Mesa redonda.** Observa los siguientes troncos y las líneas que identifican los diferentes cortes para obtener piezas longitudinales de madera. ¿Cuál crees que aprovecha más el material?

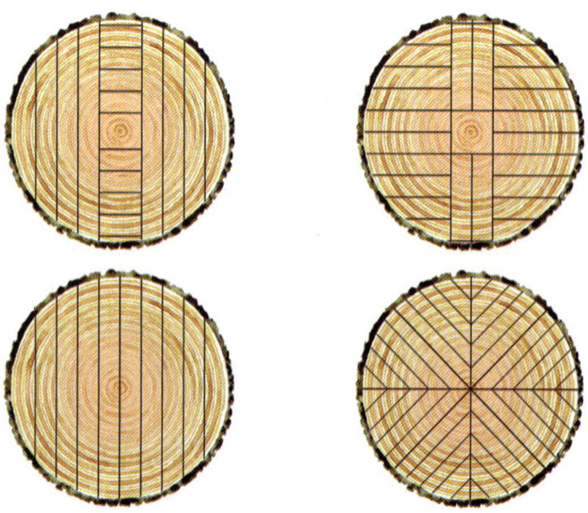

10 **Cadena de secuencias.** Organiza, en forma de diagrama de bloques, el proceso que se sigue para fabricar tableros de madera desde el momento de la tala.

11 Crea un glosario de términos de tecnología relacionados con la madera entresacados de la unidad.

¿Qué uso le damos a la madera?

12 **Intuyo y deduzco.** Explica por qué se usan prefabricados en lugar de madera natural. ¿Podrías explicar algún criterio que aconseje el uso de prefabricados frente a la madera natural?

13 ¿Por qué crees que no se emplean maderas artificiales para fabricar objetos como instrumentos musicales, mangos de herramientas o cucharas de cocina?

14 Averigua qué objetos de tu casa están hechos de madera natural y cuáles a partir de prefabricados. Haz una lista en tu cuaderno ordenándolos por estancias (cocina, salón, dormitorios).

15 Haz un muestrario de distintos tipos de papel y cartón de uso habitual. Recorta cuadrados de 5 cm de lado de los diferentes tipos de papel que uses en casa y en el instituto. Puedes hacer tu muestrario sobre diversas páginas de una libreta o en un mural de cartulina.

16 Diseña una mesa de estudio de madera. Haz el croquis (no olvides las medidas), la lista de materiales y herramientas necesarios, especificando el tipo de madera y los ensambles requeridos.

17 **Cadena de secuencias.** Crea tu propio diagrama con los pasos de la fabricación de papel. Incluye una breve descripción de cada paso.

18 Imagina que en clase de Tecnología te han proporcionado un tablero de madera cuyas medidas son 400 x 400 x 19 mm. Dibuja un objeto como un taburete, una balda, una caja, un revistero u otro objeto similar que pudieras construir con él. Desarróllalo sobre el papel mediante bocetos indicando las medidas de cada parte. Una vez dibujadas todas sus partes planas, intenta dibujar un boceto del objeto en perspectiva.

19 ¿De qué está compuesto el tablero aglomerado? ¿En qué tipo de muebles se suele emplear? Pon un ejemplo, indicando las partes hechas de aglomerado. ¿En qué se diferencian un tablero aglomerado y uno de fibras?

Recuerda que en el banco de recursos de **anayaeducacion.es** encontrarás documentos explicando cómo utilizar las técnicas y las llaves indicadas en algunas actividades.

20 Explica las características del tablero de fibras. ¿Cuál es el más común?

21 Selecciona qué tipo de madera o derivado elegirías para:

a) Fabricar una cocina económica.

b) Forrar el fondo de un armario.

c) Tallar una escultura.

Herramientas para el trabajo con madera

22 **Rompecabezas.** Trabaja en pequeños grupos. Haz un mural con las herramientas para trabajar madera. Busca catálogos de ferreterías o centros de bricolaje para conseguir fotografías. También podéis optar por vuestros propios dibujos de las herramientas, escribir su nombre y una breve descripción de su uso.

23 Selecciona los elementos de protección que tendrías que usar para construir una mesa si usas sierra eléctrica, martillo y destornillador.

24 Explica con tus propias palabras qué significa el término «máquina-herramienta».

25 Describe las diferencias físicas que existen entre una máquina caladora y una sierra radial.

26 Si tuvieras que decidir el tipo de unión para una silla, ¿cuál recomendarías?

27 ¿Qué medidas de seguridad se deben seguir cuando estamos encolando madera?

28 ¿Por qué se barnizan las maderas?

29 ¿Qué sentido de giro utilizarías para atornillar con un destornillador?

30 Dibuja en tu cuaderno las siguientes uniones entre piezas de madera:

- Mediante espigas.
- Mediante ensamblado.

Los metales

31 ¿Cuál es el origen de los metales? ¿Cómo crees que se han generado en la Tierra?

32 Haz un glosario de términos de tecnología relacionados con los metales.

33 Explica por qué se utilizan las aleaciones en lugar de los materiales metálicos puros.

34 Haz una lista con las propiedades comunes de los metales.

Sigue aprendiendo con los recursos de los apartados «¡Ponte a prueba!» y «Para estudiar» de anayaeducacion.es.

35 Explica, con tus propias palabras, los términos «mena» y «ganga» en un mineral rico en metal.

36 ¿Cuál es la propiedad que confiere a los metales la capacidad de estirarse en hilos o filamentos? ¿Y la capacidad de extenderse en láminas?

Los metales férricos

37 Investiga cuáles son los tres metales más utilizados en aplicaciones tecnológicas a escala mundial y en qué países se extraen.

38 **Las desventajas o los inconvenientes.** Anota al menos tres aspectos negativos de la extracción de metales.

39 Haz una lista con las principales propiedades físicas del hierro.

40 ¿Qué son la escoria y el arrabio en un alto horno? ¿Qué uso se le puede dar a la escoria una vez separada en el alto horno?

Los metales no férricos

41 ¿Cuáles son los principales usos industriales del aluminio, del cromo y del cobre?

42 Explica cuáles son las propiedades mejoradas del bronce y di para qué se emplea.

43 Describe las principales propiedades del latón y enumera los metales que se emplean para obtener esta aleación.

Herramientas para el trabajo con metales

44 **Línea del tiempo.** Realiza una línea del tiempo con las edades históricas desde la prehistoria hasta la actualidad. Anota las principales herramientas usadas en cada época y las mejoras en la tecnología que implicaron el cambio de edad.

45 Describe, con tus propias palabras, los procedimientos que hayas estudiado para hacer soldaduras fuertes.

46 ¿Para qué se emplea una fresadora? ¿Y un torno?

47 Investiga por tu cuenta qué es una carda. ¿Para qué se utiliza? ¿Por qué una carda se compone de cerdas metálicas? ¿Se podrían emplear cerdas de otro material?

48 ¿Qué diferencia existe entre una llave de boca fija y una llave ajustable?

4

ESTRUCTURAS Y MECANISMOS

Estructuras por doquier

Las estructuras se encuentran en todas partes. Si observas a tu alrededor, podrás comprobar la existencia de todo tipo de elementos que sirven de sustentación de objetos. De hecho, todo aquello que necesite ser sostenido o soportado ha de hacerlo por medio de estructuras.

Además, puedes encontrar estructuras que sirven de medio de protección, rodeando objetos, y otras que forman parte del interior de las cosas, como es el caso de tu esqueleto. Incluso puedes llegar a encontrar objetos con varias estructuras, una externa, que sirve de escudo protector de las partes interiores, y otra interna, que soporta su propio peso. Este es el caso de las estructuras de los coches, los trenes, los aviones y muchos otros medios de locomoción.

COMPROMISO ODS

ODS

Las estructuras son un elemento clave y fundamental en el desarrollo de viviendas, barrios, ciudades, e infraestructuras como centrales de producción de energía, puertos, carreteras y aeropuertos, que permiten la comunicación y el transporte de personas y mercancías desde y hasta prácticamente cualquier punto del planeta. La carencia de infraestructuras limita el potencial de desarrollo de muchos países.

1 Trabajando en grupo, consultad un listado de los **ODS** (en **anayaeducacion.es** dispones de uno) y seleccionad tres que penséis que tienen un mayor impacto el desarrollo de las infraestructuras. Debatid con el resto de grupos las razones por las que los habéis elegido.

2 Destaca qué aspectos de los objetivos **7**, **8**, **9**, **10** y **11** se ven mejorados con el desarrollo de infraestructuras.

3 En relación con la **meta 9.1**, ¿cuál es la dificultad principal para que el acceso a las infraestructuras sea asequible y equitativo para todos?

Puedes revisar las metas más importantes de los Objetivos de Desarrollo Sostenible en nuestra web **anayaeducacion.es**.

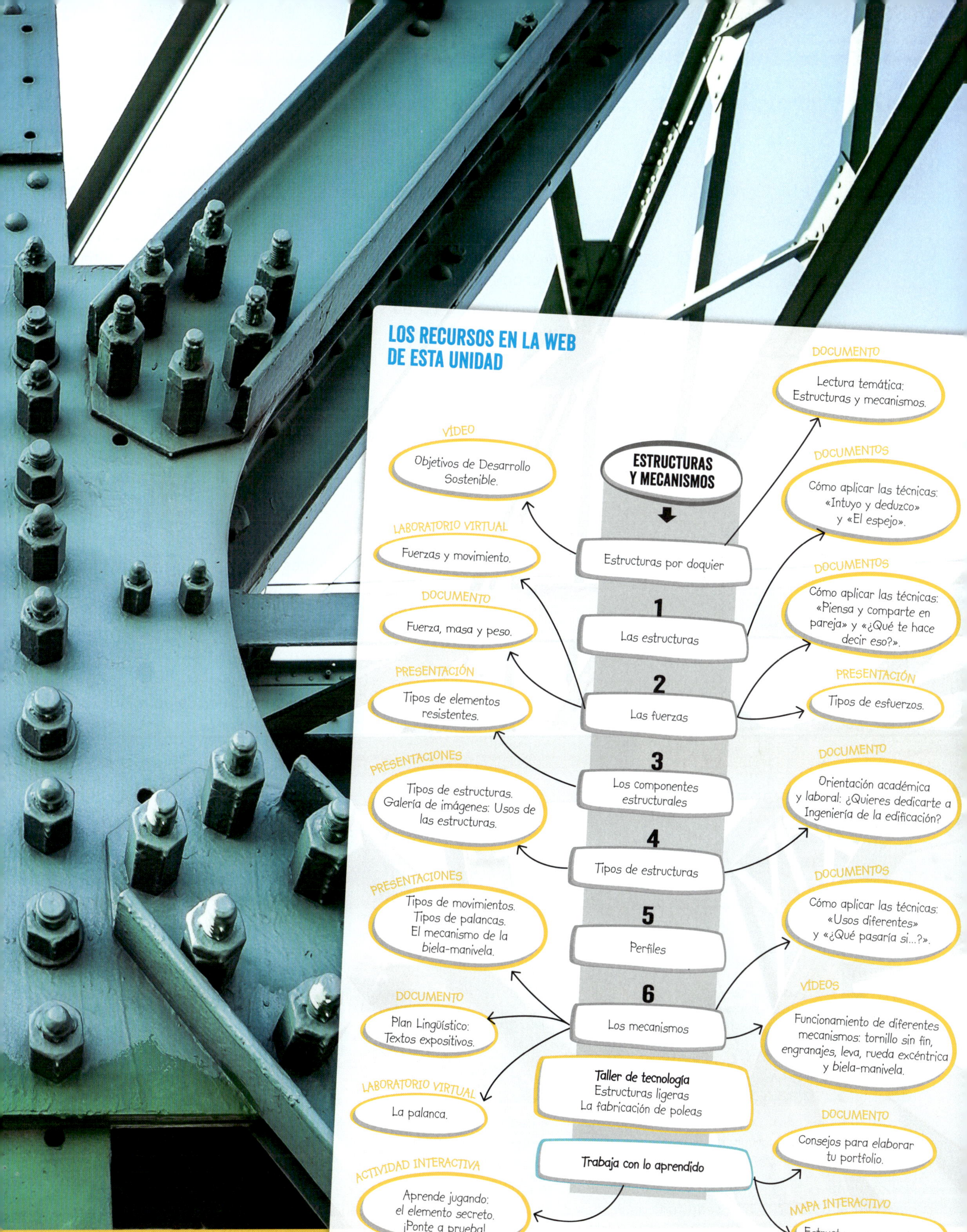

LOS RECURSOS EN LA WEB DE ESTA UNIDAD

ESTRUCTURAS Y MECANISMOS

- Estructuras por doquier
  - VÍDEO: Objetivos de Desarrollo Sostenible.
  - DOCUMENTO: Lectura temática: Estructuras y mecanismos.
- 1 Las estructuras
  - LABORATORIO VIRTUAL: Fuerzas y movimiento.
  - DOCUMENTOS: Cómo aplicar las técnicas: «Intuyo y deduzco» y «El espejo».
- 2 Las fuerzas
  - DOCUMENTO: Fuerza, masa y peso.
  - DOCUMENTOS: Cómo aplicar las técnicas: «Piensa y comparte en pareja» y «¿Qué te hace decir eso?».
  - PRESENTACIÓN: Tipos de esfuerzos.
- 3 Los componentes estructurales
  - PRESENTACIÓN: Tipos de elementos resistentes.
- 4 Tipos de estructuras
  - PRESENTACIONES: Tipos de estructuras. Galería de imágenes: Usos de las estructuras.
  - DOCUMENTO: Orientación académica y laboral: ¿Quieres dedicarte a Ingeniería de la edificación?
- 5 Perfiles
- 6 Los mecanismos
  - PRESENTACIONES: Tipos de movimientos. Tipos de palancas. El mecanismo de la biela-manivela.
  - DOCUMENTO: Plan Lingüístico: Textos expositivos.
  - LABORATORIO VIRTUAL: La palanca.
  - DOCUMENTOS: Cómo aplicar las técnicas: «Usos diferentes» y «¿Qué pasaría si...?».
  - VÍDEOS: Funcionamiento de diferentes mecanismos: tornillo sin fin, engranajes, leva, rueda excéntrica y biela-manivela.
- **Taller de tecnología**
  Estructuras ligeras
  La fabricación de poleas
- **Trabaja con lo aprendido**
  - ACTIVIDAD INTERACTIVA: Aprende jugando: el elemento secreto. ¡Ponte a prueba!
  - DOCUMENTO: Consejos para elaborar tu portfolio.
  - MAPA INTERACTIVO: Estructuras y mecanismos.

1

LAS ESTRUCTURAS

Una estructura es un objeto complejo cuya función principal es la de soportar cargas, es decir, mantener en su interior o sobre ella determinados pesos. Así, por ejemplo, una vivienda es una estructura cuya finalidad es acoger a las personas que en ella viven y a sus enseres. Otras estructuras se diseñan para salvar accidentes geográficos, como los puentes que cruzan los ríos o los barrancos. En el diseño de una estructura, quienes diseñan la arquitectura y la ingeniería han de contemplar tres condiciones esenciales:

- La estructura ha de ser **estable,** es decir, **ha de mantenerse en equilibrio estático.**
- El diseño de la estructura debe hacer que sus partes se **mantengan sin deformarse.**
- Los materiales y su disposición han de conseguir que la estructura sea **resistente,** tanto para aguantar fuerzas externas como para soportar las fuerzas que aparecen debidas a su propio peso.

Comprende, piensa, aplica...

1 Intuyo y deduzco. ¿Cuál es la función del tronco de un árbol? ¿Y la de los pilares de un puente?

2 ¿Qué función desempeña el tablero de una mesa? ¿Y sus patas?

3 ¿Conoces algún caso de alguna estructura que se haya derrumbado por su propio peso? Busca en Internet algún caso de esta índole.

1.1 El diseño de una estructura

Teniendo en cuenta las condiciones anteriores, una **estructura** se formará con un conjunto de elementos sólidos, unidos y acoplados, que tiene la función de soportar fuerzas, pesos y, en general, todo tipo de cargas.

Al aplicar cargas a una estructura, aparecen esfuerzos interiores en sus componentes. El diseño de una estructura ha de permitirle mantener con solidez tanto su forma como su tamaño.

Estructuras vanguardistas

El Centro de Recepción de Visitantes de la ciudad romana Baelo Claudia (Cádiz) es un edificio bien integrado en el paisaje.

Centro Cultural CaixaForum de Sevilla, diseñado por el arquitecto sevillano Guillermo Vázquez Consuegra.

La tendencia actual es construir estructuras que se integren en el entorno y que sean funcionales; es decir, que su objetivo esté enfocado a su uso por el ser humano, aprovechando diseños vanguardistas. Muchos materiales de reciente invención han contribuido a llevar a cabo estas magníficas e imponentes construcciones.

1.2 Copiando a la naturaleza

Los seres humanos siempre hemos convivido con nuestro entorno, nos hemos adaptado a sus cambios, y fruto de la observación, de la exploración y de la investigación tendemos a imitar lo que la naturaleza nos ofrece para nuestro provecho y bienestar. De esa actitud indagadora surgieron preguntas del tipo: «¿Cómo un árbol tan alto y tan fino puede llegar a sostener tal cantidad de ramas y hojas sin caerse?» o «¿Por qué el interior de esta cueva no se derrumba si no tiene un elemento central que soporte el techo?».

Según descubríamos y analizábamos diferentes estructuras de la naturaleza, hemos ido creando otras cada vez más perfeccionadas, llegando a la conclusión de que la **correcta distribución de las fuerzas y los pesos** ejercidos sobre el árbol o en las paredes de la cueva eran la clave de por qué las estructuras naturales se sostenían.

Estructuras naturales usadas como viviendas por los habitantes de las Cárcavas de Marchal (Granada).

Estructuras naturales

Algunas estructuras de la naturaleza provienen de la formación y evolución geológica de nuestro planeta a lo largo de los millones de años de su historia. A modo de ejemplo, las cuevas naturales de la región de Capadocia, en Turquía, kilómetros de galerías y pasadizos esculpidos por la erosión del agua y del viento, han sido empleadas como vivienda por los seres humanos desde hace miles de años.

El reino animal también nos ofrece ejemplos de creación de estructuras. Los animales convertidos en arquitectos e ingenieros naturales han tratado de adaptarse al medio a lo largo de millones de años. Este es el caso de los castores, magníficos constructores de presas para poder controlar el cauce de los ríos, con el fin de preservar sus viviendas construidas a base de apilar ramas y troncos de árboles en forma de iglú. Es curioso ver como la entrada a la vivienda se encuentra en la parte inferior y parcialmente sumergida para su seguridad frente a los depredadores.

Embalse construido por castores.

Comprende, piensa, investiga...

4 Averigua otros casos diferentes de los que se citan en el texto, en los que estructuras humanas imitan a la naturaleza. ¿Necesitas alguna pista? Panales de abejas, nidos de pájaros, la forma anatómica de las aves, telarañas, girasoles...

5 **El espejo.** Encuentra las diferencias y las similitudes entre una presa como la de la fotografía y un embalse construido por castores. ¿Cuál es natural y cuál es artificial? ¿Tienen ambas construcciones el mismo uso?

6 ¿Has oído hablar de la existencia de cuevas empleadas como vivienda o almacén en tu región? Quizá puedas descubrir algún lugar cerca de donde vives. Investiga y cuéntaselo a tu clase.

Termitero construido por termitas.

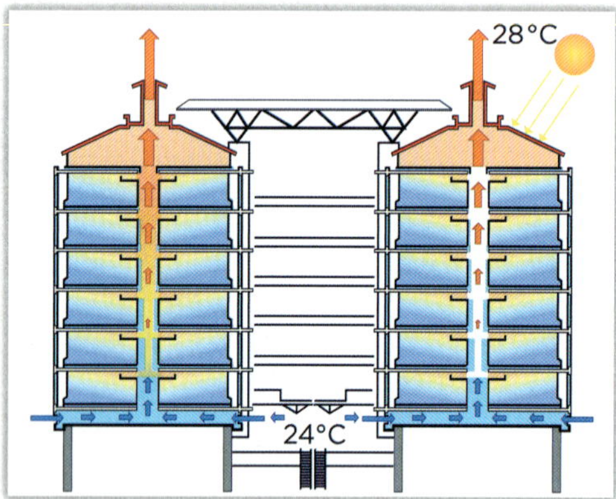

Flujo de aire en el interior del edificio de Harare basado en un termitero.

1.3 Imitando las construcciones naturales

Profesionales de la arquitectura y de la ingeniería se han fijado en la naturaleza con la intención de imitar las increíbles estructuras que esta nos ofrece. En el caso concreto de las torres, las construcciones de las termitas, como la que se muestra en la figura, son un excelente ejemplo a copiar. De hecho, muchos estudios de arquitectura y universidades analizan estas construcciones estructurales desde sus departamentos de **biomimetismo.** La biomimética es un área de la ciencia que tiene por objetivo el estudio de las estructuras biológicas, con el fin de resolver aquellos problemas humanos que la naturaleza ya ha resuelto.

En relación con las estructuras llevadas a cabo por las termitas, existe un proyecto en la ciudad de Harare, en Zimbabue, en el que se ha conseguido recrear un sistema de aire acondicionado de forma similar a como las termitas refrigeran de forma natural sus torres-termitero. Este tipo de sistemas han conseguido un ahorro energético de hasta un 90 % en la refrigeración de este edificio. El secreto reside en el uso de la convección natural de corrientes de aire dirigidas que continuamente enfrían el ambiente en su interior.

Análogamente, observando la forma en que insectos, como los escarabajos, son capaces de drenar agua del aire ambiente en días de niebla o cómo las estructuras de algunas plantas, como el loto, acumulan humedad en su superficie, se han llegado a aplicar estas técnicas a ciertos edificios.

En concreto, los científicos han pensado en la forma de emplear ciertos materiales -por ejemplo, fibras o plásticos repelentes del agua-, como elementos de recubrimiento de las paredes exteriores de los edificios. De esta forma, estos materiales, con determinadas formas microscópicas, son capaces de servir de solución al abastecimiento de agua de forma natural en épocas de sequía directamente desde las superficies exteriores de los edificios.

Comprende, piensa, investiga...

7 **Rompecabezas.** La torre biónica es un proyecto de rascacielos que los arquitectos españoles Eloy Celaya y Javier Pioz, y la arquitecta Rosa Cervera diseñaron a principios de siglo, basándose en la disposición de las fibras de los árboles para construir su estructura, que alcanzaba un kilómetro de alto con la mínima área de base. ¿Se puede construir este tipo de gigantes de la arquitectura? ¿Es posible que estructuras de tal altura se sostengan en pie? ¿Podría soportar algún tipo de catástrofe natural como un terremoto? ¿Cuántas personas podrían caber en su interior?

8 Investiga un poco más sobre este y otros proyectos biónicos de ciudades verticales propuestos para el futuro.

2 LAS FUERZAS

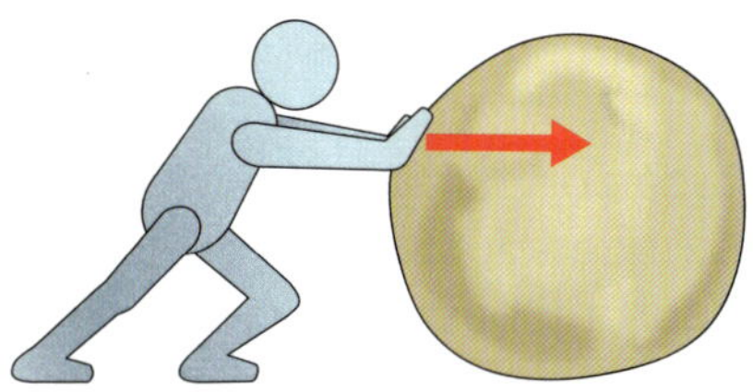

Una fuerza puede hacer que un objeto se mueva en el sentido en el que esta se aplica.

Dinamómetro

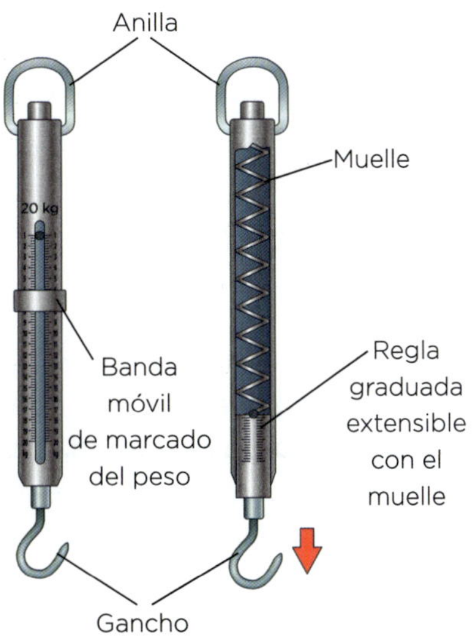

2.1 Qué son las fuerzas

Las fuerzas son magnitudes que se caracterizan por su valor, o intensidad, y por su dirección. Las fuerzas producen efectos sobre los cuerpos: pueden deformarlos o cambiar su estado de movimiento (acelerarlos, frenarlos o cambiar la dirección en que se mueven).

Desde el punto de vista de la física, las fuerzas aparecen cuando los cuerpos interaccionan entre sí y son sometidos a una aceleración; por ejemplo, cuando un imán atrae un tornillo o una piedra que es lanzada al aire vuelve a caer a la tierra, y también cuando golpeamos una pelota o deformamos un pedazo de arcilla. Como se muestra en estos ejemplos, la interacción entre los cuerpos provoca que estos adquieran una aceleración, que es tanto mayor cuanto menor sea su masa.

Por tanto, las fuerzas pueden:

- Mover un objeto que está en reposo.
- Detener un cuerpo en movimiento.
- Deformar un cuerpo.
- Modificar la dirección del movimiento de un cuerpo.

Las fuerzas se representan mediante flechas con una dirección y sentido determinados. La longitud de la flecha nos da idea de su magnitud.

2.2 Cómo se miden las fuerzas

Para medir una fuerza, existen varios instrumentos, el más habitual es la balanza, pero también se utiliza, en los laboratorios, el **dinamómetro.** Este aparato de medida se basa en la capacidad que tiene un muelle de alargarse de forma proporcional a la fuerza que se le aplica. La escala graduada marcará el peso sostenido por el gancho.

Unidades de medida

Recuerda las siguientes unidades porque son importantes para posteriores cálculos de estructuras:

- La **masa** se mide en **kilogramos (kg)** en el sistema internacional (SI) y es una de las consideradas como las siete magnitudes básicas.
- Las **fuerzas,** entre ellas el peso, son magnitudes derivadas de la masa y, por tanto, sus unidades se basan en ella. En concreto en el sistema internacional se emplea el **newton (N)** como **unidad de fuerza.**

Un newton es una unidad que mide la fuerza que ejerce un kilogramo de masa sometido a una aceleración de 1 metro por segundo cuadrado: $1\ N = 1\ kg \cdot m/s^2$.

Comprende, piensa, investiga...

9 Un bloque de piedra tiene una masa de 100 kilogramos. ¿Cuál sería su peso, es decir, la fuerza con que la Tierra lo atrae si la aceleración de la gravedad es $g = 9{,}8\ m/s^2$?

10 Calcula el peso de la piedra del ejercicio anterior en la Luna y en Marte, sabiendo que la aceleración de la gravedad sobre la superficie de la Luna es de $1{,}62\ m/s^2$, y en Marte, de $3{,}71\ m/s^2$.

Busca los recursos en **anayaeducacion.es** para jugar con las fuerzas y comprender mejor cómo funcionan.

2.3 Las cargas y el equilibrio de un objeto

Para que un cuerpo se encuentre en equilibrio, es necesario que la suma de todas las fuerzas que actúan sobre él sea igual a cero. En caso contrario, como hemos visto, el cuerpo estará sometido a una aceleración. Todos los cuerpos tienden a buscar el equilibrio, es decir, tienden a mantenerse estáticos.

Una estructura en equilibrio está afectada por múltiples fuerzas. Entre ellas, las que aparecen debido al peso que soportan se denominan **cargas.** Por ejemplo, un puente que soporta el peso de los vehículos y personas que se encuentran sobre él, o una mesa que sostiene sobre ella un ordenador son ejemplos de estructuras que soportan cargas, manteniendo el equilibrio.

Las cargas se pueden clasificar en:

- **Cargas estáticas** o **muertas,** que no varían con el tiempo, como los muebles que se soportan en la planta de un edificio.
- **Cargas dinámicas** o **vivas,** que pueden variar en el tiempo, como el peso de la nieve sobre un tejado o el tránsito del tráfico de vehículos sobre un puente.
- **Cargas accidentales,** como las provocadas por terremotos, huracanes y todo tipo de fenómenos meteorológicos de alta intensidad.

Cargas dinámicas

Muchas construcciones sostienen elementos y cargas estáticos -es decir, carentes de movimiento-, pero muchas otras han de soportar cargas que actúan en movimiento, añadiendo a los efectos, por el peso de los objetos, las fuerzas que sus inercias provocan.

2.4 El centro de gravedad, concepto clave para la estabilidad

Se dice que un objeto o una estructura es estable cuando la distribución de su masa se equilibra ante las fuerzas de la gravedad. Esta definición nos lleva a un concepto específico: el **centro de gravedad,** que se define como un punto representativo de un cuerpo en el que se puede considerar concentrada toda su masa. El centro de gravedad es un punto geométrico, y su posición, cuando el cuerpo está hecho de un solo material, dependerá exclusivamente de su geometría.

Por ejemplo, el centro de gravedad de un cuerpo simétrico será el centro geométrico, es decir, el punto por el que cruzan todas las diagonales que unen vértices opuestos. En el caso de un triángulo, el centro de gravedad se situará en un punto de la recta central que determina su altura; en un círculo, el centro de gravedad coincide con el centro geométrico.

Por otro lado, en las figuras carentes de simetría (ver figura inferior derecha) y dada su forma, el centro de gravedad puede situarse fuera del cuerpo. Esto es indicativo de la falta de estabilidad. Dependiendo de su forma y posición, la figura podrá caer buscando una posición más estable.

Centro de gravedad

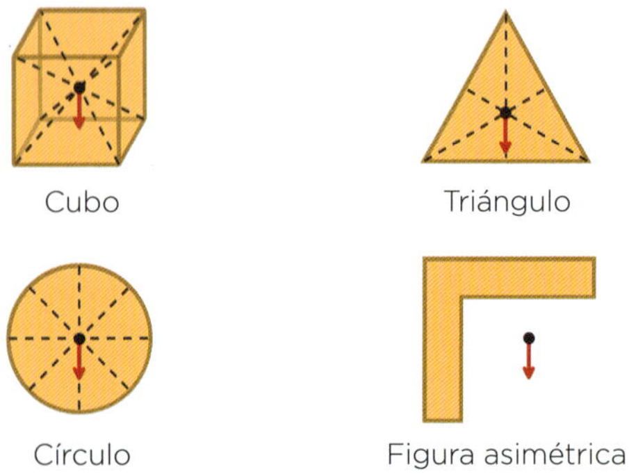

Comprende, piensa, investiga...

11 Piensa en un objeto pesado en movimiento y dibújalo en tu cuaderno. ¿Cómo representarías la fuerza que lo impulsa? ¿Y la fuerza debida a su propio peso? Utiliza flechas para identificar cada fuerza.

12 **Piensa y comparte en pareja.** Acuérdate de una de esas veces que vas montado en un vehículo y el conductor ha realizado un giro brusco. ¿Qué te ha sucedido? ¿Te has movido? ¿Qué te ha empujado?, ¿hacia qué dirección?

2.5 Tipos de fuerzas y cargas

Cuando sobre un objeto actúan fuerzas externas, la forma en la que estas se distribuyen y varían sobre su superficie puede ser diferente según el caso. Así, existen dos criterios para clasificar el tipo de fuerzas y cargas:

Tipos de fuerzas y cargas		
Según su duración en el tiempo	Permanentes	Variables
Según su forma de aplicación	Puntuales	Distribuidas

Según su duración y magnitud en el tiempo podrán ser:

- **Permanentes:** su magnitud y su dirección son siempre constantes, por ejemplo, el peso de un edificio sobre el suelo.
- **Variables:** cambian continuamente de magnitud y de dirección, tal y como sucede con la carga que soporta un puente cuando circula el tráfico sobre él.

Según su forma de aplicación:

- **Puntuales** o **concentradas,** como el golpeo de un martillo sobre la cabeza de un clavo o la forma en que se clava con el dedo una chincheta.
- **Distribuidas,** en las que las cargas reparten y dispersan su peso total sobre una superficie, como la nieve acumulada sobre un tejado.

Observa el ejemplo de la figura del margen, en el que una plataforma soporta un montículo de arena. Cuanto mayor sea la cantidad de arena acumulada en el montículo, mayor será la carga en el centro de la estructura y menor en los extremos. Esto provocará una deformación en el centro de la plataforma.

Deformación

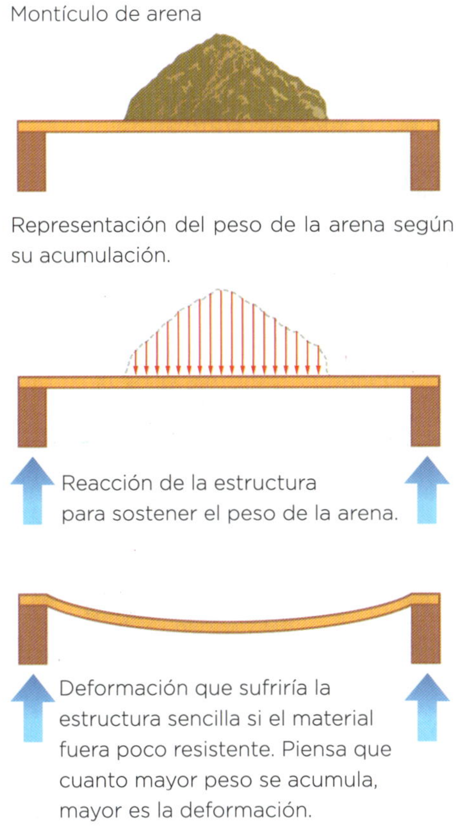

Distribución y efecto de un montículo de arena sobre una plataforma.

Comprende, piensa, investiga...

13 Especifica al menos un ejemplo de fuerzas puntuales y otro de cargas distribuidas en la vida cotidiana.

14 El agua que contiene una piscina aplica una carga uniformemente distribuida sobre el suelo, dado que en el fondo de la piscina hay la misma altura de agua sobre cada unidad de superficie. ¿Ocurre lo mismo en las paredes de la piscina? ¿Cuál es el tipo de distribución de cargas que presionan contra la pared?

15 **¿Qué te hace decir eso?** En la imagen puedes ver la presa de una central hidroeléctrica. ¿Podrías describir el tipo de fuerzas que actúan y dónde están aplicadas? ¿Es mayor la magnitud de la fuerza ejercida sobre la presa en el fondo del embalse que en la superficie? ¿Qué relación hay entre la presión del agua y las fuerzas originadas en la pared de la presa?

2.6 Los esfuerzos que originan las fuerzas

Cuando varias fuerzas exteriores actúan sobre un objeto, este se deforma debido a la acción de un conjunto de fuerzas internas que reciben el nombre de «esfuerzos». Existen cinco tipos diferentes: tracción, compresión, flexión, torsión y cortadura (o cizalladura).

Vamos a explicar detalladamente cada uno de ellos:

- **Tracción:** es aquel esfuerzo en el que dos fuerzas estiran una pieza, de tal forma que la pieza aumenta su longitud y disminuye su sección, especialmente en el centro. Es el efecto que se origina sobre una cuerda cuando tiramos de sus extremos.
- **Compresión:** es aquel esfuerzo en el cual dos fuerzas aplastan una pieza provocando una disminución de su longitud y un ensanchamiento de la pieza. Es el efecto que se produce en las patas de una silla cuando nos sentamos encima.
- **Flexión:** se da cuando una fuerza actúa de forma perpendicular a una pieza, produciendo la curvatura de esta. Es el efecto que origina en un tablón apoyado en sus extremos cuando nos subimos encima.
- **Torsión:** es el retorcimiento de la pieza cuando sobre sus extremos actúan dos fuerzas giratorias y en sentido contrario. Es el efecto que resulta cuando escurrimos un trapo mojado.
- **Cizalladura:** es el efecto de corte de una pieza cuando actúan sobre ella, en un mismo punto, dos fuerzas con direcciones contrarias. Es el efecto que tiene lugar cuando cortamos algo con las tijeras.

Pandeo

Consiste en la deformación de una pieza alargada cuando está sometida a un esfuerzo de compresión muy grande. Es un efecto no deseado que debe evitarse porque puede producir la caída de una estructura.

Tipos de esfuerzos

Tracción

Sobre el cuerpo actúan fuerzas que tienden a alargarlo y, como consecuencia, se produce un estiramiento del material.

Compresión

Las fuerzas que actúan sobre el cuerpo tienden a acortarlo. En estas circunstancias se dice que el objeto trabaja a compresión.

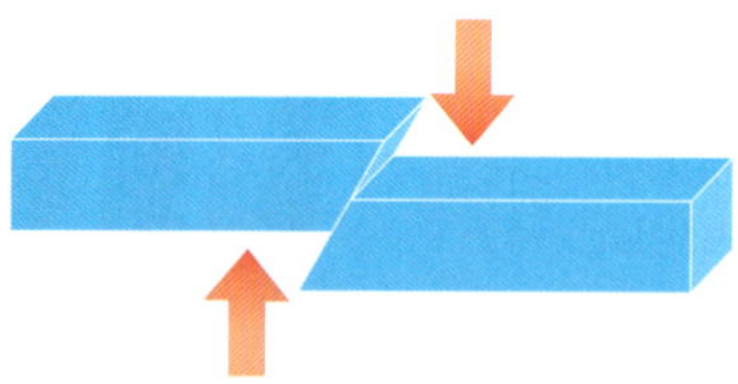

Cortadura, o cizalladura

Se produce cuando las cargas que actúan sobre el elemento tienden a cortarlo.

Torsión

Las fuerzas que actúan sobre el cuerpo tienden a retorcerlo. Por ejemplo, los ejes en rotación.

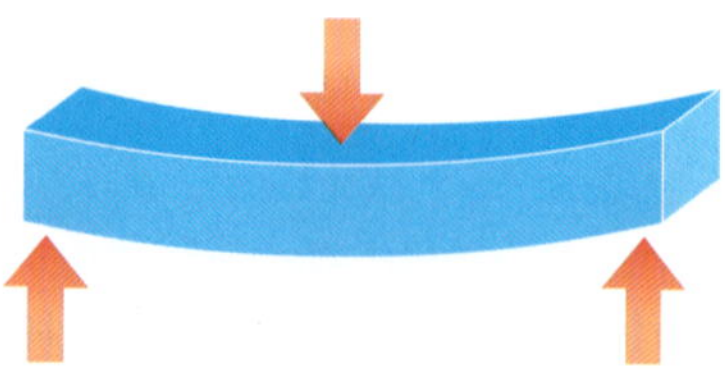

Flexión

Los objetos tienden a doblarse o curvarse. Un tipo particular de flexión es la flexión lateral, o pandeo.

Puedes complementar la información de esta página con la que encontrarás en la presentación «Tipos de esfuerzos».

3 LOS COMPONENTES ESTRUCTURALES

3.1 Elementos estructurales

Una estructura está formada por diferentes elementos, cada uno de los cuales tiene su propia misión en ella, por lo que no todos tienen por qué estar sometidos a los mismos esfuerzos.

Piensa, por ejemplo, en un edificio. Como ya sabes, su estructura debe servir para soportar tanto su propio peso como el efecto de las diferentes cargas a las que se encuentra sometida, como pueden ser el efecto del viento, los movimientos sísmicos, las vibraciones que genera el tráfico, etc.

Sin embargo, ¿qué soporta en última instancia todas estas cargas? La suma final de todas las cargas recae sobre el suelo y por ello, en la mayoría de las construcciones, ha de ser reforzado por la cimentación. Los cimientos forman una base adicional sólida y consistente dentro del terreno, y a partir de ella se desarrollan los pilares, las columnas, las vigas y otros elementos estructurales.

Elementos estructurales

Cimentación. Es la encargada de transmitir las cargas de la estructura al terreno. Su diseño depende de las características de la construcción y la naturaleza del terreno.

Arcos. Son marcos curvos en los que las fuerzas soportadas se distribuyen entre sus elementos como cargas que producen compresión.

Tirantes. Son cables de acero que se utilizan con el objeto de dar rigidez y aumentar la resistencia de la estructura. Están sometidos únicamente a esfuerzos de tracción.

Pilares y columnas. Son elementos verticales de la estructura. Están sometidos principalmente a un esfuerzo de compresión.

Vigas. Son elementos horizontales de la estructura que soportan la carga situada entre dos apoyos. Están sometidas, principalmente, a esfuerzos de flexión.

Consulta la presentación «Tipos de elementos resistentes» que encontrarás en **anayaeducacion.es**.

3.2 Los fallos estructurales

El fallo o mal funcionamiento de un sistema es algo inherente a la actividad humana. Frente a la imperfección, lo mejor es imponer el mantenimiento preventivo y poner cuidado y precisión en el diseño. Las principales situaciones de fallo de una estructura se originan por:

- **Fatiga del material.** Las estructuras están permanentemente sometidas a fuerzas y cargas. En muchos casos, las cargas no son estáticas, sino que están en constante movimiento, como en el caso de puentes destinados al tráfico de vehículos. Los elementos de la estructura reciben vibraciones por el movimiento de las cargas mediante pequeños y repetitivos impactos en todas las direcciones. Esto hace que el material de la estructura esté sometido a mayores esfuerzos y se degenere con mayor rapidez.
- **Oxidación y corrosión.** Todos los materiales, en especial los metales, sufren procesos de oxidación, que en muchos casos derivan en corrosión, dando lugar a la pérdida de la masa afectada en el material atacado. El uso de pinturas específicas u otras técnicas anticorrosivas son prácticas habituales para evitarla.
- **Diseño estructural erróneo.** Factores como la óptima selección de materiales, su cálculo, situación, disposición e, incluso, el proceso de ensamble, así como muchos otros parámetros son esenciales antes de la construcción de una estructura. Si en el proceso de planificación y diseño de la obra se comete algún error o no se tiene en cuenta alguna eventualidad importante, al cabo de un tiempo aparecen fallos. Los materiales alcanzarán condiciones indeseables de ruptura, y la estructura terminará por derrumbarse.

Comprende, piensa, investiga...

16 Además de los comentados, ¿qué otros factores pueden provocar que una estructura falle?

17 ¿Es cierto que un arco de medio punto (fotografía inferior) soporta más carga que un dintel (derecha)? Reflexiona y justifica tu respuesta.

4 TIPOS DE ESTRUCTURAS

Cualquier estructura fabricada se podría encuadrar en alguno de los siguientes tipos:

4.1 Estructuras masivas

Empleadas desde la Antigüedad, se basan en la solidez, la resistencia y permanencia en el tiempo de las estructuras naturales. Se componen de grandes bloques de piedra de gran espesor y de la acumulación de materiales cuya función principal es la sustentación. Los ejemplos más claros los encontramos en las pirámides egipcias, los antiguos templos, los embalses y los puentes de piedra, algunos de los cuales aún se mantienen en pie.

4.2 Estructuras entramadas

Son aquellas estructuras que emplean elementos resistentes, como pilares y columnas verticales, los cuales se entrecruzan con vigas horizontales formando un emparrillado. Se emplean actualmente para forjar el esqueleto de los edificios y para construir andamios. Una escalera de mano es un ejemplo de una estructura entramada simple.

4.3 Estructuras laminadas

Estas estructuras tienen la función de servir de elemento de recubrimiento y protección. Suelen ser ligeras y, normalmente, frágiles si se comparan con otro tipo de estructuras más pesadas. Cuando se fabrican estructuras laminadas con mayor dureza y más resistentes, suelen denominarse **exoesqueletos.**

Las construcciones más habituales para este tipo de estructuras se encuentran en los paneles exteriores de los electrodomésticos o las piezas de chapa que recubren un automóvil.

4.4 Estructuras colgantes y atirantadas

Este tipo de estructuras se basa en el empleo de tirantes y cables de acero para sostener elementos estructurales macizos. Se utilizan en la construcción de puentes, que suelen tener una o dos grandes torres sobre las que apoyan los tirantes y los cables de acero que los sujetan.

4.5 Estructuras trianguladas

El triángulo es el único polígono indeformable. Un objeto compuesto de tres barras rígidas formando un triángulo no sufre variación en la forma cuando se le aplican fuerzas. De este modo, la **triangulación,** o formación de triángulos con elementos resistentes, es el método más eficaz para hacer que las **estructuras** sean **más rígidas** y **menos deformables.**

Este tipo de soluciones se pueden encontrar tanto en edificios y estructuras permanentes como en estructuras desmontables, por ejemplo, las grúas.

Ejemplos de estructuras

Estructura masiva.

Estructura entramada.

Estructura laminada.

5.2 Cerchas

Las cerchas son uno de los sistemas que la ingeniería estructural resuelve con el empleo de elementos simples como los perfiles. Suelen diseñarse para la sustentación de tejados y puentes. El desarrollo de cerchas se realizará a base de formar triángulos uniendo, mediante **cartelas,** los perfiles y las barras, lo que da lugar a una estructura resistente a la deformación.

Como las uniones, o **nodos,** dan a los perfiles la posibilidad de girar, cada uno de ellos trabajará solo a compresión o tracción.

El empleo de cerchas tiene una ventaja principal: resulta una estructura muy ligera en comparación con el peso que es capaz de soportar. Por ello, dos de sus principales aplicaciones son la construcción de puentes y su uso como elemento de soporte de tejados para construcciones de gran volumen o con grandes espacios vacíos en su interior, como, por ejemplo, las naves industriales o cualquier tipo de techado para bodegas o almacenes.

Una cercha se construye como un sistema plano de barras y vigas, y para formar un volumen, se van añadiendo planos sucesivos de cerchas, tal y como muestra la figura inferior derecha para el diseño de una nave industrial.

Tras construir la estructura de cerchas, se procede a la colocación de las cubiertas y paredes, quedando terminado el edificio. En el caso de este tipo de estructuras, los elementos verticales de la cercha estarán sometidos a compresión. El agua y la nieve son los principales causantes de que el tejado se cargue de peso y será necesario un dimensionado correcto para poder soportar cargas muy superiores a las normales en la zona geográfica donde se construya el edificio.

Ejemplos de cerchas

Un diseño simple de cercha empleado en un puente.

Diseño de la estructura de una nave mediante cerchas.

6 LOS MECANISMOS

Bancada

Para que desempeñen correctamente su función, los mecanismos deben estar fijos o, al menos, guiados por una estructura que los mantenga coordinados. La bancada es un conjunto integrado de mecanismos y estructura.

6.1 Para qué sirven los mecanismos

A diferencia de las estructuras, los mecanismos están formados por un conjunto de piezas cuyo objetivo es realizar un determinado movimiento, transformar una fuerza o aprovechar la energía que proporciona un sistema para generar movimiento. Normalmente, los mecanismos se sujetan a una estructura fija e inmóvil. Cuando la estructura y los mecanismos forman un conjunto integrado se denomina **bancada.**

Según se dispongan las piezas de un mecanismo, los movimientos que se originan pueden ser:

- **Movimiento lineal,** en el que la pieza del mecanismo se mueve en una única dirección, normalmente a lo largo de una línea recta.
- **Movimiento rotativo,** propio de los mecanismos con piezas giratorias.
- **Movimiento alternativo,** en el que el mecanismo se mueve en línea recta y en ambos sentidos.
- **Movimiento oscilante,** que, al igual que el movimiento alternativo, actúa en ambos sentidos, pero mediante giros.
- **Movimiento intermitente,** por medio del cual el elemento del mecanismo actúa en base a marchas y paradas.

Observa el siguiente esquema de una locomotora en la que las piezas que conforman el sistema de tracción producen estos movimientos.

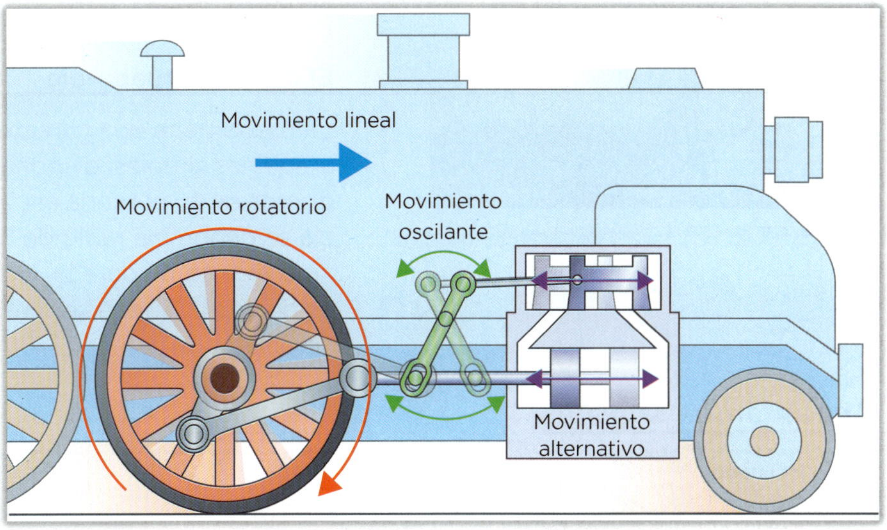

Comprende, piensa, investiga...

23 Identifica los tipos de movimientos que producen los siguientes mecanismos:

a) 

b) 

Consulta la presentación «Tipos de movimientos» de nuestra web.

La primera reparadora de coches de la historia

¿Te suena el nombre de Benz? Bertha Benz financió con su dote la construcción del prototipo Benz *Patent Motorwaggen,* que fue patentado por Karl Benz en 1886. En agosto de 1888, Bertha condujo el prototipo durante unos 100 km, demostrando así que el triciclo de Karl Benz era capaz de recorrer distancias largas. Ese recorrido supuso el **viaje más largo realizado hasta entonces en un automóvil,** y dado que tuvo que hacer algunos ajustes y reparaciones durante el trayecto, pasó a la historia como la primera automovilista y reparadora de coches. Ese mismo año se vendió el primer *Benz Patent Motorwaggen.*

En Internet encontrarás más información, como los vídeos «Bertha Benz y el viaje que lo cambió todo» y «Bertha Benz: The first driver».

6.2 Mecanismos simples

Toda máquina se compone de mecanismos, y todo mecanismo, por complejo que sea, se basa a su vez en elementos sencillos, llamados **mecanismos,** o **máquinas simples.**

El plano inclinado

Mover un objeto pesado por el suelo, empujándolo o tirando de él, es una tarea sencilla, pero se complica cuando el cuerpo se quiere trasladar a una posición más elevada. El plano inclinado facilita esta tarea empleando una superficie que une ambas alturas.

Observa el dibujo inferior izquierda. Sin utilizar el plano inclinado, habría que sostener todo el peso (representado por la flecha azul). En cambio, mediante el plano inclinado, el esfuerzo empleado solo es una parte del peso de la carga. Cuanto menor sea el ángulo del plano, menor será la fuerza necesaria para mover el objeto. Esta ventaja tiene un inconveniente: la distancia que hay que recorrer es mayor.

La cuña

Una cuña es un objeto muy simple con forma de prisma triangular resultado de la unión de dos planos inclinados. Cualquier fuerza que se aplique perpendicularmente a una de sus caras, se transmitirá hacia las otras dos, y las fuerzas transmitidas a esas dos caras también serán perpendiculares a ellas.

Cuando se golpea con un hacha una madera, se aplica este principio: se transmite una fuerza vertical para separar horizontalmente el leño.

El conjunto rueda-eje

La rueda tiene una característica única en relación con el resto de las máquinas simples: dispone de un centro geométrico del que todos los puntos de su periferia están equidistantes. Recuerda que dicha distancia se denomina radio de la rueda. En el centro se sitúa el eje, una pieza cilíndrica unida a la rueda con la que forma un conjunto solidario; es decir, si la rueda se mueve, el eje se moverá igualmente.

Mecanismos simples

Plano inclinado

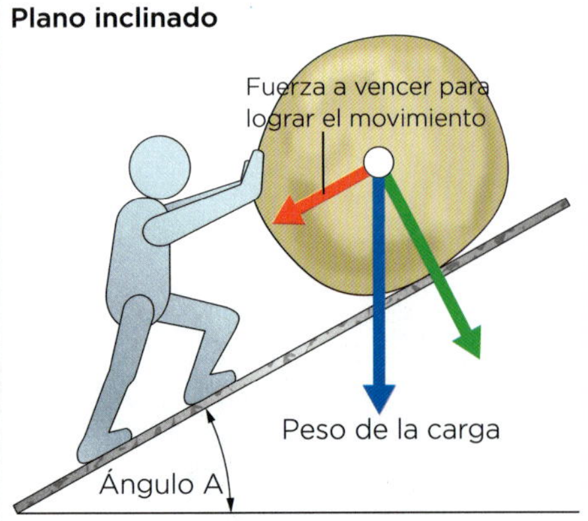

La fuerza a vencer es menor que el peso.

Cuña

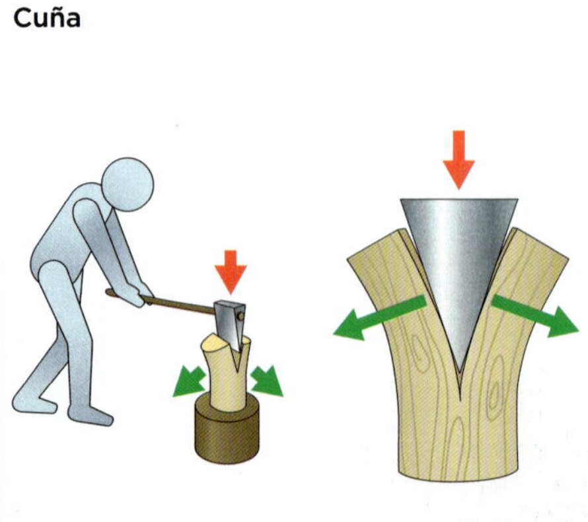

La hoja de un hacha tiene forma de cuña.

Rueda

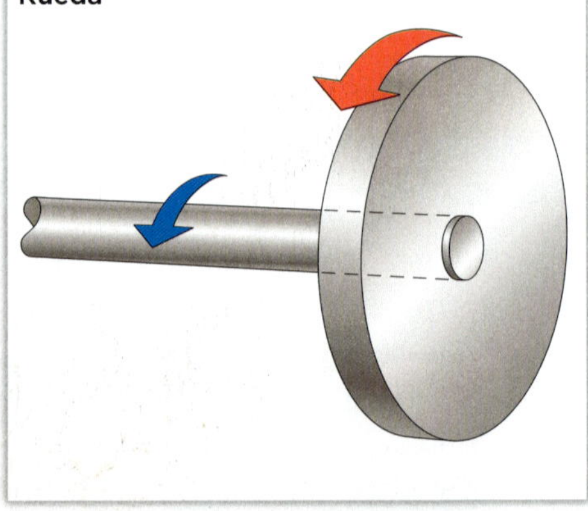

El giro del eje es solidario con el eje de la rueda.

El tornillo

El tornillo es el elemento más simple para convertir un movimiento de giro en un movimiento lineal de avance y retroceso. Este mecanismo tiene más de dos mil años de antigüedad y consiste en un cilindro al que se le ha realizado un roscado.

Se puede decir que es un plano inclinado enrollado alrededor de un cilindro, como puedes observar en la figura.

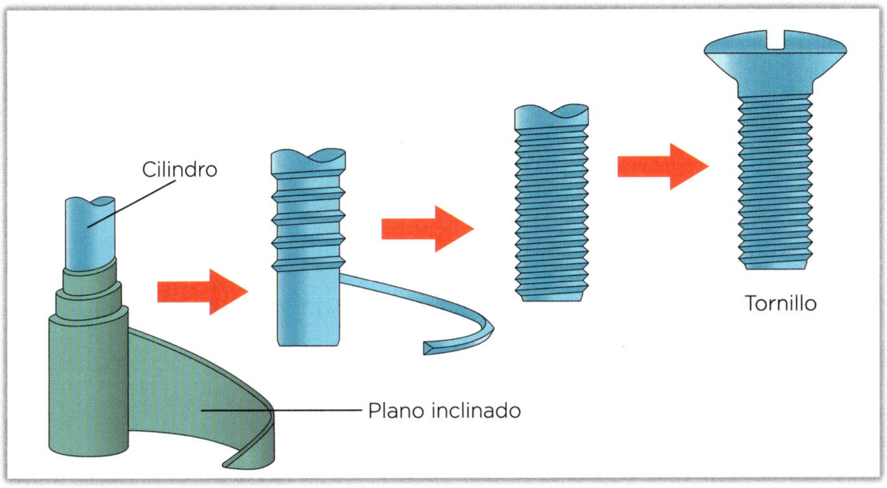

El conjunto tornillo-tuerca

Entre las aplicaciones del tornillo, la más común es la de formar un conjunto con una tuerca, que posee la misma rosca interior.

Según gira el tornillo en sentido horario en una tuerca o en un roscado interior, se produce un movimiento de avance. Si gira en sentido antihorario, se producirá un retroceso.

Este conjunto es muy usado en dispositivos para la sujeción de piezas, como los tornillos de banco, o en máquinas, como tornos y fresadoras, en los que el tornillo se denomina «husillo» y controla el avance de la herramienta de corte con gran precisión.

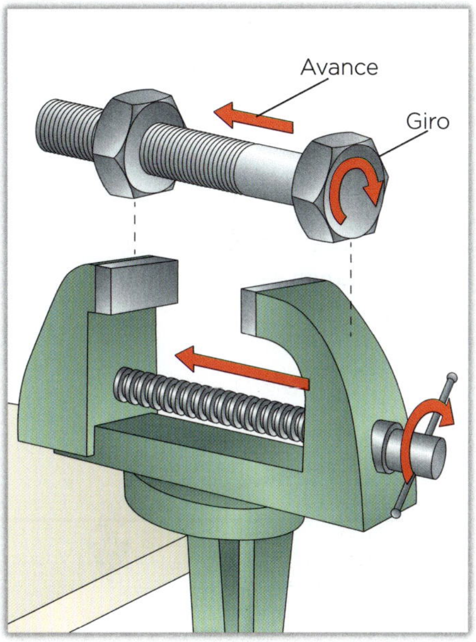

Un tornillo de banco emplea el mecanismo tornillo-tuerca.

Comprende, piensa, investiga...

24 Diseña un pequeño mecanismo que contenga al menos dos de los tres elementos estudiados en la página anterior.

25 En relación con la invención de la rueda, ¿cómo te imaginas que transportaban los antiguos egipcios los enormes bloques de piedra de las pirámides? Expón tu propia teoría en clase.

26 **Usos diferentes.** ¿Conoces alguna otra aplicación directa del uso de la cuña?

27 Comprueba tú mismo el principio del plano inclinado. Pide a tu profesor o profesora un dinamómetro y pesa un objeto. Anota el resultado.

28 Sitúa el conjunto dinamómetro-objeto sobre una tabla de madera que mantengas inclinada con cierto ángulo. Anota y compara los resultados que marca el dinamómetro y repite el experimento variando el ángulo. Escribe las conclusiones que obtengas.

29 Cuenta, en el taller, las vueltas que hace falta girar un tornillo de banco para que las mordazas se abran un centímetro.

30 Piensa cómo podrías construir un medidor de la fuerza del viento basado en un tornillo, aplicando lo que acabas de estudiar.

6 LOS MECANISMOS

La fuerza aplicada en un extremo provoca un giro en el extremo opuesto.

La palanca

Una palanca es una barra rígida cuya función es transmitir fuerza y movimiento. La palanca descansa sobre un punto de apoyo denominado «fulcro», y las fuerzas aplicadas provocan giros en el extremo opuesto. El brazo que soporta la fuerza se denomina «brazo motor», mientras que la parte de la palanca que sostiene la carga o peso resistente, se denomina brazo resistente.

La fuerza necesaria para vencer un peso resistente con una palanca viene dada por la fórmula:

$$F \times d = P \times D$$

- F es la fuerza motriz (en newtons)
- d es el brazo motor (en metros)
- P es la fuerza resistente (en newtons)
- D es el brazo resistente (en metros)

En función de la posición relativa entre la fuerza, la carga y el fulcro, las palancas se clasifican en tres especies o clases, según puedes observar en las figuras.

Tipos de palancas

Palanca de 1.ª especie

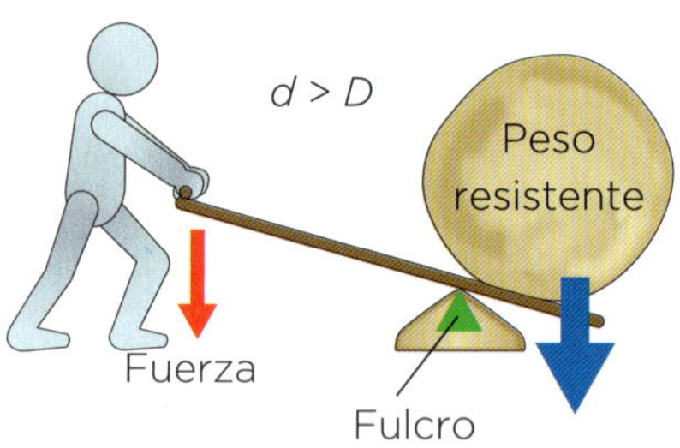

El brazo motor es más largo que el resistente, por lo que se necesitará menos fuerza para elevar la carga. El fulcro está entre la fuerza y la carga. Es un mecanismo multiplicador.

Palanca de 2.ª especie

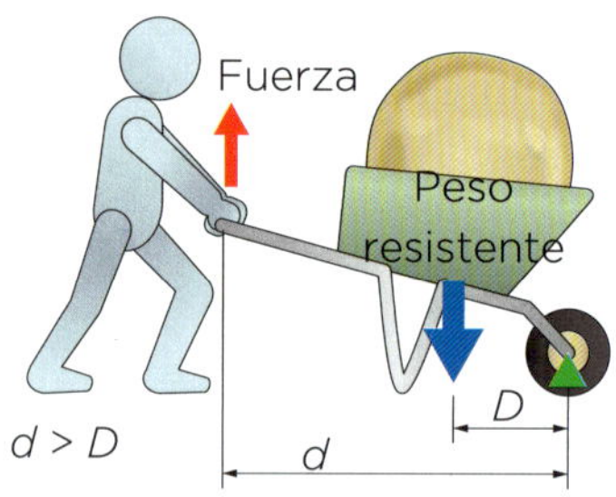

En uno de los extremos de la palanca se sitúa el fulcro, y en el otro extremo, la fuerza aplicada. La carga está colocada entre ambos. Es un mecanismo multiplicador.

Palanca de 3.ª especie

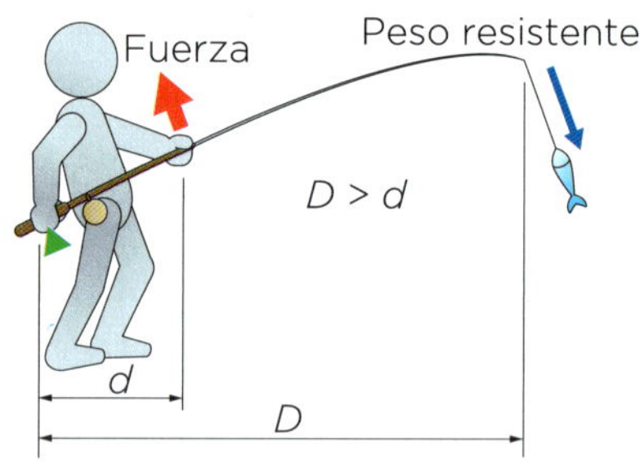

Es muy parecida a la palanca de segunda especie, pero la fuerza y la carga intercambian posiciones, por lo que resulta un mecanismo reductor de fuerza.

Comprende, piensa, investiga...

31 Resuelve ahora el mismo problema del ejemplo resuelto de la derecha aplicando los datos a una palanca de segunda especie. Dibuja los dos casos de palancas mediante esquemas de fuerzas e identifica en cuál de ellos se puede levantar más peso.

32 ¿Qué pasaría si...? Imagina ahora que intercambias las longitudes de los brazos. ¿Conseguirás levantar el mismo peso? Justifica tu respuesta.

Ejemplo resuelto

¿Qué peso resistente podrá elevar una fuerza de 200 N con una palanca de primera especie, si los brazos motor y resistente miden, respectivamente, 3 y 1 metros?

Solución:

Aplicando la fórmula de igualdad de giros de cada fuerza, la ecuación queda:

$$200\ \text{N} \cdot 3\ \text{m} = P \cdot 1\ \text{m}$$

y despejando:

$$P = \frac{200\ \text{N} \cdot 3\ \text{m}}{1\ \text{m}} = 600\ \text{N}$$

Repasa tus conocimientos con la presentación «Tipos de palancas» y trabaja con el laboratorio virtual sobre la palanca que te ofrecemos en **anayaeducacion.es**.

6.3 Mecanismos rotatorios

También son muy utilizados los mecanismos que transmiten un movimiento rotatorio al eje que tienen acoplado. Entre ellos destacan las poleas y los engranajes.

Las poleas

Uno de los elementos más comunes en los mecanismos rotatorios es la **polea,** que consiste en una rueda dotada de eje, llamada **rueda motriz,** unida por medio de una correa a otra rueda denominada **rueda dirigida.** Su finalidad es transmitir el movimiento rotativo de la rueda motriz a la dirigida. Dependiendo del diámetro relativo de ambas ruedas, los sistemas serán:

- **Multiplicador,** cuando el diámetro de la rueda motriz sea mayor que el de la rueda dirigida, haciendo que esta última gire a mayor velocidad.
- **Reductor,** cuando el diámetro de la rueda motriz sea menor que el de la rueda dirigida, provocando que esta última gire a menor velocidad.

Los engranajes

Los sistemas de ruedas dentadas, o engranajes, se emplean para transmitir y trasladar movimiento rotatorio a lo largo de una o varias etapas de engranajes. A diferencia de las poleas, las ruedas de los engranajes deben engranar unas con otras, lo que se consigue solo si coincide en ellas el cociente entre su diámetro y el número de dientes. A este número se lo denomina **módulo.**

Existen diversos tipos de engranajes, que se diferencian por la forma y la posición de las ruedas. A la derecha se muestran algunos ejemplos.

6.4 Mecanismos transformadores de movimiento

En muchas ocasiones, lo que se necesita es convertir un movimiento rotatorio en otro de vaivén o alternativo. Para ello, los mecanismos más utilizados son la leva y el mecanismo biela-manivela:

- La **leva** consiste en una rueda de forma ovalada unida a un eje que no pasa por su centro geométrico. La leva está en contacto permanente con otro elemento, el palpador o seguidor, de modo que al girar esta empuja el palpador y provoca en él un movimiento alternativo.
- El **mecanismo biela-manivela** se utiliza para convertir un movimiento rotatorio en alternativo, y viceversa. La figura inferior muestra una secuencia de su funcionamiento.

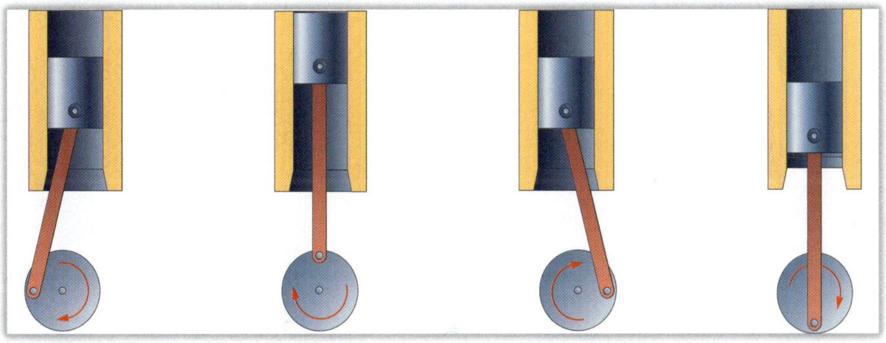

En **anayaeducacion.es** puedes visualizar el funcionamiento de diferentes mecanismos y una presentación sobre la biela-manivela.

Sistemas de poleas

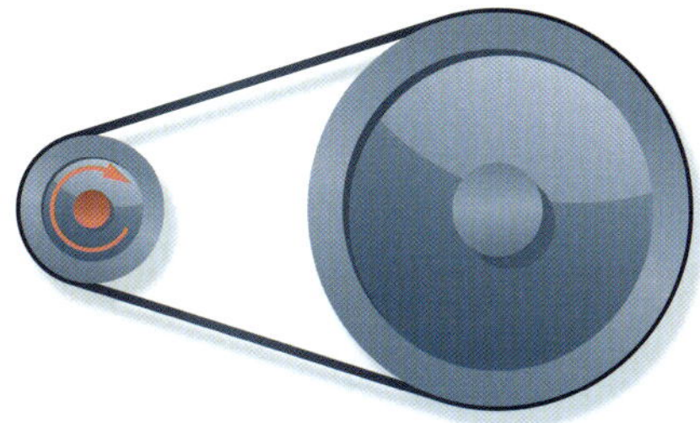

Sistema multiplicador.

Sistema reductor.

Tipos de engranajes

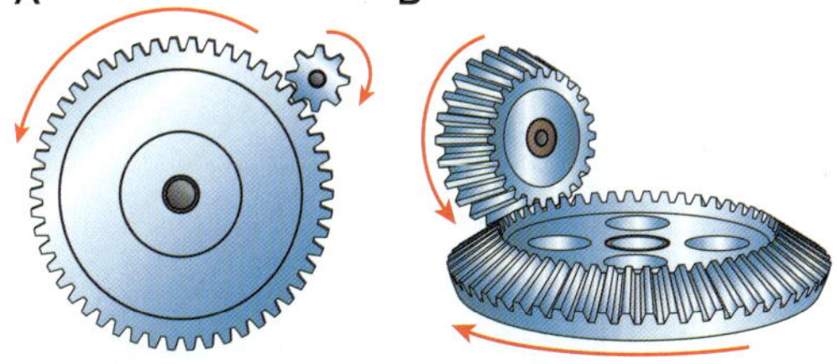

Ruedas dentadas para ejes paralelos (A) y para ejes perpendiculares (B).

Aplicaciones de la leva

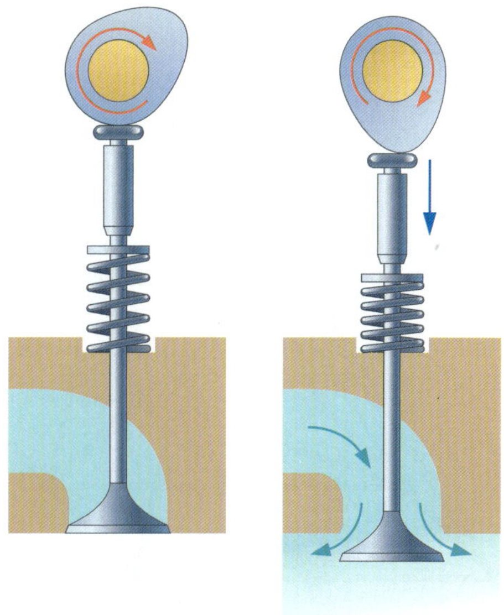

La leva se utiliza frecuentemente en el control de válvulas de forma cíclica.

ESTRUCTURAS LIGERAS

¿EN QUÉ CONSISTE?

Se trata de construir torres, puentes y otras estructuras resistentes utilizando elementos de uso cotidiano.

La idea principal es utilizar elementos largos y delgados, que no necesariamente han de ser resistentes por sí mismos, para realizar una estructura.

Puedes llevar a cabo cualquier diseño, ya sea original o copiado de una estructura existente. En las siguientes imágenes se representan algunos ejemplos de estructuras hechas por estudiantes de otros institutos.

PROCEDIMIENTO

1 Puedes utilizar pajitas para beber refrescos, tallarines o papel enrollado formando canutillos. Para unirlos formando la estructura, puedes usar papel celo, cinta aislante, pegamento termofusible o pegamento líquido.

2 Antes de empezar, analiza cuál de los materiales propuestos crees que aguantará más peso y por qué.

3 Emplea un tablero de contrachapado o de DM para que sirva de base.

4 Finalmente, comprueba el valor de eficiencia estructural que tiene tu diseño.

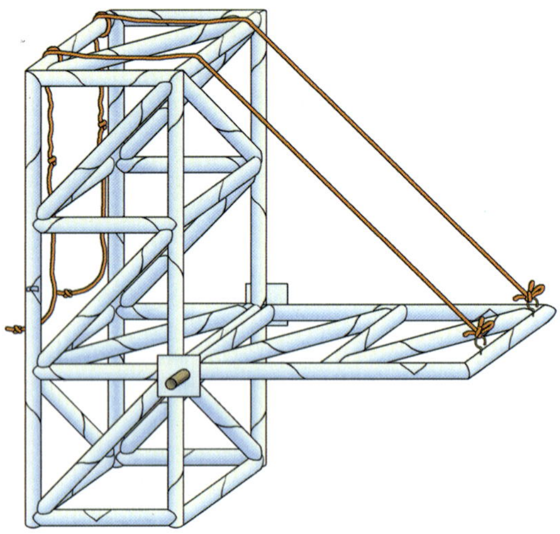

Tubos de papel reciclado

Limitaciones

No puedes emplear más de 30 pajitas, espaguetis, tallarines o canutillos de papel.

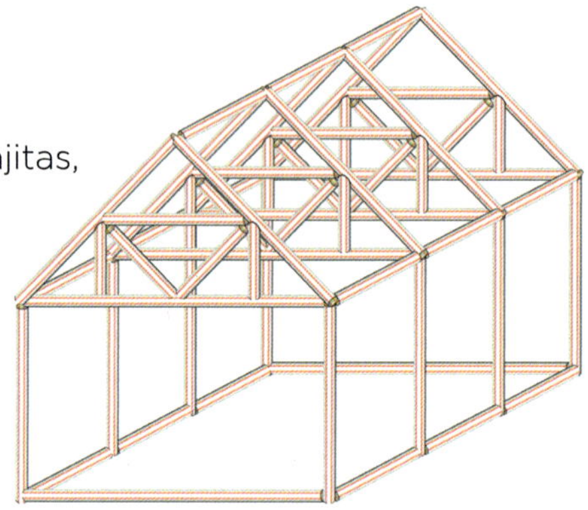

Pajitas para beber

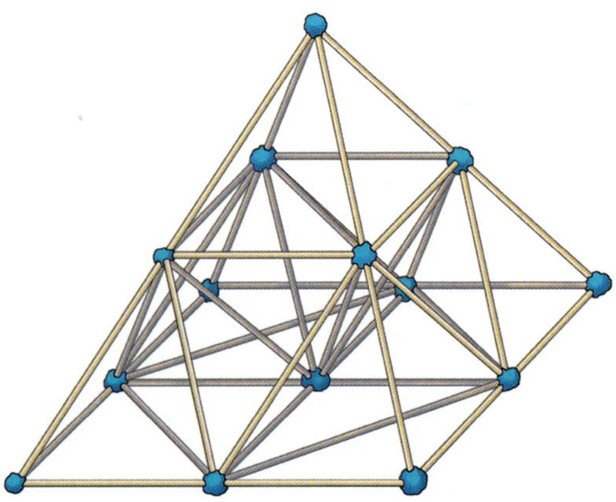

Espaguetis y plastilina

Pajitas para beber

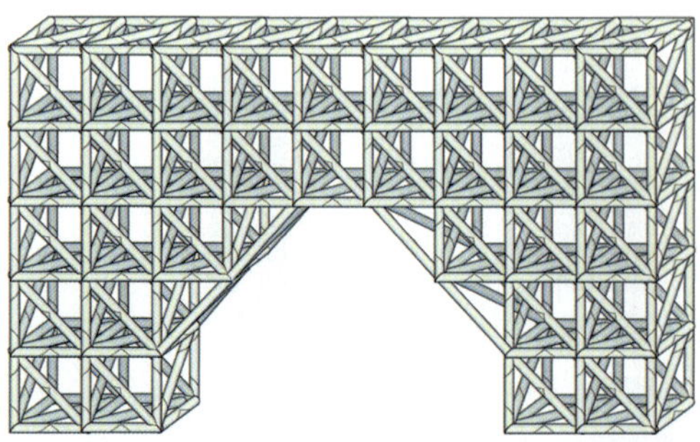

Tubos de papel reciclado

LA FABRICACIÓN DE POLEAS

¿EN QUÉ CONSISTE?

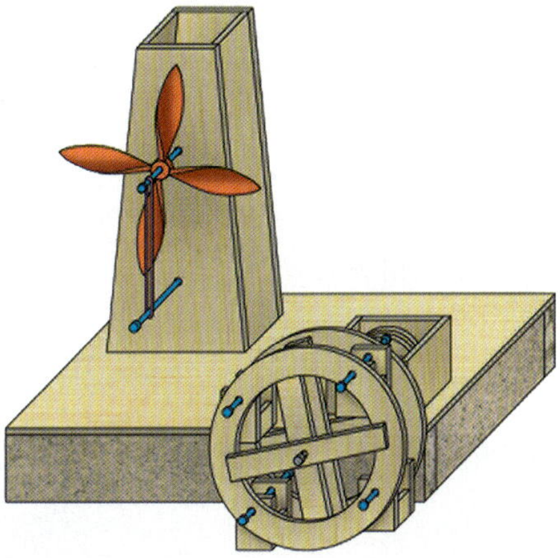

Aprenderás a fabricar poleas y posteriormente podrás emplearlas para construir un proyecto.

Materiales

Madera de contrachapado para los laterales de la polea y madera de aglomerado para el círculo central.

Varilla roscada de rosca métrica, que puedes comprar en ferreterías.

Tuercas y arandelas.

Proyecto con poleas

En las imágenes puede verse un molino que utiliza la fuerza del viento para mover una noria de agua mediante cuatro etapas de poleas.

PROCEDIMIENTO

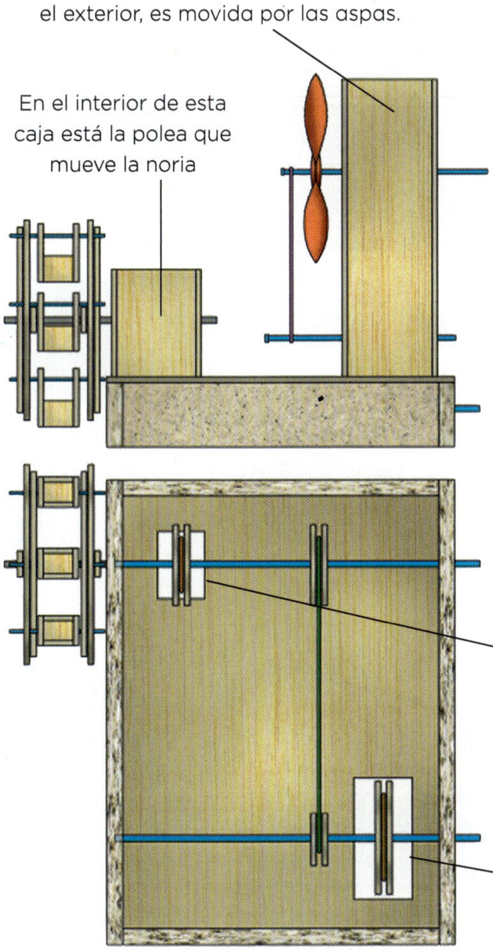

1. Traza primero el círculo central en una pieza de madera de aglomerado con la medida de diámetro que emplearás en el cálculo de relación de velocidades. Seguidamente, traza dos círculos de diámetro ligeramente mayor en madera de contrachapado. En cada círculo, haz una marca visible en el centro, porque será útil para hacer el agujero pasante.
2. Emplea una segueta con un pelo redondo o helicoidal para cortar los círculos. En caso de error, mejor desvíate hacia el exterior, ya que así, utilizando una lija, podrás dejar el contorno como una circunferencia bastante perfecta. Haz un taladro en el centro de cada círculo para pasar el eje lo más ajustado posible.
3. Corta la varilla roscada a la longitud deseada utilizando una sierra de arco con hoja para metales. Ensambla el conjunto como se indica en la figura y aprieta bien las tuercas contra el conjunto. A continuación, coloca las contratuercas para evitar que las tuercas se desenrosquen con el movimiento.

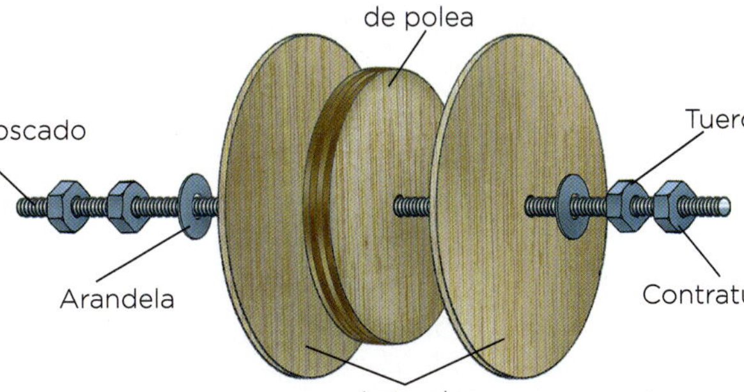

Recuerda seleccionar el material de trabajo de esta unidad para tu **portfolio.**

TRABAJA CON LO APRENDIDO

1 Copia y completa en tu cuaderno las siguientes frases en relación con las estructuras:

- Una estructura es un objeto complejo, masivo, cuya función principal es la de ?
- Las fuerzas aparecen cuando una ? es sometida a un movimiento ?
- La masa se mide en ? en el sistema internacional (SI), en el que las unidades de fuerza se expresan en ?
- El centro de gravedad se define como un ? de un cuerpo en el que se puede considerar concentrada ?
- El empleo de cerchas tiene una ventaja principal: resulta una estructura muy ? en comparación con ?

2 Identifica el tipo de tensiones a las que están sometidos los elementos numerados de las figuras.

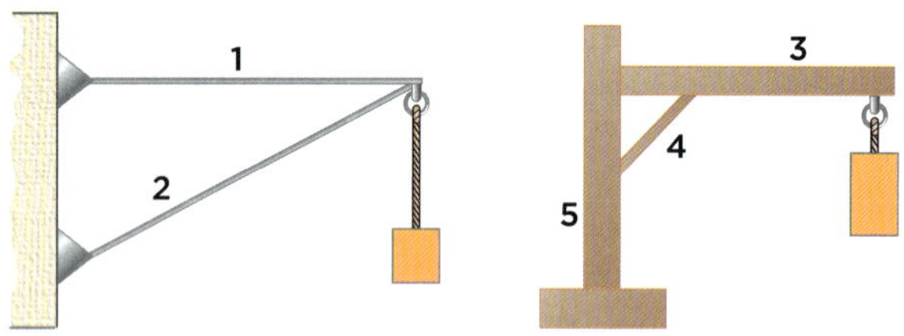

3 Utiliza un diccionario para encontrar la definición de los siguientes términos:

Hormigón	Tirante	Dintel
Acero	Bóveda	Pórtico
Viga	Cercha	Cimentación

4 Contesta con una breve frase a las siguientes preguntas:

- ¿Qué es una estructura?
- ¿Qué es una cercha?
- ¿Cuál es la función principal de un pilar en una estructura?
- ¿Cuál es la posición habitual de una viga en las estructuras?
- ¿Qué tipo de esfuerzos sufren normalmente los tirantes de una estructura colgante? ¿Y los de una cercha?

Los componentes estructurales

5 Indica en cada figura qué tipo de elementos estructurales puedes encontrar:

Para ayudarte a estudiar esta unidad dispones de un mapa mental interactivo en **anayaeducacion.es**.

Perfiles para formar estructuras

6 Observa una bicicleta como la de la figura, en la cual se han empleado varios perfiles. Tienes que identificar tantos como sea posible, indicando si son abiertos o cerrados, huecos o no. Dibuja de forma aproximada su sección transversal, tal y como se muestra en el perfil del ejemplo.

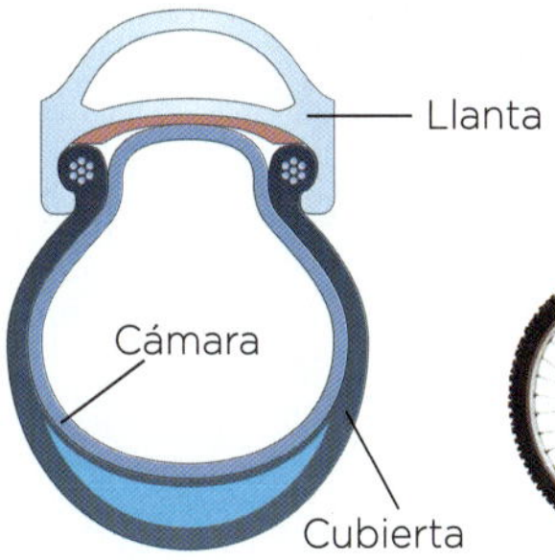

7 Explica en dos o tres líneas:

a) **Intuyo y deduzco.** ¿Por qué se usa tan frecuentemente el triángulo como elemento geométrico a la hora de construir estructuras resistentes?

b) Para que una estructura se mantenga sólidamente, se tienen que dar tres condiciones entre ellas independientes. ¿Cuáles son y en qué consisten?

Los mecanismos

8 Identifica el tipo de especie de palanca a la que pertenece cada uno de estos ejemplos:

a)

b)

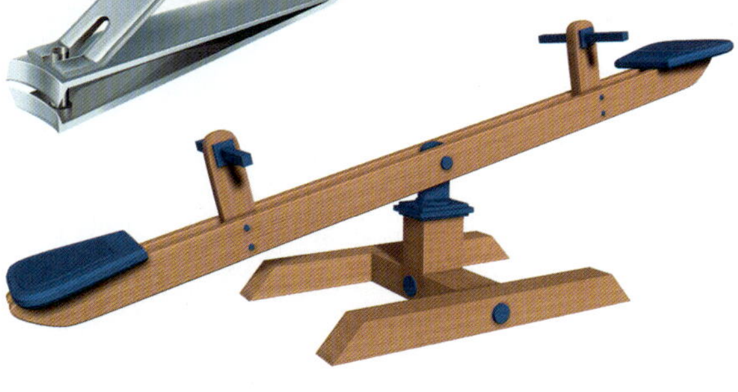

c)

9 ¿Cómo se identifica el mecanismo simple que es capaz de convertir un movimiento giratorio en un movimiento lineal de avance?

10 Explica mediante un dibujo cuáles son las fuerzas generadas por una cuña cuando se aplica una fuerza sobre ella.

11 ¿Dónde habrá que colocar la caja oscura para equilibrar la palanca? ¿Qué tendríamos que hacer para que la palanca se desequilibre hacia la izquierda?

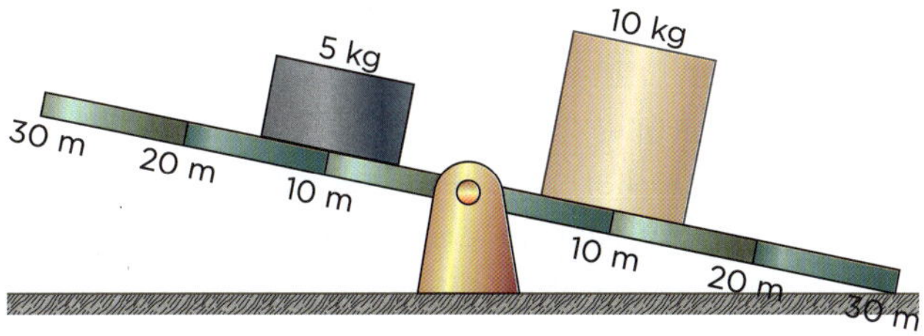

12 **¿Qué te hace decir eso?** Algunos autores y autoras piensan que el tornillo no es una máquina simple, sino que está basada en otras dos: la rueda y el plano inclinado. Reflexiona sobre esta afirmación y trata de explicar por qué crees que se dice esto.

13 Utilizando un transportador de ángulos, dibuja un plano inclinado de 60° y sitúa sobre él un objeto que puede ser una caja rectangular. Representa su peso con una flecha y guiándote por el ejemplo de la unidad, haz la descomposición dibujando la fuerza que hay que vencer paralela al plano. A su lado, dibuja un plano inclinado 30° sobre la horizontal y vuelve a situar el mismo objeto con el mismo peso; representa nuevamente la descomposición del peso con dos flechas. Observa en ambos casos la longitud de la flecha paralela al plano inclinado. ¿Cuál es mayor? ¿Por cuál de las dos rampas crees que costará más subir el objeto? Justifica tu respuesta.

14 Observa la siguiente figura y describe lo que ves en ella. ¿Qué mecanismo encuentras?

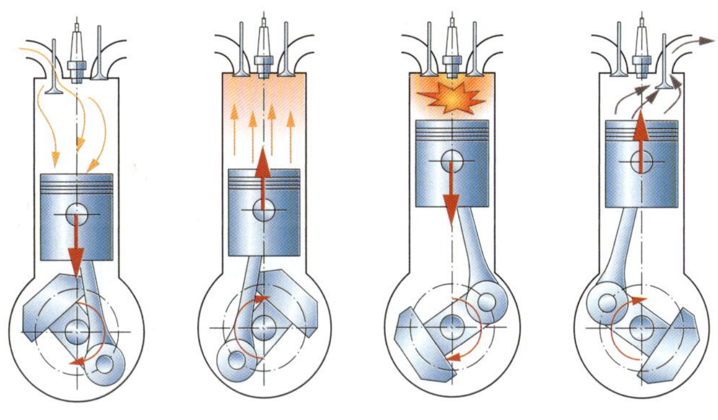

Recuerda que en el banco de recursos de **anayaeducacion.es** encontrarás documentos que te explican cómo utilizar las técnicas y las llaves indicadas en algunas actividades.

5

ELECTRICIDAD

La energía de nuestro día a día

Son muchas las formas de energía disponibles, pero ninguna de ellas es tan versátil como la energía eléctrica: fácil de generar a partir de diferentes fuentes y de sencilla conversión en otras formas de energía, es, al mismo tiempo, fácil de transportar. Pero no todo podían ser ventajas: no resulta sencillo almacenarla en grandes cantidades. Con todo ello, la energía eléctrica es la energía de nuestro día a día.

Artículos como un ordenador, un teléfono móvil, un horno microondas, una bombilla o un motorcillo eléctrico tienen algo en común: necesitan electricidad para funcionar. Es preciso conectarlos a un circuito eléctrico para que la energía eléctrica procedente del generador fluya a través de estos aparatos. En su interior, la electricidad es transformada en distintas formas de energía.

COMPROMISO ODS

ODS

Trabaja en pequeño grupo (3 a 5 personas) para organizar una campaña de ahorro de energía en tu instituto. Antes de comenzar, leed las **metas 7.3**, **11.6**, **12.8** y **13.3**; a continuación, seguid estos pasos:

a) Lluvia de ideas.

b) Seleccionad las ideas más factibles para llevar a cabo en vuestro entorno.

c) Distinguid entre las que se pueden aplicar por parte de cualquier persona del centro, como apagar las luces al salir del aula, y las que necesitan una inversión económica, como sustituir las ventanas por unas que mejoren el aislamiento. Seleccionad también las ideas que se pueden aplicar en vuestras casas.

d) Preparad la campaña de concienciación: carteles informativos, creación de una comisión dedicada a la implantación de las medidas de ahorro y del posterior control de su aplicación.

e) Investigad acerca del ahorro energético que supone la sustitución de lámparas y electrodomésticos antiguos por otros más modernos y eficientes. No olvidéis anotar el coste de la compra de los nuevos dispositivos; accediendo a las páginas web de varias tiendas, buscad el precio de distintas lámparas, su consumo real, el consumo equivalente y los lúmenes.

Consulta cuáles son las **metas 7.3**, **11.6**, **12.8** y **13.3** en nuestra web **anayaeducacion.es**.

LOS RECURSOS EN LA WEB DE ESTA UNIDAD

ELECTRICIDAD

- La energía de nuestro día a día
  - PRESENTACIÓN: Lectura temática «Electricidad y circuitos eléctricos».
  - VÍDEOS: Objetivos de Desarrollo Sostenible. Metas 7.3, 11.6, 12.8 y 13.3.
- 1 El circuito eléctrico
  - PRESENTACIÓN: Componentes eléctricos.
  - VÍDEO: Electricidad.
  - DOCUMENTO: Cómo utilizar las técnicas: «¿Qué te hace decir eso» y «Canal de transferencias».
- 2 Los generadores eléctricos
  - DOCUMENTO: Corriente continua y corriente altena.
- 3 Conductores y aislantes
  - DOCUMENTO: Cómo utilizar la técnica: «Intuyo y deduzco».
- 4 Los receptores eléctricos
  - DOCUMENTO: Cómo utilizar la técnica: «Generar-clasificar-relacionar».
- 5 Elementos de control y protección
  - INTERACTIVO: Adivina el componente eléctrico.
- 6 Simbología eléctrica
  - PRESENTACIÓN: Ejemplos de circuitos y esquemas eléctricos.
- 7 La resistencia eléctrica
  - DOCUMENTOS: Magnitudes proporcionales. Cómo utilizar la técnica: «Intuyo y deduzco».
  - SIMULACIÓN: Laboratorio virtual: «ley de Ohm».
- 8 La potencia eléctrica
- 9 Disposición de receptores en un circuito
  - SIMULACIÓN: Kit virtual de construcción de circuitos eléctricos.
- 10 Las fuentes de energía
  - PRESENTACIONES: Fuentes renovables de energía. Centrales eléctricas.
  - DOCUMENTOS: Ventajas e inconvenientes de la energía nuclear. Orientación académica y laboral: ¿Quieres dedicarte a las energías renovables?
- 11 La generación y el transporte de la energía eléctrica
  - DOCUMENTO: Transformadores.
  - DOCUMENTO: Plan Lingüístico: Textos argumentativos.
- 12 El código de eficiencia energética
  - DOCUMENTO: Cómo utilizar la técnica: «Solución a cuatro».
- **Taller de tecnología** Medidas eléctricas
- **Trabaja con lo aprendido**
  - DOCUMENTOS: Cómo utilizar las técnicas: «Efecto y alcance» y «Línea del tiempo».
  - DOCUMENTO: Consejos para elaborar tu portfolio.
  - INTERACTIVOS: Mapa de la unidad. ¡Ponte a prueba!

1 EL CIRCUITO ELÉCTRICO

El átomo y los electrones

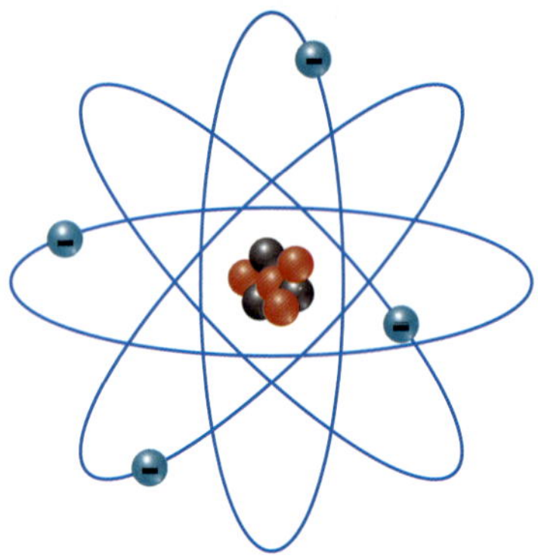

La materia está constituida por unas partículas llamadas «átomos». Los átomos están formados por partículas subatómicas llamadas «protones», «neutrones» y «electrones». Los protones tienen carga eléctrica positiva, y los electrones, carga eléctrica negativa. La del electrón es la cantidad más pequeña de carga que podemos encontrar.

Como el electrón posee una carga tan pequeña, se ha definido una unidad mayor, el **culombio,** de símbolo C, que contiene la carga eléctrica de $6{,}24 \cdot 10^{18}$ electrones, lo que es equivalente a la carga de 624 000 billones de electrones.

1.1 ¿Qué es un circuito eléctrico?

Un **circuito eléctrico** es un camino cerrado formado por un material conductor de la electricidad, en el que se conectan componentes eléctricos por los que circulan las cargas eléctricas.

En un circuito eléctrico puedes encontrar los siguientes elementos:

- **Pila o generador,** que proporciona energía al circuito.
- **Conductores,** que permiten la circulación de electricidad desde el generador hasta los receptores.
- **Receptores,** que transforman la energía eléctrica y producen efectos: movimiento (energía cinética), luz (energía lumínica), calor (energía calorífica), etc.
- **Elementos de control,** como los interruptores y los pulsadores.
- **Elementos de protección,** como los fusibles.

La pila o generador, los conductores y, al menos, un receptor deben estar presentes en el circuito. Los elementos de control y de protección son opcionales.

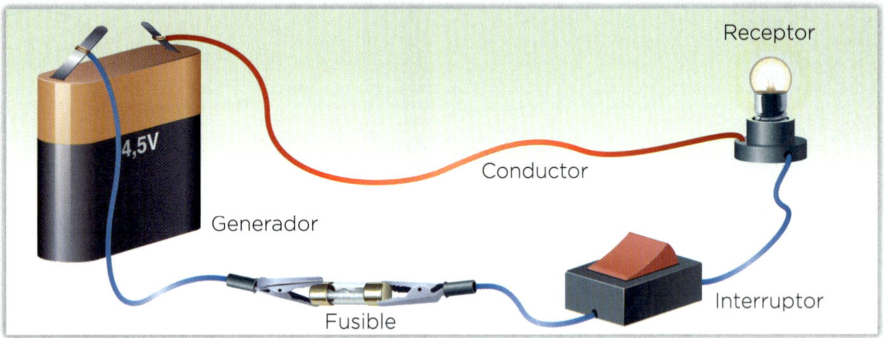

Comprende, piensa, investiga...

1 **¿Qué te hace decir eso?** ¿Qué bombillas crees que se iluminarán en los siguientes circuitos?

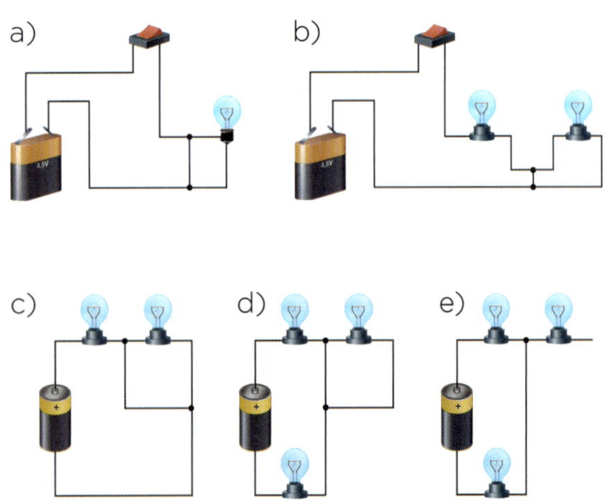

2 **Canal de transferencia.** Imagínate un sistema de calefacción dotado de una caldera que caliente el agua que circula por las tuberías hasta los radiadores. ¿Qué similitudes observas entre este sistema y un circuito eléctrico? ¿Qué componente actúa como generador en el sistema de calefacción? ¿Y cuáles serían los elementos de control?

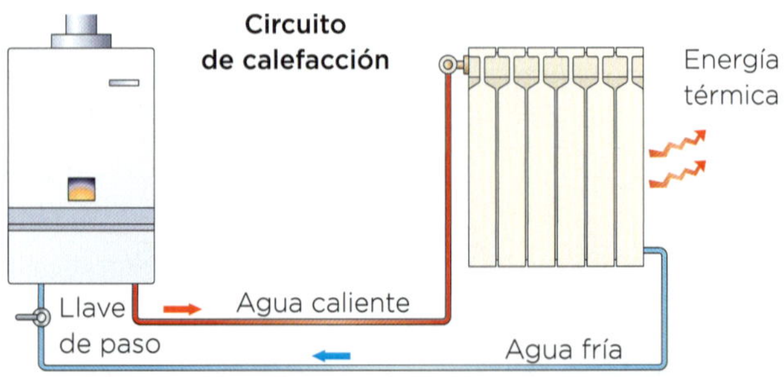

En **anayaeducacion.es** encontrarás un vídeo introductorio sobre lo que vas a estudiar en la presente unidad y una presentación sobre los componentes eléctricos.

2 LOS GENERADORES ELÉCTRICOS

Corriente alterna y corriente continua

Según la forma en la que se genera, hay dos tipos de corriente eléctrica:

- **Corriente continua,** es la que proporcionan las pilas y las baterías eléctricas. Su valor es constante.
- **Corriente alterna,** es la que se obtiene con los alternadores. Este es el tipo de corriente que circula por la red eléctrica que llega hasta nuestras casas. Su valor varía pasando de positivo a negativo, y viceversa, todo el tiempo.

2.1 Los generadores eléctricos

En un circuito eléctrico, el generador es el elemento que aporta la energía a las cargas eléctricas para que estas la distribuyan y transporten a lo largo del circuito. Se clasifican en:

- **Pilas y baterías,** que contienen en su interior sustancias químicas que reaccionan generando electricidad. Cuando las sustancias internas de una pila o de una batería permiten que la reacción se revierta, se denominan «pilas o baterías recargables».
- **Alternadores,** que son máquinas eléctricas de corriente alterna. Generan energía eléctrica en forma de ondas; es decir, su valor va cambiando con el tiempo.
- **Fuentes de alimentación.** Son dispositivos electrónicos que transforman la corriente alterna en otra forma de energía eléctrica, como, por ejemplo, corriente continua, cuyo valor no varía con el tiempo.

2.2 El voltaje eléctrico

Como hemos dicho, un generador tiene la función de aportar energía eléctrica a las cargas y de dirigir su desplazamiento a lo largo de un circuito. Cuando un generador no dispone de energía, dichos desplazamientos no se producen y no hay corriente eléctrica.

El **voltaje,** o **potencial eléctrico,** es la magnitud eléctrica que indica cuánta energía se ha aportado a cada carga eléctrica.

Si un generador entrega un julio de energía a un culombio de carga (esto es, a $6{,}24 \cdot 10^{18}$ electrones), se dice que el voltaje del generador es de un voltio. Por tanto, la fórmula del voltaje será:

$$\text{Voltaje} = \frac{\text{Energía}}{\text{Carga eléctrica}} \quad ; \quad V = \frac{E}{Q}$$

donde E es la energía expresada en julios (J), Q es la carga eléctrica expresada en culombios (C) y V es el voltaje expresado en voltios (V).

El **voltio** es la unidad de voltaje en el sistema internacional y recibe este nombre en honor a Alessandro Volta (1745-1827), creador de la primera pila eléctrica. Se representa mediante la letra V.

Fuente de alimentación

Un ordenador de sobremesa está conectado a la red eléctrica de corriente alterna, sin embargo, sus circuitos funcionan con corriente continua. Por ello, necesita de una fuente de alimentación cuya misión es la de transformar la señal eléctrica alterna en continua.

Ejemplo resuelto

¿Qué voltaje tiene una batería que acumula una carga de 10 culombios y almacena una energía de 45 julios?

Solución:

Una batería de estas características tendrá un voltaje de:

$$\text{Voltaje} = \frac{\text{Energía}}{\text{Carga}} = \frac{45\ \text{J}}{10\ \text{C}} = 4{,}5\ \text{V}$$

Amplía la información sobre la corriente eléctrica con el documento «Corriente continua y corriente alterna» que encontrarás en nuestra web.

3 CONDUCTORES Y AISLANTES

No todos los materiales tienen el mismo comportamiento frente a la corriente eléctrica. Algunos permiten el paso de la corriente y son empleados para conducirla; otros, por el contrario, no permiten el paso de la corriente y son utilizados para evitar que llegue donde no debe.

Tipo	Características	Ejemplos
Conductores	Oponen poca resistencia al paso de la corriente eléctrica.	Materiales metálicos.
Aislantes	Oponen una resistencia elevada al paso de la corriente eléctrica.	Papel, plásticos, cerámica, vidrio.
Semiconductores	Pueden comportarse como conductores o aislantes, según aspectos externos.	Elementos como el germanio y el silicio para fabricar diodos, transistores, etc.

Práctica guiada

Observa el circuito de la fotografía. En él se puede ver una pila conectada a una lámpara, intercalando entre ambas un objeto. Repite la experiencia intercalando, uno a uno, objetos fabricados con diferentes materiales, anotando si la lámpara se enciende, y, por tanto, se trata de un elemento conductor, o si la lámpara se apaga, por lo que estaremos conectando un aislante. Empieza ensayando con los siguientes objetos: cable de cobre, trozo de tubería, lapicero, trozo de vidrio, cáscara de huevo, trozo de limón y agua.

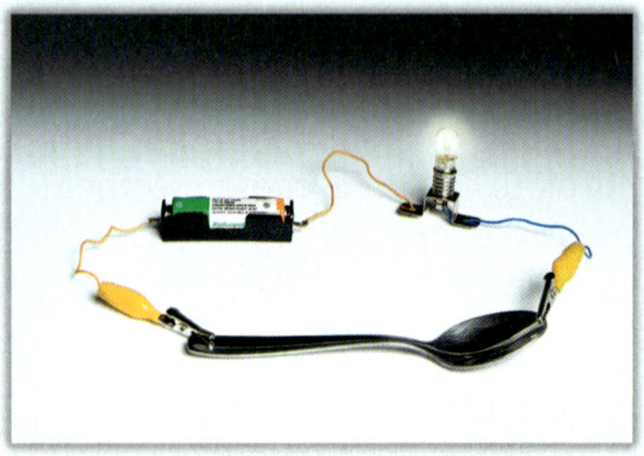

3.1 La corriente eléctrica en los conductores

Se llama corriente eléctrica al efecto que surge en el interior de un conductor cuando está conectado a un circuito cerrado en el que se dispone de un generador. Las cargas se mueven y, por tanto, crean un flujo a través de los conductores.

La corriente eléctrica consiste en el movimiento continuo y ordenado de electrones a través de los elementos del circuito.

Para determinar si el flujo es pequeño o grande, existe una forma de cuantificarlo en función del número de cargas que atraviesan un determinado punto del circuito en una unidad de tiempo. Esto se define como **intensidad de corriente eléctrica** o, sencillamente, **intensidad eléctrica.** Matemáticamente se expresa como:

$$\text{Intensidad} = \frac{\text{Carga}}{\text{Tiempo}} \quad ; \quad I = \frac{Q}{t}$$

Por tanto, si la carga eléctrica se mide en culombios y el tiempo en segundos, la intensidad eléctrica se medirá en culombios por segundo, aunque se ha rebautizado esta unidad compuesta en una más sencilla: el amperio.

El **amperio** es la unidad de voltaje en el sistema internacional y recibe este nombre en honor a André Marie Ampère (1775-1836), inventor del galvanómetro, dispositivo utilizado para la medida de la intensidad de corriente. Se representa mediante la letra A.

Comprende, piensa, investiga...

3 ¿Cuánta energía almacena una batería de coche de 12 voltios con una carga de 600 culombios?

4 **Intuyo y deduzco.** El aire es aislante (la electricidad no circula de un borne a otro en un enchufe); sin embargo, la electricidad del rayo pasa de las nubes hasta el suelo. ¿Cómo explicarías este fenómeno?

5 ¿Qué intensidad se obtiene de un generador si circulan 360 culombios en dos minutos? ¿Y si circularan 4 culombios en el mismo tiempo?

6 Busca algunos aparatos eléctricos en casa y observa los elementos aislantes que tiene. ¿Qué elementos de los aparatos es necesario aislar? ¿De qué materiales están hechos?

4 LOS RECEPTORES ELÉCTRICOS

Los receptores son elementos que reciben la energía eléctrica y la transforman en otras formas de energía. En general, todos los receptores poseen una propiedad común, que se conoce como **resistencia eléctrica,** que representa la oposición que ofrecen al paso de la corriente eléctrica a través de ellos.

A continuación vamos a revisar los principales receptores de los circuitos eléctricos.

4.1 Receptores emisores de luz

Existen dispositivos muy variados que transforman la energía eléctrica en luz. Su principal representante son las lámparas.

En la actualidad, cada vez es más utilizada la iluminación basada en diodos emisores de luz (led). Están fabricados con materiales semiconductores y tienen un consumo eléctrico muy reducido.

Tipos de lámparas

- **Lámparas incandescentes y halógenas clásicas.** Tienen escasa eficiencia energética y corta duración. En toda la Unión Europea está prohibida su fabricación y distribución (excepto las unidades que hubiera en almacén antes de agosto de 2018). Están basadas en un filamento incandescente dentro de una ampolla de vidrio. En el caso de las halógenas, contienen gas halógeno en el interior.

- **Halógenas especiales.** Tienen escasa eficiencia energética y corta duración (unas 2 000 horas de uso). Están basadas en un filamento incandescente dentro de una ampolla de vidrio que contiene gas halógeno. Se emplean para la iluminación de hornos y otros usos a altas temperaturas.

- **Tubo fluorescente.** Ahorran entre un 50 % y 80 % respecto a las antiguas incandescentes. Tienen una larga vida útil, pero el número de encendidos y apagados afecta a su duración. En su interior contienen una pequeña cantidad de vapor de mercurio y un gas inerte, habitualmente argón o neón. Al hacer circular la corriente a través de ellos, se produce el efecto de ionización del gas, que se ilumina gracias a su propiedad de fluorescencia.

- **Lámpara compacta fluorescente (bajo consumo).** Su funcionamiento y propiedades son como las de un fluorescente normal. Su vida útil es muy prolongada y ahorran entre el 50 % y el 80 % respecto a las antiguas incandescentes. No necesita cebador y su casquillo es como los de las antiguas lámparas incandescentes. Su encendido es gradual y al contener vapor de mercurio, deben ser entregadas en puntos especiales para su reciclaje.

- **Lámpara de diodos led.** Son muy eficientes, ahorran el 90 % respecto a las antiguas incandescentes y tienen muy larga vida útil de hasta 25 000 horas. Está fabricada con materiales semiconductores de bajo consumo.

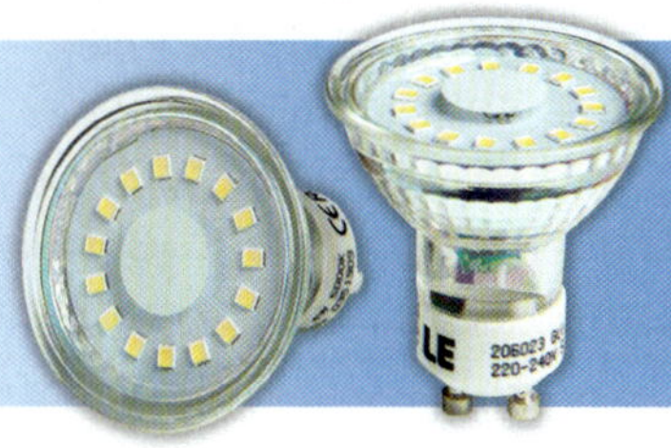

4 LOS RECEPTORES ELÉCTRICOS

Calefactor radiante por infrarrojos.

4.2 Receptores emisores de calor

Los dispositivos que convierten la energía eléctrica en energía calorífica basan su funcionamiento en el efecto Joule: cuando una corriente eléctrica circula por un conductor, parte de la energía eléctrica se transforma en energía calorífica. Algunos ejemplos son: tostadores, calentadores de agua, hornos eléctricos, etc.

El calor puede transmitirse de tres formas diferentes: por **conducción,** por **convección** y por **radiación.** Existen distintos tipos de calefactores, basados en cada una de las formas de transmisión del calor.

La transmisión de calor por conducción se produce al entrar en contacto dos cuerpos a distintas temperaturas. Una plancha para ropa es un dispositivo que transmite el calor por conducción.

La transmisión de calor por convección se hace a través de un fluido (líquido o gas) que conduce el calor a lugares con distinta temperatura. Un secador de pelo es un dispositivo que transmite el calor por convección.

La transmisión de calor por radiación se debe a la temperatura interna de cada cuerpo. Cuanto mayor es la temperatura de un cuerpo, mayor es la intensidad de su radiación. Existen numerosos calefactores que funcionan por radiación: infrarrojos, halógenos, de cuarzo, etc.

Motorcillo eléctrico.

Relé electromagnético.

Altavoz.

4.3 Receptores generadores de movimiento

Los motores eléctricos convierten la energía eléctrica en energía mecánica a partir de las fuerzas que se originan en los conductores de cobre del motor al moverse dentro del campo magnético que generan los imanes del motor.

Los receptores más habituales en el taller de tecnología que producen movimiento son los motores de corriente continua.

En el hogar, son muchos los electrodomésticos que contienen partes encargadas de producir movimiento: las bombas de la lavadora y el lavavajillas, la batidora, el exprimidor o el lector de DVD. Algunos de ellos funcionan con corriente continua, y otros, con corriente alterna.

4.4 Otros receptores

Considera todos aquellos que transforman la energía eléctrica en una forma de energía diferente de las anteriormente mencionadas. Entre ellos se encuentran los altavoces, los zumbadores y los timbres, los relés electromagnéticos, etc.

Comprende, piensa, investiga...

7 **Generar-clasificar-relacionar.** Haz una lista de las estancias de tu casa, ve recorriendo una a una y apunta qué aparatos eléctricos hay en ellas. Obsérvalos y anota qué transformación de energía hace cada uno. Si transforman la electricidad en calor, especifica si emplea conducción, convección o radiación. Averigua si tienen motores o bombas y qué tipo de corriente emplean para funcionar. ¿Hay alguno que aproveche la energía eléctrica para producir más de un efecto? Organiza toda la información clasificando los aparatos por el tipo de transformación que llevan a cabo y observa los componentes que tienen en común.

5 ELEMENTOS DE CONTROL Y PROTECCIÓN

Circuito abierto, circuito cerrado

Decimos que un circuito está **cerrado** cuando todos sus elementos están conectados y la corriente eléctrica circula por ellos. Por el contrario, cuando un circuito está **abierto,** la **corriente no circula por él.** Esto se puede deber a que alguno de los elementos está desconectado o estropeado, o bien un elemento de control está abierto.

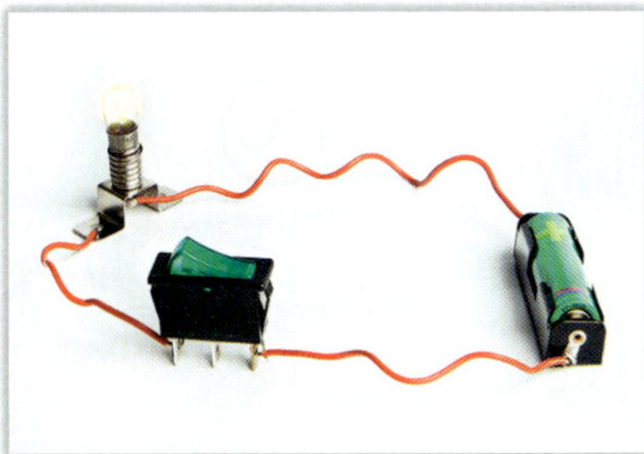

Circuito cerrado, bombilla encendida.

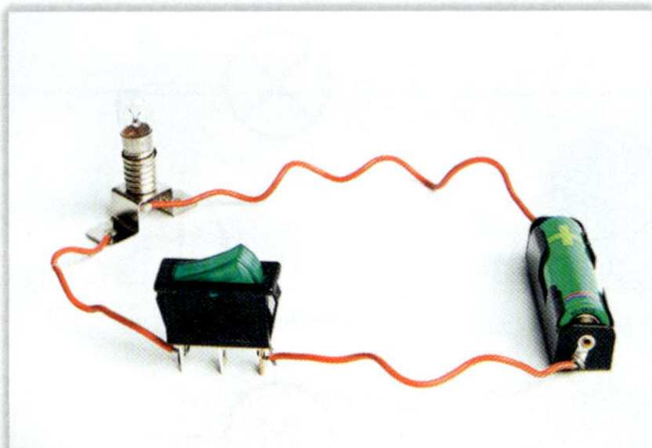

Circuito abierto, bombilla apagada.

Los elementos de control son componentes cuya misión es permitir o impedir el paso de la corriente eléctrica por todo el circuito o por una parte de él. Existen tres tipos principales: interruptores, pulsadores y conmutadores.

5.1 Interruptores

Sirven para abrir o cerrar el circuito en el que se encuentran.

Un ejemplo es el interruptor de la luz de tu habitación o los interruptores para encender o apagar el horno, la campana extractora, etc.

5.2 Pulsadores

Funcionan de forma similar a los interruptores, con la particularidad de que solo cumplen con su misión de abrir o cerrar el circuito eléctrico mientras permanecen accionados. Existen dos tipos de pulsadores:

- Pulsadores normalmente abiertos, o n.a.
- Pulsadores normalmente cerrados, o n.c.

Ejemplos típicos son el mando del portero automático y el timbre de las casas que se mantienen activos el mismo tiempo que se esté pulsando su botón.

5.3 Conmutadores

El conmutador se diferencia del interruptor en que este último solo controla el paso de corriente a través de una línea de un circuito, mientras que al accionar un conmutador, se cambia la conexión entre dos circuitos. Es decir, con una sola acción, abre un circuito y cierra otro, y al volver a cambiar su posición, se cierra el que estaba abierto y se abre el que estaba cerrado.

Su aspecto exterior es similar al de los interruptores, y un ejemplo lo puedes encontrar en los mandos que encienden y apagan las luces de los pasillos y otras estancias desde dos puntos diferentes.

Conmutador y esquema de circuito eléctrico con conmutador.

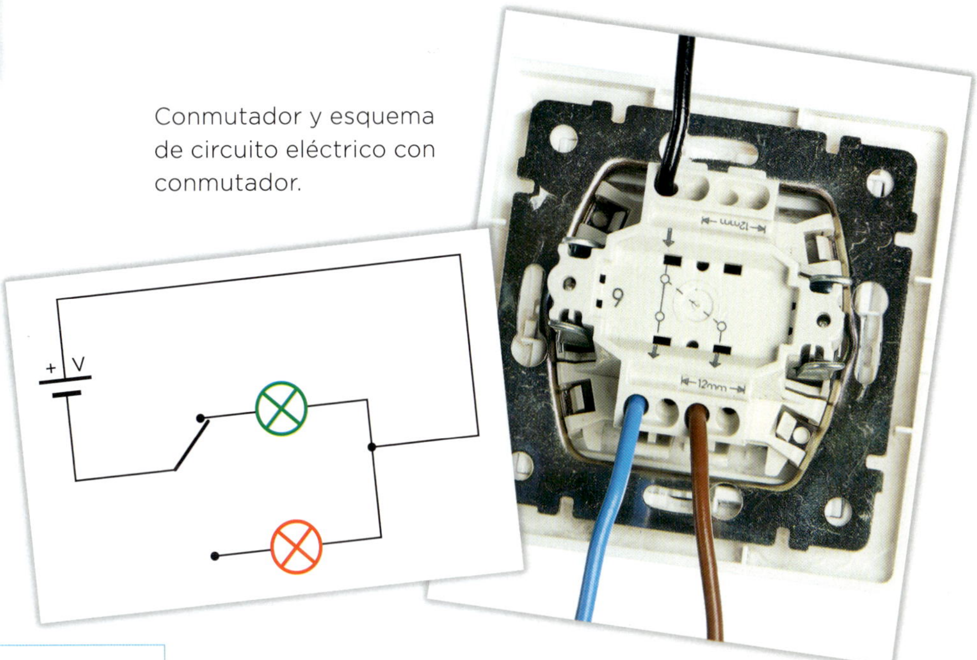

Repasa lo aprendido con el juego interactivo «Adivina el componente eléctrico».

6

SIMBOLOGÍA ELÉCTRICA

Como en toda actividad técnica, la representación gráfica es una parte importante en la definición de los circuitos eléctricos. Para poder interpretar un esquema eléctrico que representa un circuito, es necesario conocer la simbología empleada para los generadores, los conductores, los receptores y los elementos auxiliares como interruptores y pulsadores.

Observa la siguiente tabla y trata de memorizar los diferentes símbolos eléctricos que se representan.

Tipo	Imagen	Símbolo
Pila		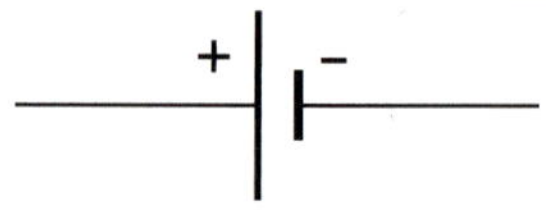
Batería		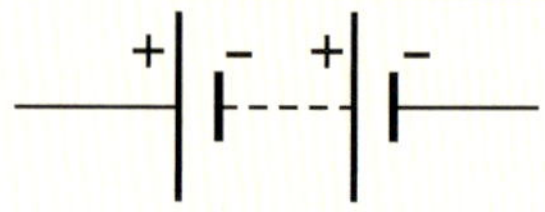
Alternador		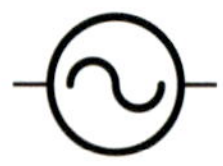
Cable		
Resistencia		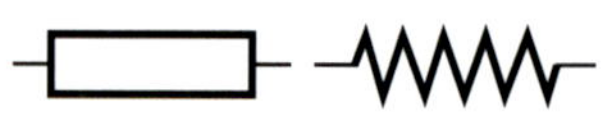
Bombilla		
Timbre		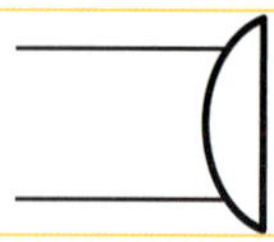
Motor		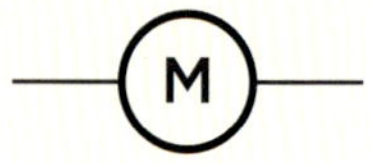
Interruptor		
Pulsador NA		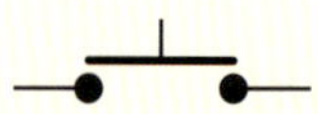
Pulsador NC		
Conmutador		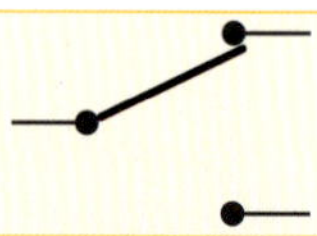
Fusible		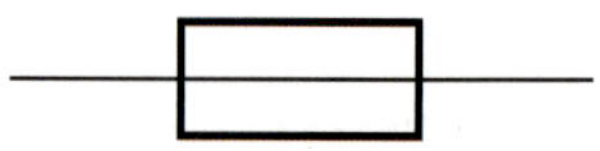

Consulta en **anayaeducacion.es** la presentación «Ejemplos de circuitos y esquemas eléctricos».

7 LA RESISTENCIA ELÉCTRICA

Triángulo de la ley de Ohm

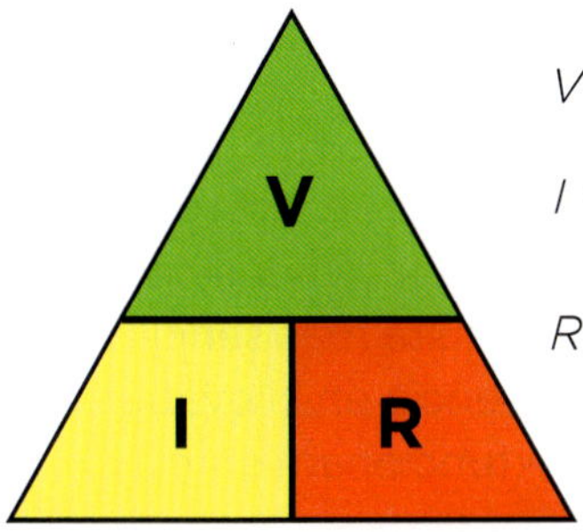

$V = I \cdot R$

$I = \frac{V}{R}$

$R = \frac{V}{I}$

Ejemplos resueltos

Calcula la intensidad que circula por una bombilla de 100 Ω si se conecta a una pila de 5 V.

Solución:

$I = \frac{V}{R} = \frac{5\ \text{V}}{100\ \Omega} = 0{,}05\ \text{A} = 50\ \text{mA}$

Calcula a qué voltaje es necesario conectar una resistencia de 3 Ω para que por ella circule una intensidad de 1,5 A.

Solución:

$V = I \cdot R = 1{,}5\ \text{A} \cdot 3\ \Omega = 4{,}5\ \text{V}$

Calcula el valor de una resistencia por la que circulan 0,25 A al conectarla a una pila de 9 V.

Solución:

$R = \frac{V}{I} = \frac{9\ \text{V}}{0{,}25\ \text{A}} = 36\ \Omega$

7.1 El concepto de resistencia eléctrica

Se define la **resistencia eléctrica** como la mayor o menor dificultad que presenta un cuerpo al paso de la corriente eléctrica.

En función de esta oposición, los materiales se clasifican en conductores, aislantes, semiconductores y superconductores. La resistencia eléctrica de un objeto depende de su composición y de sus dimensiones físicas. La **resistividad** es una propiedad física de los materiales que permite conocer si un material es buen o mal conductor. A mayor resistividad, peor capacidad para conducir la electricidad.

En el sistema internacional, la unidad de resistencia es el **ohmio** y se representa con la letra **Ω**.

7.2 La ley de Ohm

Georg Ohm, científico alemán del siglo XVIII, descubrió la relación que existe entre las tres magnitudes eléctricas fundamentales —intensidad, voltaje y resistencia— y enunció la ley que lleva su nombre:

La intensidad que recorre un circuito eléctrico es directamente proporcional al voltaje aplicado e inversamente proporcional a la resistencia del circuito.

Matemáticamente, se expresa mediante la fórmula:

$$I = \frac{V}{R}$$

Despejando en la fórmula anterior, o con ayuda del triángulo de la **ley de Ohm,** podrás obtener las otras dos expresiones de la ley.

El valor del voltaje dependerá de la batería o fuente de alimentación; dado este valor, la intensidad será pequeña si la resistencia del circuito es grande y será elevada si la resistencia del circuito es pequeña. Valores elevados de intensidad pueden causar daños al circuito; para evitarlos, deben utilizarse elementos de protección.

Magnitud	Símbolo	Unidad	Símbolo de la unidad
Intensidad	*I*	Amperio	A
Voltaje	*V*	Voltio	V
Resistencia	*R*	Ohmio	Ω

Comprende, piensa, investiga...

8 ¿Qué valor expresado en ohmios tiene una resistencia por la que circula una intensidad de 0,5 A cuando es conectada a una batería de 24 V?

9 ¿A qué voltaje es necesario conectar una bombilla de 100 Ω para que por ella circule una intensidad de 1,2 A?

10 ¿Qué intensidad circulará por una bombilla de 90 Ω al ser conectada a una pila de 4,5 V?

11 **Intuyo y deduzco.** Considera dos circuitos con la misma resistencia. Por el primero circula el doble de intensidad que por el segundo. ¿Cómo será el voltaje del segundo circuito?

Experimenta con el laboratorio virtual de la ley de Ohm que te ofrecemos en anayaeducacion.es.

8
LA POTENCIA ELÉCTRICA

Standby

Standby es la situación en la que se encuentran algunos aparatos eléctricos cuando estando enchufados, están a la espera de iniciar su funcionamiento. En esta situación, el aparato tiene un consumo eléctrico, aunque sea muy pequeño. Por eso se recomienda que si no se van a utilizar los aparatos, se desconecten totalmente de la corriente eléctrica.

¿Sabes que el consumo de estos aparatos «en espera» puede llegar a alcanzar hasta el 10 % del consumo total en una vivienda?

Investiga cuántos aparatos de tu casa permanecen la mayor parte del tiempo en espera.

Todos los aparatos eléctricos, en su funcionamiento, consumen energía eléctrica. La cantidad de energía que consumen depende de la potencia eléctrica que desarrollan.

La potencia eléctrica es la cantidad de energía que se consume durante un período de tiempo. La unidad de medida es el **vatio** (W), que se define como el consumo de un julio de energía cada segundo:

$$1\ W = 1\ J/1\ s$$

A pesar de que el julio es la unidad de medida de la energía en el sistema internacional, cuando se habla de energía eléctrica, se prefiere emplear otra unidad, el kilovatio-hora (kWh). Resulta más sencillo calcular la energía consumida multiplicando la potencia en kilovatios por el número de horas que un dispositivo está en funcionamiento.

El valor de la potencia de un aparato eléctrico está escrito en su superficie o en su placa de características. Por ejemplo, las bombillas suelen tener su potencia escrita en el bulbo o en el casquillo. A continuación, puedes ver una tabla comparativa de las potencias de distintos tipos de bombillas que proporcionan una cantidad equivalente de luz.

Tipo de bombilla	Equivalencias lumínicas			
Incandescente	40 W	60 W	75 W	100 W
Halógena	22 W	35 W	47 W	60 W
Bajo consumo	9 W	11 W	15 W	20 W
Led	5 W	8 W	10 W	13 W

Ejemplo resuelto

Una bombilla de 60 W está encendida durante 3 horas diarias en una semana. ¿Qué energía ha consumido en kWh en dicho período?

Solución:

Lo primero que haremos será calcular el número de horas que ha estado encendida la bombilla:

$$7\text{ días} \cdot 3\text{ h/día} = 21\text{ horas}$$

La potencia en kW será:

$$\frac{60\ W}{1000\ W/kW} = 0{,}06\ kW$$

Aplicando la fórmula:

$$E = 0{,}06\ kW \cdot 21\text{ horas} \rightarrow E = 1{,}26\ kWh$$

Comprende, piensa, investiga...

12 Calcula el consumo, en kWh, de los siguientes aparatos durante 30 días: a) Un televisor de 150 W de potencia, funcionando todos los días 3 h diarias. b) Una lavadora de 800 W de potencia, funcionando todos los días durante 1,5 horas. c) Un ordenador de 100 W, funcionando 4 horas un día sí y otro no.

9
DISPOSICIÓN DE RECEPTORES EN UN CIRCUITO

Asociación en serie de resistencias

Asociación en serie de dos resistencias

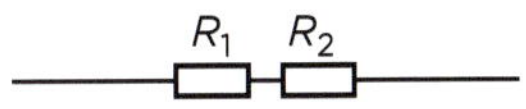

Asociación en serie de tres resistencias

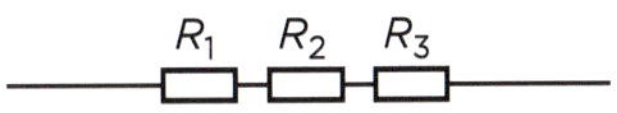

Asociación en serie de *n* resistencias

9.1 Asociación de resistencias. Resistencia equivalente

Los circuitos eléctricos están compuestos habitualmente por más de un receptor. Estos receptores pueden estar asociados de diferentes formas, dando lugar a distintos tipos de circuitos.

Se denomina **resistencia equivalente** a aquella resistencia que sustituye a otras resistencias, con el mismo efecto en el circuito que las resistencias a las que reemplaza.

9.2 El circuito serie

En un circuito **serie,** los receptores están conectados uno a continuación del otro. Tiene el inconveniente de que si uno de los receptores se estropea, el resto dejará de funcionar, puesto que la corriente no podrá circular a través de él.

La **resistencia total** que ofrece el conjunto de receptores es igual a la suma de la resistencia de cada uno de ellos, de acuerdo con la fórmula:

$$R_t = R_1 + R_2 + ... + R_n$$

Por ejemplo, la resistencia total o equivalente de una asociación en serie de dos resistencias de 3 Ω y 5 Ω será una resistencia de:

$$R_t = R_1 + R_2 = 3\ \Omega + 5\ \Omega = 8\ \Omega$$

En un circuito serie, la **intensidad** que recorre todos los elementos es la misma, y corresponde a la intensidad que proporciona el generador.

Sin embargo, el voltaje se reparte entre los diferentes elementos; es decir, la energía que proporciona el generador se distribuye entre todos los receptores del circuito.

Se podrá calcular el **voltaje** en cada punto multiplicando el valor de la intensidad por el valor de cada resistencia.

Si se suman todos los voltajes de las resistencias, el resultado ha de ser igual al valor del voltaje de la pila o generador.

Magnitud	Explicación	Fórmula
Resistencia equivalente	La suma de las resistencias que forman el circuito.	$R_t = R_1 + R_2 + ... + R_n$
Voltaje	El voltaje que proporciona la pila se distribuye entre las diferentes resistencias, cumpliéndose que la suma de los voltajes de las resistencias ha de ser igual al voltaje del generador.	$V_{gen} = V_1 + V_2 + ... + V_n$
Intensidad	Al existir un solo camino para la corriente, esta será la misma para todos los elementos del circuito.	$I = I_1 = I_2 = ... = I_n$

9 DISPOSICIÓN DE RECEPTORES EN UN CIRCUITO

Ejemplo resuelto

En el circuito de la figura de la derecha, calcula:

a) La resistencia equivalente.

b) La intensidad total de la corriente que recorre el circuito.

c) El voltaje en cada resistencia.

d) La intensidad de la corriente que atraviesa cada una de las resistencias.

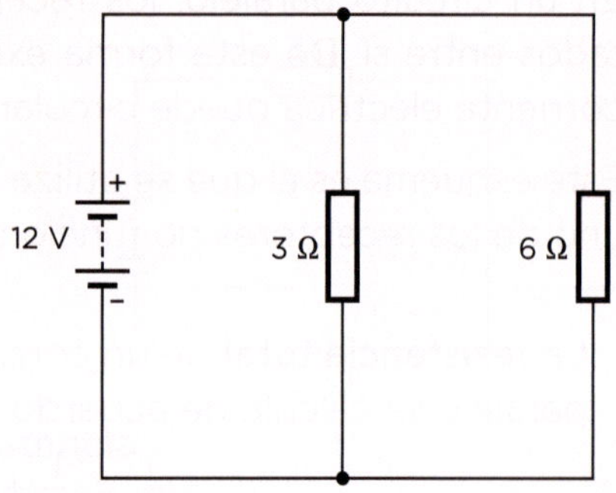

Solución:

a) Como se trata de dos resistencias en paralelo, la resistencia equivalente vendrá dada por la fórmula:

$$R_t = \frac{R_1 \cdot R_2}{R_1 + R_2} = \frac{3 \cdot 6}{3 + 6} = \frac{18}{9} = 2\ \Omega$$

b) Para calcular la intensidad total, aplicamos la ley de Ohm, dividiendo el voltaje entre la resistencia equivalente:

$$I = \frac{V}{R_t} = \frac{12}{2} = 6\ \text{A}$$

c) Como las resistencias están conectadas en paralelo, todas ellas reciben el mismo voltaje.

$$V = V_1 = V_2 = 12\ \text{V}$$

d) Para calcular la intensidad de corriente, bastará con aplicar la ley de Ohm en cada una de las resistencias:

$$I_1 = \frac{V_1}{R_1} = \frac{12}{3} = 4\ \text{A} \quad ; \quad I_2 = \frac{V_2}{R_2} = \frac{12}{6} = 2\ \text{A}$$

Comprende, piensa, investiga...

15 Calcula la resistencia equivalente, la intensidad que proporciona la pila y la que circula por cada resistencia, así como el voltaje en cada bombilla, en cada uno de los siguientes circuitos. Considera todas las bombillas iguales y, por tanto, con la misma resistencia eléctrica de 100 ohmios.

a)

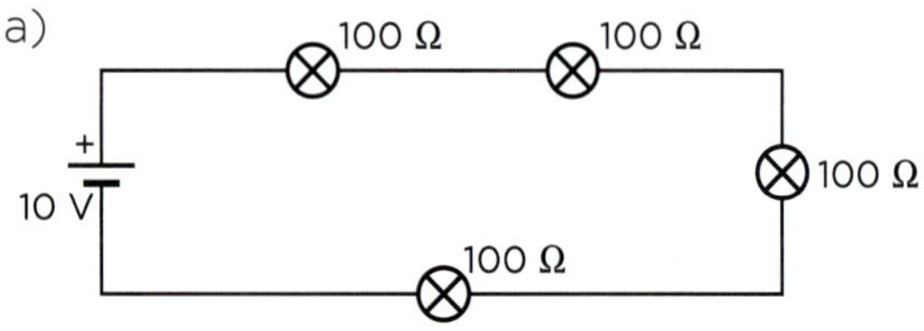

b)

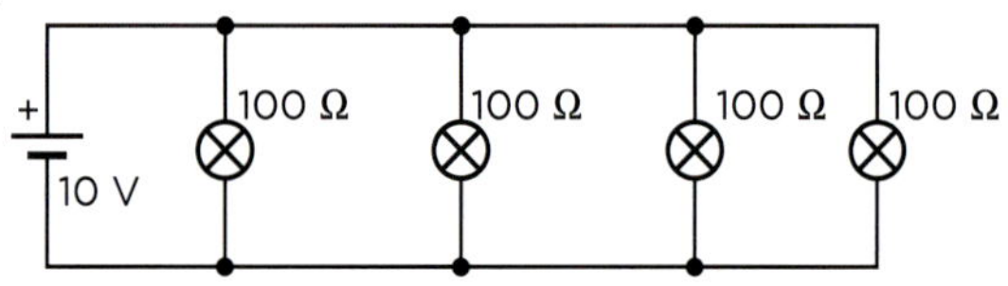

16 Observa los siguientes circuitos equipados con bombillas (L) e interruptores (S). Los interruptores de cada rama podrán estar cerrados y permitir el paso de corriente, o estar abiertos, por lo que no circulará corriente. Según la posición de los interruptores en cada circuito, ¿qué bombillas lucirán y cuáles estarán apagadas?

a)

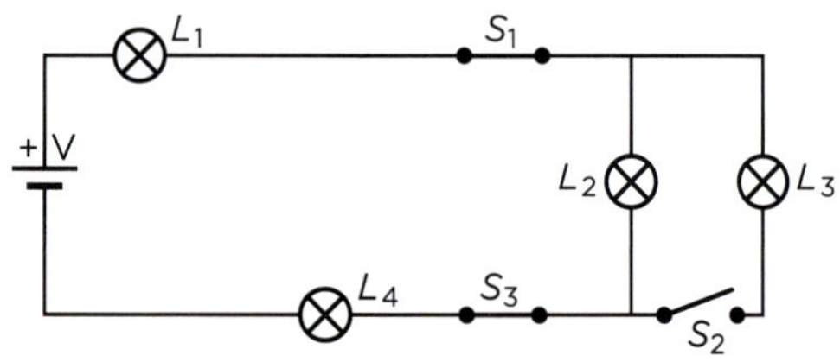

b)

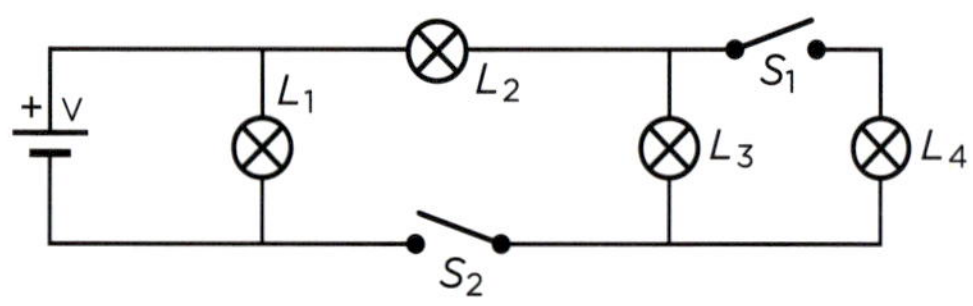

10 LAS FUENTES DE ENERGÍA

Parques eólicos

Los parques eólicos se sitúan en zonas donde existen vientos fuertes y relativamente constantes. Un ejemplo de ello son los ubicados en la costa, donde la constante brisa permite el aprovechamiento continuo de la energía.

La energía eléctrica es la fuente de energía más utilizada por la humanidad. No obstante, a excepción de los fenómenos meteorológicos, necesitamos captar energía desde otras fuentes primarias para convertirla en energía eléctrica en nuestras centrales. De esta forma, podemos distinguir:

- **Fuente de energía primaria,** que es toda forma de energía disponible en la naturaleza antes de ser convertida o transformada. Las fuentes de energía primaria son: el Sol, el viento, el calor interno de la Tierra, el agua, los combustibles fósiles (carbón, petróleo y gas natural), la biomasa y el uranio.
- **Fuente de energía secundaria,** que es aquella que procede de la transformación de una fuente primaria y que está lista para ser almacenada, transportada y utilizada en el lugar de consumo.

Por otra parte, además de esta clasificación se utiliza otra que se basa en determinar si la energía es renovable o ilimitada o si, por lo contrario, la energía está presente de forma limitada en nuestro planeta como es el caso de la energía no renovable.

10.1 Las energías renovables

Por definición, las energías renovables **son aquellas cuyas fuentes no se agotan** a medida que se utilizan para aprovechar su energía; es decir, son aquellas cuyas fuentes **se regeneran a un ritmo igual o mayor que el ritmo al que se consumen.**

Entre las energías renovables de las que podemos sacar provecho, están la energía solar, la energía eólica, la energía geotérmica, la biomasa o la energía del agua.

Energía solar

Es generada por el Sol a partir de las reacciones de fusión nuclear que se producen en su núcleo. La energía liberada en el Sol nos llega a través de la radiación electromagnética, manifestándose de diversas formas: luz visible, radiación infrarroja y radiación ultravioleta.

La energía solar se puede aprovechar de forma directa para la iluminación, la climatización natural, cocinar en un horno solar, producir agua caliente para uso doméstico o calefacción, o para otras tareas cotidianas como secar la ropa. De forma indirecta se utiliza para generar energía eléctrica.

Energía eólica

La energía eólica es la energía que tiene una masa de aire en movimiento, la energía del viento. Su origen está en el Sol, ya que es el irregular calentamiento de las masas de aire lo que provoca las diferencias de presiones que dan lugar a su desplazamiento.

El aprovechamiento de la energía eólica se lleva a cabo fundamentalmente mediante modernos molinos de viento instalados en parques o granjas eólicas, donde la energía del viento es transformada en energía eléctrica. También es posible su aprovechamiento directo como, por ejemplo, en barcos de vela, alas delta y molinos de viento, ya prácticamente en desuso, para la molienda de grano o la extracción de agua.

Comprende, piensa, investiga...

17 El espejo. Andalucía es la primera región de España en aprovechamiento de la energía solar, tanto con plantas termosolares como empleando tecnología fotovoltaica y placas solares para calefacción y agua caliente sanitaria. Averigua y explica con tus propias palabras las diferencias y las similitudes entre las placas fotovoltaicas y las placas de energía térmica solar.

Energía geotérmica

Es la energía que puede obtenerse mediante el aprovechamiento del calor interno de la Tierra. Se utiliza de forma indirecta para la generación de energía eléctrica y directamente para sistemas de calefacción.

Energía de la biomasa

Es la energía que se obtiene a partir de toda materia orgánica de origen vegetal o animal, así como de productos transformados, natural o artificialmente, de los anteriores. El aprovechamiento de la biomasa se puede realizar quemando los residuos para obtener energía eléctrica y energía calorífica, o a través de transformaciones que permitan la obtención de otros combustibles, como, por ejemplo, el biodiésel.

Energía del agua

La energía contenida en el agua, llamada «energía hidráulica», se manifiesta de diferentes maneras, principalmente en forma de energía cinética en el agua en movimiento de un río; corrientes marinas, olas y mareas; y como energía potencial del agua almacenada en una presa.

La energía hidráulica se aprovecha de forma directa como medio de transporte, río abajo, de personas y mercancías, así como para mover norias que sirven para el abastecimiento de agua. De forma indirecta se utiliza en:

- **Centrales hidroeléctricas.** En este tipo de centrales, se aprovecha la energía mecánica del agua que fluye por un río y del agua almacenada en una presa para producir energía eléctrica.
- **Centrales mareomotrices.** La diferencia de altura entre la pleamar y la bajamar permite el aprovechamiento de la energía del movimiento de grandes masas de agua para la obtención de electricidad.
- **Centrales undimotrices.** Aprovechan la energía del movimiento de las olas, originadas por la acción del viento sobre el mar, para generar electricidad.

Central undimotriz

No existe un único modelo de central undimotriz. Recientemente se ha puesto en funcionamiento una central en la que las olas mueven unas boyas fijadas a unos brazos mecánicos.

Central hidroeléctrica

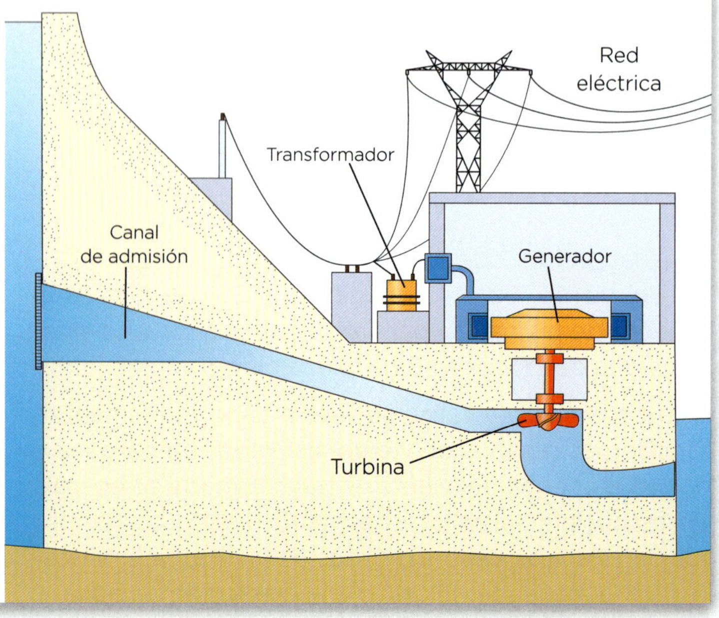

Central mareomotriz

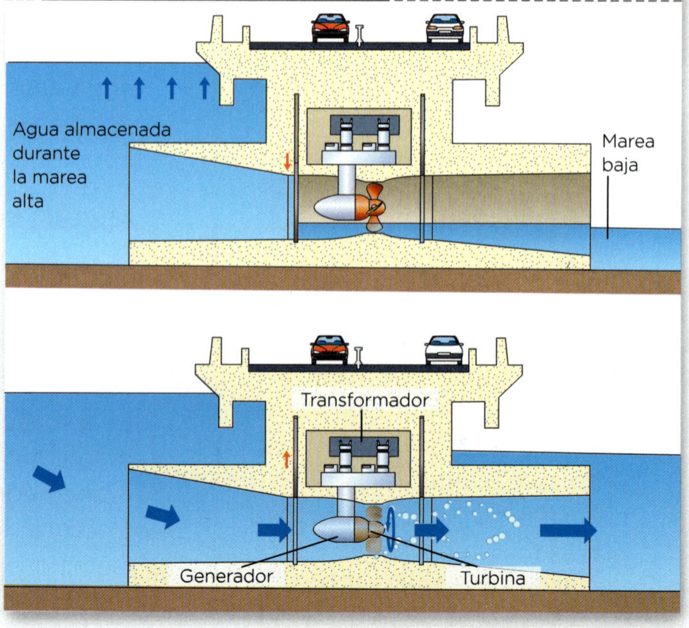

Consulta la presentación «Fuentes renovables de energía» y compara su información con la de la presente página.

10.2. Las energías no renovables

Las **fuentes de energía no renovables** son aquellas que se agotan a medida que se va haciendo uso de ellas, sea porque no se regeneran, o bien porque lo hacen a un ritmo menor al que se consumen. Las fuentes de energía no renovables más importantes son el carbón, el petróleo, el gas natural y el combustible nuclear.

Carbón

El carbón es un combustible fósil que se originó por la descomposición de vegetales que se acumularon en zonas pantanosas o marinas. Está compuesto fundamentalmente por carbono, hidrógeno y oxígeno. El carbón se utiliza sobre todo en la producción de energía eléctrica, pero también en procesos industriales como la fabricación de acero.

Petróleo

El petróleo es una mezcla heterogénea de compuestos orgánicos, básicamente hidrocarburos, insolubles en agua. Procede de la sedimentación, durante millones de años, de zooplancton y algas en los fondos marinos, con la consiguiente descomposición de materia orgánica.

El petróleo es la principal fuente de energía en los países desarrollados. Su aprovechamiento se lleva a cabo a través de su transformación en combustibles que pueden ser utilizados tanto para el transporte como para la producción de energía eléctrica. Del petróleo también se obtienen otros productos, como los plásticos y el asfalto de las carreteras.

Gas natural

El gas natural es una mezcla heterogénea de compuestos orgánicos, principalmente hidrocarburos, en estado gaseoso. Suele encontrarse formando bolsas sobre los yacimientos petrolíferos. Es el combustible fósil menos contaminante y su transformación desde el yacimiento hasta su utilización es mínima. El aprovechamiento del gas natural se lleva a cabo a través de la generación de energía eléctrica y su uso en calefacción o en cocina.

Combustibles nucleares

El uranio es el elemento más empleado para el aprovechamiento energético de los combustibles nucleares.

La obtención de energía se realiza a través de la fisión o rotura de los átomos del isótopo de uranio-235. Cuando un átomo de uranio se fisiona al ser bombardeado por un neutrón, se obtienen dos átomos más ligeros, siendo la masa final menor que la suma de las masas iniciales. Al igual que en la reacción de fusión, esa diferencia de masa se ha transformado en energía. La reacción debe ser controlada puesto que al romperse el átomo de uranio, se liberan neutrones que producen, a su vez, la rotura de átomos de uranio cercanos, liberando así mayores cantidades de energía. Este proceso recibe el nombre de **reacción en cadena.**

La energía liberada se emplea principalmente para la obtención de energía eléctrica, aunque también ha sido utilizada con fines destructivos en forma de armas nucleares.

Fisión nuclear

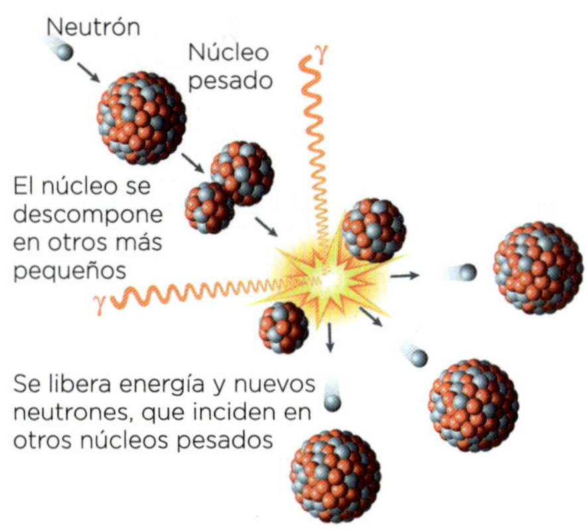

La fisión nuclear se consigue rompiendo un núcleo al bombardearlo con neutrones.

El núcleo se divide en dos fragmentos y unos pocos neutrones que pueden romper más núcleos, produciéndose una reacción en cadena. Para controlar esta reacción se utiliza un material moderador, capaz de frenar a los neutrones.

Complementa la información de estas páginas con la presentación «Centrales eléctricas» y el documento «Ventajas e inconvenientes de la energía nuclear».

11
LA GENERACIÓN Y EL TRANSPORTE DE LA ENERGÍA ELÉCTRICA

La generación de la energía eléctrica

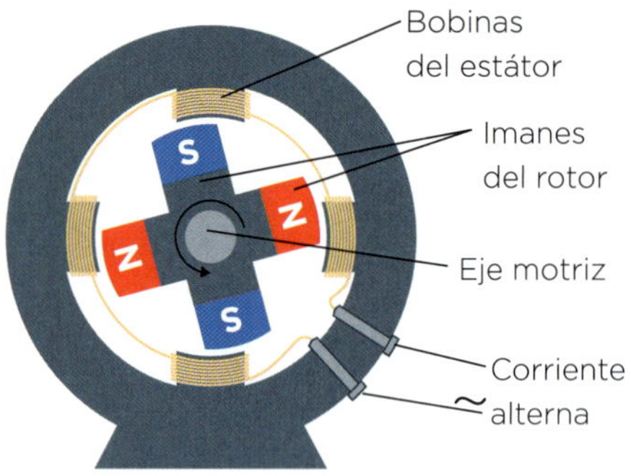

Este alternador está formado por un rotor con imanes permanentes y por un estátor con cuatro bobinas.

El rotor, al girar, produce constantes cambios en los campos magnéticos a los que están sometidas las bobinas, lo que genera en ellas (induce) una corriente alterna. Esta corriente se transmite a través de sus terminales a un transformador.

11.1 La producción de electricidad. Centrales eléctricas

La corriente eléctrica que llega a nuestras viviendas se genera en centrales eléctricas. La mayoría de estas instalaciones están provistas de turbinas y alternadores. La diferencia entre unas centrales y otras radica en la fuente de energía que se utiliza para mover la turbina.

En las **centrales térmicas de combustión,** la energía se obtiene a partir del calor que se genera al quemar carbón, fuel, gas natural, madera o cualquier otro combustible.

En las **centrales térmicas nucleares,** la energía necesaria para generar el vapor que moverá la turbina se obtiene a partir de reacciones controladas de fisión nuclear.

En las **centrales térmicas solares,** se aprovecha el calor del Sol para generar el vapor capaz de mover la turbina.

11.2 El alternador

El alternador es una máquina que **transforma la energía mecánica en energía eléctrica.** La energía que produce el movimiento del alternador puede proceder del vapor de agua generado a temperatura y presión elevadas en una central nuclear o térmica, del agua que cae en una central hidroeléctrica, del viento o de las olas, entre otras fuentes.

Los generadores constan de una parte fija que recibe el nombre de **estátor,** y una parte móvil, llamada **rotor.** En el alternador de la figura, el estátor está formado por bobinas de hilo conductor, y el rotor, por un conjunto de imanes.

Su funcionamiento se basa en la relación que existe entre la electricidad y el magnetismo por la que en un hilo conductor se crea una **corriente eléctrica inducida** por los campos magnéticos generados por imanes en movimiento.

Central eléctrica nuclear

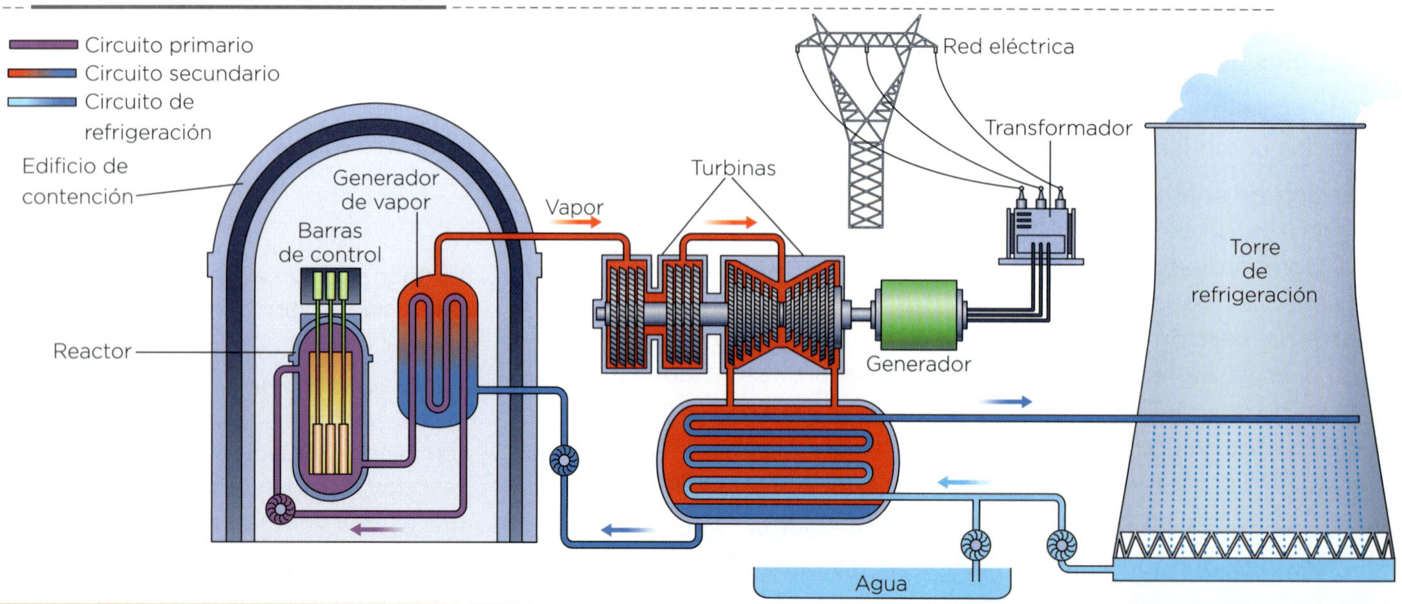

11.3 Las líneas de transporte

La electricidad debe ser transportada desde el lugar donde se produce hasta los puntos de consumo: industrias, hogares, alumbrado, etc. En cada instante, la electricidad que se genera debe ser igual a la que se consume, puesto que no es posible almacenarla en grandes cantidades.

No todas las líneas de transporte y distribución tienen el mismo voltaje. En función de este se clasifican en líneas de baja, media y alta tensión.

Centro de transformación.

11.4 Las estaciones de transformación

La energía eléctrica se genera a un voltaje entre 5 y 25 kV (media tensión); para reducir las pérdidas en el transporte, es necesario aumentar esa tensión entre 222 kV y 400 kV (alta tensión); posteriormente habrá que volver a reducir la tensión para el consumo en la industria a 690 V, y en los hogares a 230 V.

El voltaje se modifica mediante el uso de transformadores. Estas máquinas se encuentran en las llamadas estaciones o centros de transformación.

Transformación y transporte de la corriente eléctrica

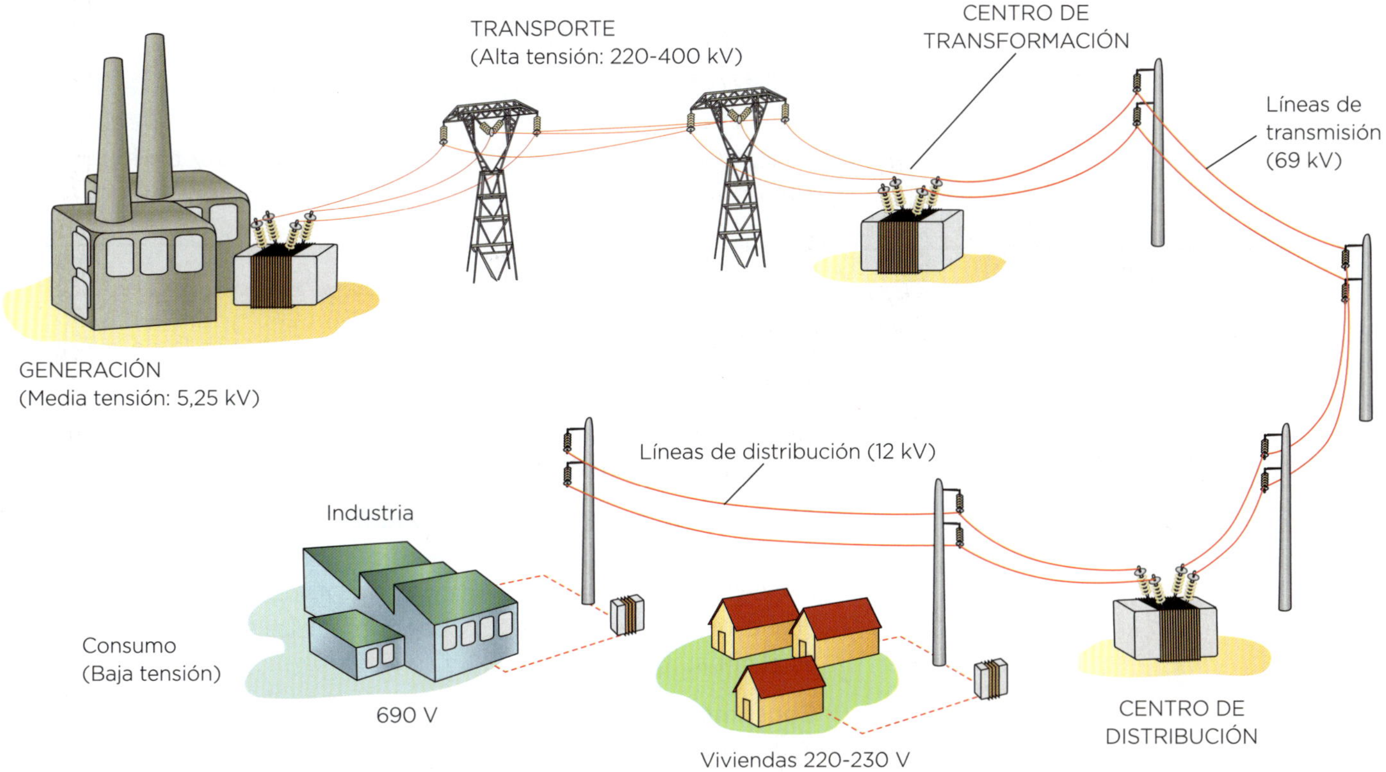

Comprende, piensa, investiga...

18 Infórmate sobre el efecto Joule y los problemas que origina en el transporte de la electricidad a grandes distancias. ¿Por qué es importante transportar la energía eléctrica a tensiones elevadas?

19 En algunos países se compensa económicamente a los ciudadanos que viven cerca de líneas de transporte de energía eléctrica. Infórmate del porqué y escribe la justificación.

Puedes ampliar la información de esta página consultando el documento «Transformadores».

12
EL CÓDIGO DE EFICIENCIA ENERGÉTICA

12.1 El etiquetado energético

El rendimiento energético es la relación que existe entre la energía extraída de un sistema, o energía útil (E_u) que realmente obtenemos, y la energía suministrada (E_s) a dicho proceso o sistema.

$$\text{Rendimiento} = \frac{E_u}{E_s}$$

Un dispositivo es **energéticamente eficiente** cuando tiene un elevado rendimiento energético. Quiere decir que aprovecha al máximo la energía suministrada, reduciendo al mínimo las pérdidas de energía.

Debido a la importancia de ahorrar energía y reducir las emisiones de dióxido de carbono, el Parlamento Europeo exige el etiquetado energético de los electrodomésticos para poder identificar su nivel de eficiencia energética.

El etiquetado energético es obligatorio en frigoríficos, congeladores, lavadoras, lavavajillas, secadoras, lavadoras-secadoras, fuentes de luz, hornos eléctricos, climatizadores, campanas extractoras, calentadores de agua, aspiradoras, televisores e, incluso, neumáticos.

La utilización de electrodomésticos energéticamente eficientes permite el ahorro de energía y agua en los hogares, lo que contribuye a hacer un uso más eficiente de la energía y de los recursos naturales.

12.2 Campos de la etiqueta energética

La etiqueta energética tiene una apariencia similar a la de la figura de la página siguiente. En ella destacan los siguientes campos:

- **Marca y modelo.** Debe incorporar el nombre del fabricante y el modelo del electrodoméstico al que corresponde.
- **Clasificación energética del producto.** Es el dato más relevante de la etiqueta e indica la categoría de consumo en la que se encuentra el electrodoméstico en relación con el consumo medio de electrodomésticos del mismo tipo. Cuanto más alta es la categoría, menor es el consumo energético.
- **Consumo eléctrico anual,** expresado en kWh y calculado bajo unas condiciones de uso estandarizadas.
- **Otras características,** en función del tipo de electrodoméstico. Por ejemplo, en una lavadora, aparte del consumo energético anual y su categoría energética, se incluye el número de litros de agua por ciclo y la cantidad de ropa que puede lavar, así como el ruido durante el lavado y el centrifugado.
- **Código QR.** En los dispositivos con el etiquetado más actual, el código QR da acceso a una descripción del modelo en la base de datos de registro de la Unión Europea.

La etiqueta energética

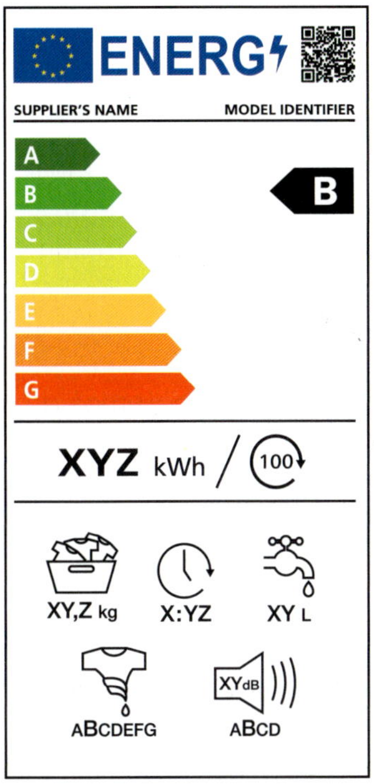

Marca y modelo

Clasificación energética del producto

Consumo eléctrico (anual o en 100 ciclos)

Otras características de este tipo de electrodoméstico

INTERPRETACIÓN DE LAS ETIQUETAS **Tomando como referencia un frigorífico promedio de clase G**		
Los más eficientes	A	Menos del 20 %
	B	Entre el 20 % y el 30 %
	C	Entre el 30 % y el 40 %
Los que presentan consumo medio	D	Entre el 40 % y el 50 %
	E	Entre el 50 % y el 70 %
Alto consumo de energía	F	Entre el 70 % y el 85 %
	G	Entre el 85 % y el 100 %

Comprende, piensa, investiga...

20 **Solución a cuatro.** Compara la antigua y la nueva etiqueta de eficiencia energética de los productos. En tu opinión, ¿cuáles son las ventajas y los inconvenientes que presenta cada una de ellas?

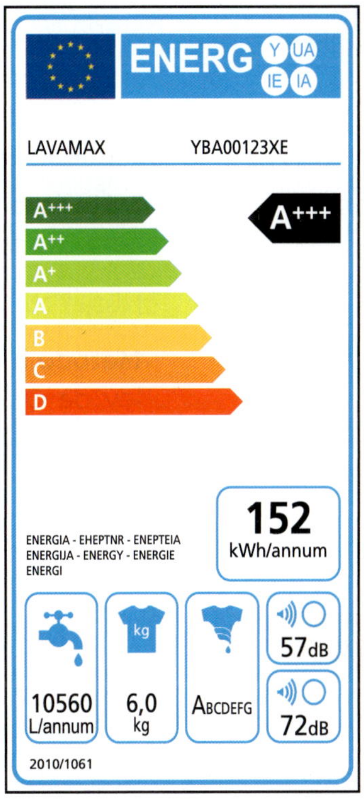

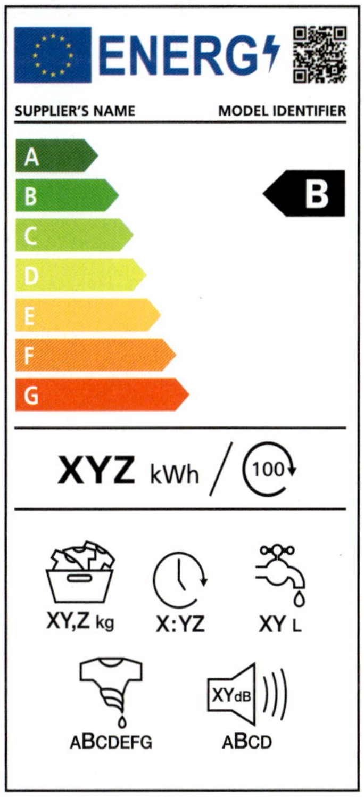

21 Los tamaños de los televisores suelen venir indicados en pulgadas. ¿Sabes en qué sistema de medida se utiliza esta unidad?, ¿a cuántos centímetros corresponde?

22 Averigua el significado de los siguientes pictogramas e indica en qué tipo de electrodoméstico crees que podrías encontrarlos:

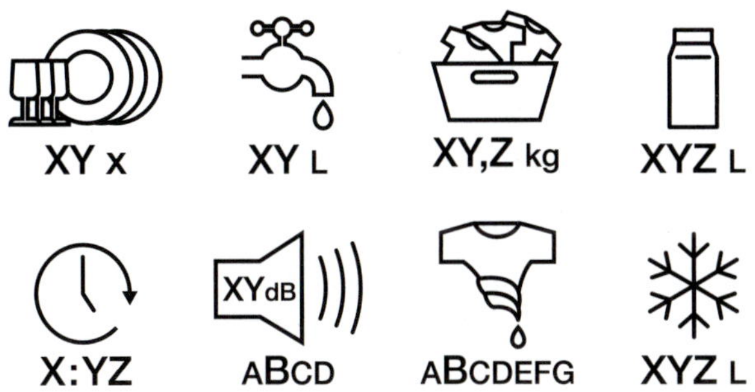

MEDIDAS ELÉCTRICAS

PRESENTACIÓN DEL PROYECTO

A partir de un esquema eléctrico se pueden calcular las magnitudes eléctricas como la intensidad eléctrica y el voltaje. En este proyecto podrás montar el circuito físicamente y, con el uso de un multímetro, comprobar los resultados calculados.

ESTUDIO TEÓRICO DEL CIRCUITO

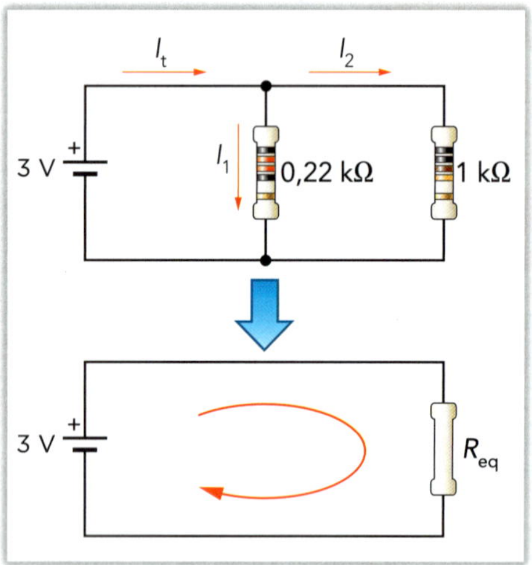

Vamos a abordar un circuito paralelo. Para ello, dispondremos de una batería de 3 voltios a la que conectaremos dos resistencias de 220 ohmios y 1000 ohmios, respectivamente. El esquema se corresponde con el mostrado en la figura. Primero calcularemos los valores de la intensidad y el voltaje en todos los elementos.

Practica tú mismo con la solución del circuito y comprueba tus resultados con los que se proporcionan en la tabla de soluciones. En color negro se han dispuesto los datos del problema y en rojo están los valores que se han calculado a partir de los datos.

Componente	Voltaje [V]	Intensidad [mA]	Resistencia [KΩ]
Batería	3	**16,63**	
R_1	3	**13,63**	0,22
R_2	3	**3**	1

Observa que se ha dejado un hueco en la celda correspondiente a la resistencia de la batería. Esta resistencia no existe, pero en su lugar se puede calcular el valor de la resistencia equivalente que detecta la batería (R_{eq}).

Para comprobar que los resultados son correctos, puedes calcular el valor de dicha resistencia equivalente mediante dos métodos, que a continuación se indican:

- **Método a:** Cálculo de la resistencia equivalente por asociación en paralelo de resistencias.

$$R_{eq} = \frac{R_1 \cdot R_2}{R_1 + R_2} = \frac{1 \cdot 0{,}22}{1 + 0{,}22} = 0{,}18 \text{ k}\Omega = 180\ \Omega$$

- **Método b:** Cálculo de la resistencia equivalente por aplicación de la ley de Ohm. En este caso, disponemos del voltaje de la pila y de la intensidad que emite, y por tanto:

$$R_{eq} = \frac{V}{I} = \frac{3 \text{ V}}{16{,}63 \text{ mA}} = 0{,}18 \text{ k}\Omega = 180\ \Omega$$

MEDIDAS EN EL CIRCUITO

Para montar el circuito, vas a necesitar:

- Una placa de prototipado o *breadboard.*
- Una resistencia de 1 kΩ, una resistencia de 220 Ω.
- Una batería de 3 V montada a partir de dos pilas de 1,5 V tipo AA.
- Multímetro digital.

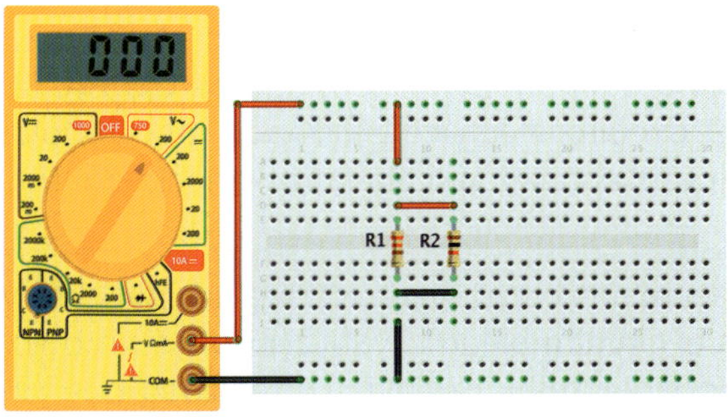

Primera medida: Resistencia equivalente

Para medir la resistencia equivalente, **es importante que NO conectes las pilas** al circuito. Replica el montaje de la izquierda. En él puedes observar que se ha utilizado el multímetro para conectar el montaje en paralelo de las dos resistencias. Cambia el selector a la escala adecuada en el sector indicado con el símbolo **Ω** y toma nota del valor que aparece en la pantalla.

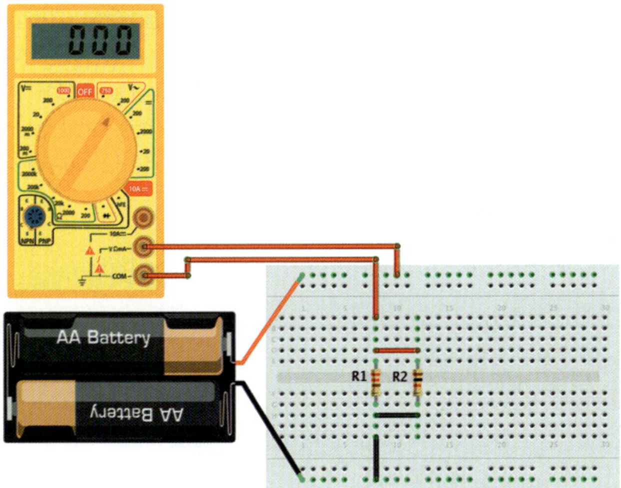

Segunda medida: Intensidad total del circuito

Ahora conecta la batería a los mismos puntos donde habías conectado el multímetro en la práctica anterior. Para poder medir la intensidad eléctrica que cede la batería al circuito, habrá que insertar el multímetro en serie. Realiza el montaje y observa como los cables rojos están asociados a los puntos del circuito que tienen el voltaje mayor.

Cambia el selector a la escala adecuada en el sector indicado con el símbolo **A** y toma nota del valor que aparece en la pantalla.

Comprobación de resultados y análisis de errores

Para analizar los errores, se van a utilizar el error absoluto y el error relativo:

El **error absoluto** es la diferencia entre el valor calculado y el valor medido. Por ejemplo, si has calculado que una resistencia es de 3,2 ohmios y la medida es de 3,1 ohmios, el error absoluto será:

$$E_a = 3,2 - 3,1 = 0,1\ \Omega$$

El **error relativo** indica el grado de error, es decir, el porcentaje de error de la medida. Se calcula dividiendo el error absoluto entre el valor calculado, y todo ello se multiplica por cien para ofrecer el dato como un porcentaje. En el ejemplo anterior, el error relativo será:

$$E_r = \frac{0,1\ \Omega}{3,2\ \Omega} \cdot 100 = 3,13\,\%$$

Copia en el cuaderno esta tabla, incluye los valores que has medido y calcula los errores:

Magnitud	Valor calculado	Valor medido	Error absoluto	Error relativo
Resistencia equivalente	180 Ω			
Intensidad por el circuito	16,63 mA			

¿Crees que los porcentajes de error relativo que has obtenido son bajos? ¿Se pueden dar por válidas las medidas? Justifica tu respuesta.

Recuerda seleccionar el material de trabajo de esta unidad para tu **portfolio.**

TRABAJA CON LO APRENDIDO

La corriente eléctrica y el circuito eléctrico

1 Define «corriente eléctrica» con tus propias palabras.

2 ¿Qué es un circuito eléctrico? ¿Qué elementos lo componen? ¿Cuáles de ellos deben estar obligatoriamente presentes para considerarse un circuito eléctrico?

3 ¿Qué es el átomo? ¿Qué elementos lo forman?

Componentes del circuito eléctrico

4 Indica una característica de cada uno de los tipos de generadores de voltaje.

5 Explica, con tus propias palabras, el concepto de voltaje. ¿Qué relación existe entre el voltaje, la energía y la carga eléctrica?

6 ¿Cómo se clasifican los materiales según permitan el paso o no de la corriente eléctrica? Escribe tres ejemplos de cada uno de ellos.

7 Haz una tabla en tu cuaderno en la que desarrolles una clasificación de los diferentes receptores estudiados; indica las transformaciones de energía que se producen en cada uno de ellos.

8 ¿Qué diferencia existe entre un pulsador, un interruptor y un conmutador? Dibuja, además, sus símbolos.

9 Dibuja de memoria al menos seis símbolos de dispositivos eléctricos empleados en los esquemas.

La resistencia eléctrica

10 ¿Qué crees que significa que en un circuito simple con un generador y una resistencia eléctrica conectados mediante conductores, cuanto más voltaje tenga el generador más corriente fluirá por él? Indica qué relación tiene esta expresión con la ley de Ohm.

11 Copia y completa la siguiente tabla en la que aparecen las magnitudes eléctricas fundamentales, sus siglas, unidades y símbolos.

Magnitud	Símbolo	Unidad	Símbolo
Voltaje			
		Amperio	
	R		

12 Copia la tabla y aplica la ley de Ohm para completarla.

Voltaje (V)	Intensidad (A)	Resistencia (Ω)
33	11	
150		75
	2,5	20

13 Se conecta un timbre a una pila de 4,5 V y se mide a través del timbre una intensidad de 0,05 A. Dibuja el circuito eléctrico utilizando los símbolos correspondientes y calcula la resistencia del timbre.

14 Se conecta una bombilla de 100 Ω a una pila de 9 V. Dibuja el circuito eléctrico utilizando los símbolos correspondientes y calcula la intensidad que circula por la bombilla.

15 Considera que un motor eléctrico se puede representar como una resistencia de 36 Ω. A través del motor circula una intensidad eléctrica de 0,5 A. Dibuja el circuito eléctrico utilizando los símbolos correspondientes y calcula el voltaje de la pila a la que debe ser conectado el motor.

Disposición de receptores en un circuito

16 Calcula la resistencia equivalente de las siguientes agrupaciones de resistencias:

Agrupación 1

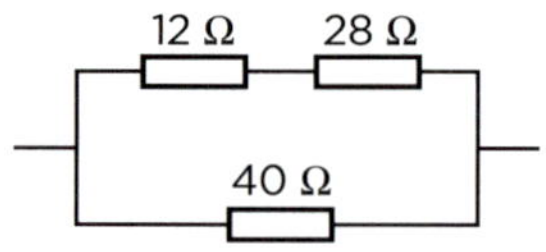

Agrupación 2

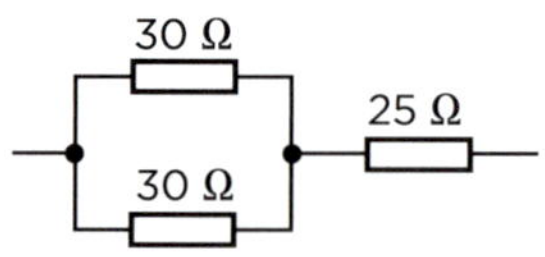

17 Indica si las siguientes agrupaciones de resistencias están conectadas en serie o en paralelo y calcula su resistencia equivalente.

Circuito 1

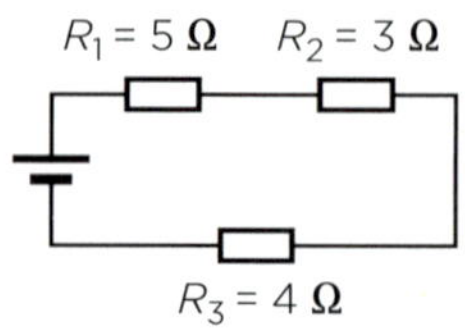

Circuito 2

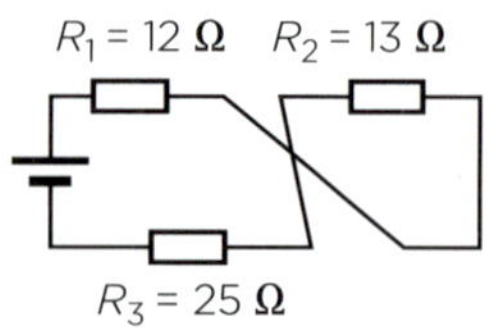

Circuito 3

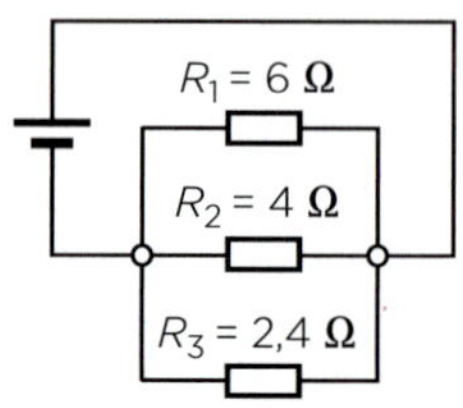

Circuito 4

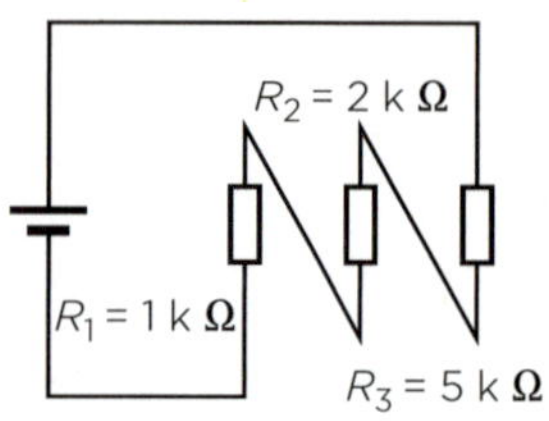

Para ayudarte a comprobar tus conocimientos consulta el mapa interactivo y completa la actividad interactiva ¡Ponte a prueba! de esta unidad.

18 Escribe, uno a uno, los pasos necesarios para resolver un circuito paralelo y un circuito serie. Utiliza en ambos circuitos dos resistencias de 15 kΩ y 5 kΩ, y una pila de 5 V.

19 Realiza en tu cuaderno un cuadro comparativo de las características de los circuitos serie y paralelo, incluyendo su resistencia equivalente, su intensidad y su voltaje.

20 Has estudiado que para calcular la resistencia equivalente de dos resistencias en paralelo se requiere aplicar la operación inversa de la suma de los valores inversos, pero también has estudiado que se obtiene el mismo valor equivalente al dividir el producto de ambas por su suma. Demuestra esta igualdad matemáticamente.

21 Hay 4 bombillas iguales en un circuito, 2 conectadas en serie y otras 2 en paralelo. ¿Qué pareja de bombillas se iluminará más? Justifica tu respuesta.

La energía eléctrica

22 **Efecto y alcance.** Enumera las ventajas y las desventajas que supone el uso de la energía eléctrica. Haz una tabla con dos columnas, en la de la derecha enumera las ventajas y en la de la izquierda los inconvenientes.

23 ¿En qué principio físico se basa el funcionamiento del alternador?

24 Indica, al menos, tres elementos empleados en las líneas de distribución de energía eléctrica.

25 ¿Qué dispositivo eleva el valor del voltaje generado para que pueda ser transportado?

El consumo eléctrico en los hogares

26 ¿Cuáles son los electrodomésticos que deben incorporar obligatoriamente el etiquetado de eficiencia energética?

27 Haz una lista de la información más importante que ha de contener una etiqueta de eficiencia energética. ¿Se te ocurre algún otro aspecto importante que pueda ser incluido?

28 **Línea del tiempo.** Busca información de las diferentes tecnologías utilizadas en la fabricación de los televisores electrónicos desde su aparición en el año 1936. Ordénalas en una línea de tiempo.

29 **Intuyo y deduzco.** Actualmente existen en el mercado frigoríficos que incorporan pantallas táctiles, conexión inalámbrica y otros avances tecnológicos. ¿Para qué crees que se pueden utilizar estas innovaciones?

30 ¿Qué cocinas conoces que funcionen con una fuente de energía distinta de la energía eléctrica? ¿Cuáles son sus ventajas e inconvenientes?

31 Existen frigoríficos que no funcionan con energía eléctrica. Busca información sobre ellos y haz una grabación de voz o de vídeo explicando su funcionamiento.

32 ¿Qué crees que significa la expresión «Han saltado los plomos»? ¿Han «saltado los plomos» en tu casa alguna vez? ¿Por qué ocurre este fenómeno? Pide ayuda en casa para identificar el término de potencia contratada en una factura eléctrica y explica en qué consiste.

33 **Asamblea de ideas.** Piensa en medidas para reducir el consumo de electricidad en tu domicilio y en tu instituto. Trabajad en grupos para elaborar una lista de medidas de ahorro y ponedlas en común con el resto de grupos de tu clase.

34 Piensa ahora en medidas para ahorrar en el consumo de agua, de calefacción y de gas. Trabajad de forma análoga a la de la actividad anterior.

35 ODS Clasifica las medidas de ahorro consensuadas en los ejercicios anteriores en función de los recursos y de la dificultad para llevarlas a cabo. ¿Serías capaz de comprometerte a cumplir, al menos, cinco de ellas?

36 Haz una lista de los electrodomésticos que tenéis en casa. Trata de encontrar en Internet o en su placa de características la potencia que consume en kilovatios (kW). Pregunta en casa cuántas horas creen que están funcionando al día. Multiplica la potencia de cada electrodoméstico por las horas de funcionamiento. Suma todos los valores obtenidos y compara la cifra obtenida con tus compañeras y compañeros para ver quién consume más y quién consume menos.

37 Visualiza en Internet el documental de Documentos TV «La tragedia electrónica», donde se trata el problema del tráfico ilegal de residuos electrónicos. Identifica quiénes son los culpables, quiénes los beneficiados y quiénes los perjudicados por este tráfico. ¿Qué medidas podrías tomar como consumidor? Debate tus propuestas con tus compañeros y compañeras en clase.

anayaeducacion.es En el banco de recursos encontrarás documentos que explican cómo utilizar las técnicas o las llaves indicadas en algunas actividades.

6

HARDWARE Y SISTEMAS OPERATIVOS

Un mundo programable

Los equipos informáticos son considerados por algunos como uno de los mayores logros tecnológicos de la humanidad. Hoy en día existen sistemas informáticos para controlar la mayoría de las actividades humanas.

La invención del microprocesador ha permitido que todo tipo de equipos eléctricos –incluidos los electrodomésticos, los coches, los televisores, etc.–, puedan ser controlados y configurados por el usuario. Observa a tu alrededor y podrás comprobarlo.

COMPROMISO ODS

ODS

Cuidar el planeta es una tarea diaria que debemos integrar en nuestra forma de vida. Para colaborar a alcanzar las **metas 7.3** y **11.6**, comienza analizando algunos de los objetos y productos de casa. Si en algún momento te surgen dudas acerca de por qué utilizáis unos y no otros, pregunta a tu familia qué les motivó a elegirlos y, en su caso, si se podrían cambiar por otros más ecológicos.

Por ejemplo, compara el monitor de vuestro PC con otros dos modelos de monitor de fabricantes distintos. Deben tener características similares en cuanto a tamaño, conexiones, luminosidad, etcétera. Fíjate especialmente en el consumo de energía en funcionamiento y el consumo en modo de espera. Crea una tabla para compararlos y establece un sistema de puntos para cada categoría, en este caso 0, 1 y 2, dándole 0 al que cumpla peor con alguna característica y 2 al mejor. Si todos tienen alguna propiedad idéntica, se les dan 0 puntos a todos, y si dos coinciden pero hay uno distinto, usa solo 0 y 1. Compara también los precios y, por último, redacta un argumento para tomar la decisión de qué monitor elegir si tuvieras que comprarlo ahora.

Para conocer mejor las **metas 7.3** y **11.6**, puedes consultar los vídeos que encontrarás en nuestra web **anayaeducacion.es**.

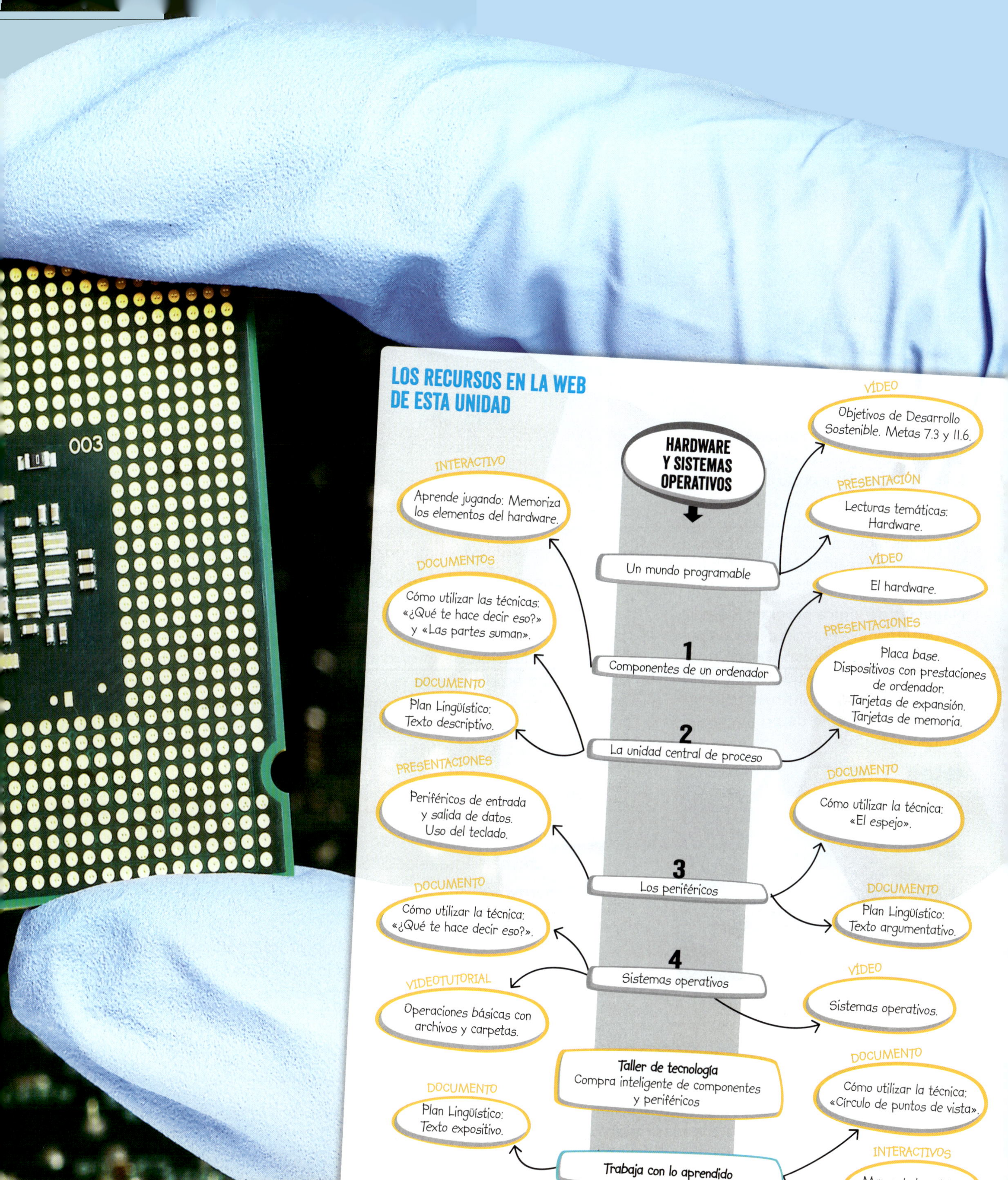

LOS RECURSOS EN LA WEB DE ESTA UNIDAD

HARDWARE Y SISTEMAS OPERATIVOS

Un mundo programable
- VÍDEO: Objetivos de Desarrollo Sostenible. Metas 7.3 y 11.6.
- PRESENTACIÓN: Lecturas temáticas: Hardware.
- INTERACTIVO: Aprende jugando: Memoriza los elementos del hardware.

1 Componentes de un ordenador
- VÍDEO: El hardware.
- DOCUMENTOS: Cómo utilizar las técnicas: «¿Qué te hace decir eso?» y «Las partes suman».

2 La unidad central de proceso
- PRESENTACIONES: Placa base. Dispositivos con prestaciones de ordenador. Tarjetas de expansión. Tarjetas de memoria.
- DOCUMENTO: Plan Lingüístico: Texto descriptivo.

3 Los periféricos
- PRESENTACIONES: Periféricos de entrada y salida de datos. Uso del teclado.
- DOCUMENTO: Cómo utilizar la técnica: «El espejo».
- DOCUMENTO: Plan Lingüístico: Texto argumentativo.

4 Sistemas operativos
- DOCUMENTO: Cómo utilizar la técnica: «¿Qué te hace decir eso?».
- VIDEOTUTORIAL: Operaciones básicas con archivos y carpetas.
- VÍDEO: Sistemas operativos.

Taller de tecnología
Compra inteligente de componentes y periféricos

Trabaja con lo aprendido
- DOCUMENTO: Plan Lingüístico: Texto expositivo.
- DOCUMENTO: Cómo utilizar la técnica: «Círculo de puntos de vista».
- INTERACTIVOS: Mapa de la unidad. ¡Ponte a prueba!

1 COMPONENTES DE UN ORDENADOR

Tipos de máquinas lógicas

Las máquinas capaces de ejecutar algoritmos se dividen en:

Máquinas de lógica cableada, en las que los algoritmos se encuentran instalados físicamente en su interior y tan solo procesan los datos que se les suministran, como las calculadoras o las máquinas registradoras de las tiendas. Solo pueden realizar las operaciones para las que fueron diseñadas.

Máquinas de lógica programada, que reciben el nombre específico de «computadoras» u «ordenadores». Tienen instalados unos pocos algoritmos elementales con los que pueden construir otros más complejos en forma de programas, o aplicaciones.

El ordenador es un sistema electrónico que integra diversos dispositivos con el fin de procesar la información en forma de datos. Para ello es necesario que el sistema realice operaciones a gran velocidad.

Las principales operaciones que un ordenador lleva a cabo se clasifican en:

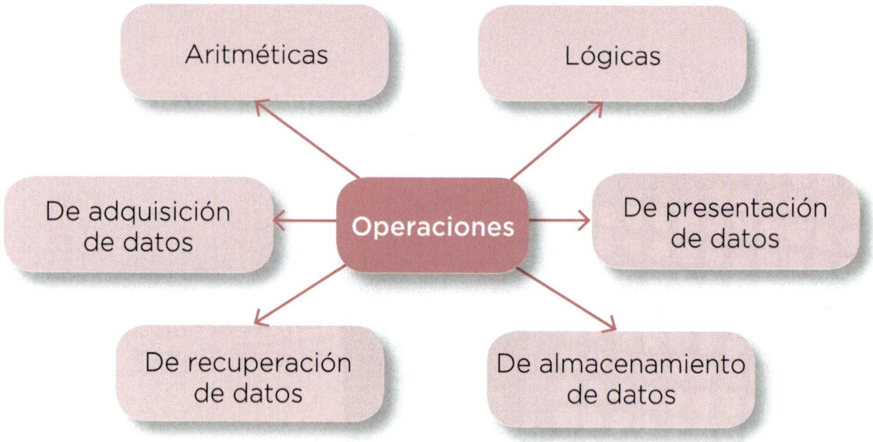

Las **operaciones aritméticas y lógicas** son la base sobre la que se elaboran y se ejecutan los programas, tanto para los cálculos matemáticos como para dirigir el funcionamiento de los componentes del ordenador.

Las **operaciones de almacenamiento y recuperación** permiten guardar y cargar datos en el ordenador o en sistemas externos conectados a él.

La introducción de información en el ordenador, cualquiera que sea el medio empleado, se hará a través de las **operaciones de adquisición.** Por el contrario, las **operaciones de presentación** se llevarán a cabo cuando los usuarios quieran visualizar cualquier información, por ejemplo, en un monitor o en un documento impreso en papel.

1.1 Partes principales de un sistema informático

Un ordenador está formado por dos partes bien diferenciadas, pero muy estrechamente relacionadas entre sí:

- El **hardware,** que está constituido por los elementos físicos del ordenador, aquellos que podemos tocar.
- El **software,** que se compone de programas: instrucciones y algoritmos, que son los elementos lógicos necesarios para que el ordenador ejecute las tareas encomendadas.

Comprende, piensa, investiga...

1 Escribe una lista en tu cuaderno en la que aparezcan las partes que reconoces de un ordenador. Anota junto a cada una de ellas la función que tiene.

2 Compara el modo de interactuar con un ordenador personal y con un teléfono móvil. ¿Cómo introduces datos en cada uno? ¿Dónde recibes la respuesta de la máquina a tus acciones?

Antes de seguir profundizando en este epígrafe, visita nuestra web **anayaeducacion.es** donde encontrarás una breve historia de la informática y un vídeo sobre el hardware.

1.2 Arquitectura de un ordenador

La arquitectura de un ordenador es la **configuración** y la **organización** de sus componentes físicos.

Así, un ordenador personal puede tomar la forma de torre equipada con periféricos, de un equipo portátil, de un *notebook* o de una tableta.

Todas estas configuraciones poseen el mismo tipo de dispositivos, tanto los que se alojan en el interior de la carcasa del equipo como los que se conectan externamente.

Dispositivos internos	Dispositivos externos
Fuente de alimentación. Placa base o placa madre. Microprocesador. Memoria RAM o principal. Disco duro o SSD (unidad de estado sólido o *Solid State Drive*).	Periféricos de entrada de datos (teclado, ratón, pantalla táctil, *track pad,* micrófono y *joystick*). Periféricos de salida de datos (pantalla, altavoces e impresora). Periféricos bidireccionales (módem, enrutador o rúter, disco duro externo).

¿Ordenador o computador?

La palabra «ordenador» procede del francés *ordinateur,* mientras que «computador» (o computadora) procede del inglés *computer,* que a su vez deriva del latín *computare.* Las dos palabras, ordenador y computador, hacen referencia al mismo objeto, si bien en España es más frecuente usar ordenador y en Latinoamérica, computador o computadora.

Componentes de un ordenador de sobremesa

anayaeducacion.es Aprende jugando con la actividad interactiva «Memoriza los elementos del hardware».

2 LA UNIDAD CENTRAL DE PROCESO

Las tecnologías de la información y la comunicación han tenido un gran auge durante los siglos XX y XXI. Los sistemas informáticos han tenido un proceso de desarrollo en el que muchas ideas no llegaron a convertirse en dispositivos útiles, pero han servido como base para llegar a lo que conocemos hoy en día como «mundo digital».

ENIAC

El primer ordenador que se construyó siguiendo la arquitectura diseñada por Von Neumann fue el ENIAC, una computadora que ocupaba el espacio de varias habitaciones de un edificio en la ciudad de Cambridge y que contaba con tal cantidad de dispositivos electrónicos que cada vez que se ponía en funcionamiento, el suministro eléctrico de la ciudad se resentía.

2.1 La arquitectura de Von Neumann

Los sistemas informáticos se basan en un diseño del siglo XX del científico John von Neumann, quien estableció los elementos necesarios para constituir un ordenador y cómo debían organizarse: una unidad central de proceso (también denominada CPU, del inglés *Central Processing Unit*), una memoria principal para asistir en los cálculos y una serie de elementos de interconexión –o puertos de conexión–, con los dispositivos externos, o periféricos.

En el siguiente esquema se muestra el diseño de Von Neumann aplicado a los sistemas informáticos actuales. Observa que todos los bloques que forman el sistema se encuentran interconectados por medio de buses de comunicación interna.

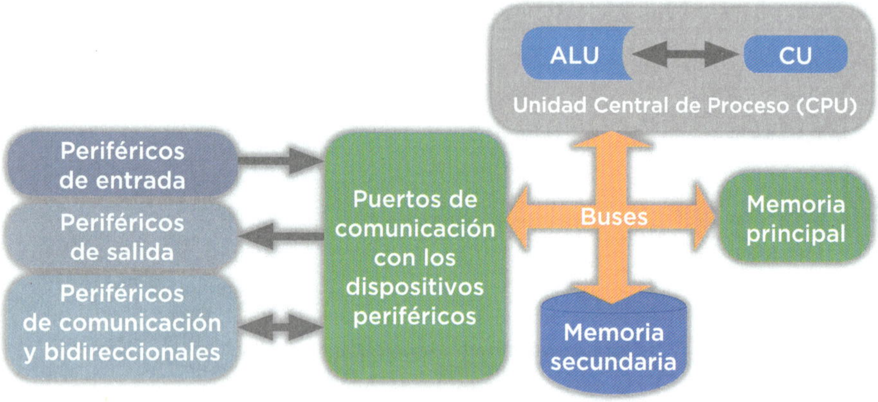

En este esquema se pueden distinguir:

- **La unidad central de proceso, o CPU.** Está integrada en el interior de un chip conocido como «microprocesador». Es el elemento central de toda máquina programable. Cuenta con dos bloques internos:
  - La ALU, *Arithmetic and Logic Unit,* en castellano, unidad aritmético-lógica. Se encarga de realizar los cálculos matemáticos que cada programa requiera.
  - La CU, o unidad de control, *Control Unit,* que se encarga de coordinar la ejecución de los programas.

Comprende, piensa, investiga...

3 Describe la función principal que desarrolla la unidad aritmético-lógica de una CPU.

4 Busca en la Web información sobre el ordenador ENIAC. Anota sus dimensiones y su peso. Compáralos con el peso y las dimensiones de un elefante asiático macho adulto. En la fotografía aparecen varias mujeres, se las conocía como «las chicas de ENIAC», investiga cuál era su cometido.

Hay otros dispositivos con una estructura similar a la de los ordenadores, consulta la presentación «Dispositivos con prestaciones de ordenador» para saber cuáles son.

- **La memoria principal, o memoria RAM.** En ella se cargan, desde la memoria secundaria, el sistema operativo y los programas en ejecución. Pierde su contenido al apagar el ordenador.
- **La memoria secundaria.** Se compone de todos aquellos dispositivos que empleamos para guardar datos e información, como discos duros, unidades de memoria flash y medios ópticos: CD, DVD, Blu-Ray, etc.

  Se puede comparar la memoria de un ordenador con un inmenso edificio de varias plantas y con largos pasillos repletos de puertas. En cada puerta se almacena un dato distinto, y para acceder a esos datos, hay que saber la dirección correcta.
- **Los medios de acceso a los periféricos,** es decir, los **puertos de comunicaciones** para todo tipo de dispositivos que queramos conectar con la CPU.
- **Los periféricos.** Según la función que desempeñan, se dividen en:
  - Periféricos de **entrada:** teclados, ratones, *touchpads*, pantallas táctiles, lectores de código de barras, escáneres, etc.
  - Periféricos de **salida:** proyectores, monitores, impresoras, etc.
  - Periféricos de **comunicación bidireccional:** todos aquellos que envían y reciben datos de la CPU, como los módems, los enrutadores, otro ordenador que esté conectado, un servidor, etc.

Excepto las unidades de memoria secundaria, el resto de dispositivos, mostrados en el esquema general de la página anterior, se encuentran situados físicamente en una placa de circuito impreso principal denominada «placa base» o «placa madre».

2.2 Las conexiones de un ordenador

La placa base de un ordenador consiste en una placa de circuito impreso que contiene el zócalo para el microprocesador, las ranuras para la memoria principal y el conjunto del *chipset*, o circuitos integrados controladores del hardware.

Para interconectar todos los dispositivos, se emplean las pistas metálicas en el circuito impreso y conectores con cables para los componentes que no están soldados o insertados en la placa madre. Estos conjuntos de interconexiones se denominan «buses».

Un bus es un grupo de cables o conductores que transmiten los datos en forma de señales eléctricas desde un dispositivo a otro.

Tipos de buses	
Bus de datos	Transmite información, como las instrucciones de los programas y los datos que acompañan a esas instrucciones.
Bus de dirección	Transporta las señales que permiten ubicar las direcciones de los datos necesarios, tanto en la memoria principal como en la memoria secundaria.
Bus de control	Transmite señales que activan dispositivos concretos, dirigen el tráfico de datos y controlan este flujo de datos entre los diferentes componentes del ordenador.

La placa base

La placa base contiene gran parte de la electrónica que necesita un ordenador para funcionar. En cualquier dispositivo computador —ya sea una tableta, un ordenador portátil, un ordenador de sobremesa e, incluso, en los teléfonos inteligentes y sistemas de control industriales—, la placa base es el dispositivo que sirve para alojar el microprocesador, la memoria principal y la mayor parte de los circuitos de control del sistema.

Bus de datos

Los buses transmiten varias señales simultáneas, por lo que se requiere el empleo de cables paralelos.

Puedes ampliar la información de estas páginas consultando, en **anayaeducacion.es**, el documento «Memoria ROM y memoria RAM» y la presentación «Placa base».

3 LOS PERIFÉRICOS

Estableciendo una analogía con el cuerpo humano, si el cerebro es el equivalente a la CPU, se puede considerar que los dispositivos periféricos son los que dotan de sentidos al ordenador.

Los periféricos se clasifican según el sentido del flujo de información entre el ordenador y el propio periférico:

- Los **periféricos de entrada** envían datos al ordenador.
- Los **periféricos de salida** reciben datos del ordenador.
- Los **periféricos de entrada/salida** envían y reciben información del ordenador. En esta categoría se incluyen los dispositivos de comunicación como tarjetas de red, enrutadores o módems.

3.1 Periféricos de entrada

Entre los más empleados se encuentran el teclado, el ratón, el escáner y el micrófono.

El teclado

Cualquier equipo estándar, como el de clase, dispone de un teclado formado por una matriz de pulsadores asociados a letras, números, caracteres alfanuméricos y funciones especiales. Las dos disposiciones de teclas más frecuentes son:

- **QWERTY,** de mayor difusión en países de lengua inglesa y castellana. Se llama así por la disposición de los seis caracteres iniciales de la primera fila dedicada a las letras.
- **AZERTY,** común en países francófonos.

Uso del teclado

Teclado alfanumérico. Es similar al teclado de una máquina de escribir tradicional y contiene todas las letras y los números.

Teclado numérico. Agrupa los números en un bloque, al igual que las calculadoras, para que resulte más cómodo trabajar con ellos.

Teclas de control. Se utilizan solas o en combinación con otras teclas para realizar determinadas acciones.

Teclas de función. Aparecen etiquetadas como F1, F2, etcétera. Su funcionalidad varía según el programa que se esté utilizando.

Teclas de navegación. Se emplean para desplazarse por documentos o páginas web. Incluyen teclas de dirección, Inicio, Fin, Av Pág, etc.

Consulta la presentación «Uso del teclado» de anayaeducacion.es.

El ratón

Este dispositivo es imprescindible a la hora de trabajar con sistemas operativos de entorno gráfico, que emplean iconos para la ejecución de programas. Apple fue una de las primeras empresas en introducir este dispositivo. Aunque es un dispositivo externo, la mayoría de los portátiles actuales incluyen en la propia carcasa un elemento similar, el *touchpad*, o alfombrilla táctil, que se emplea para dirigir y controlar el puntero en la pantalla.

El micrófono

Un micrófono es un dispositivo que capta el sonido que se proyecta hacia él. Consta de un sensor de presión que vibra con el sonido ambiente y lo convierte en señales eléctricas. Para usarlo, se necesita un programa específico que convierta la señal analógica del sonido en señales digitales que se puedan almacenar, reproducir y modificar.

El escáner

Un escáner es un dispositivo óptico que realiza una copia digital de un documento físico. Su tecnología se basa en el empleo de sensores de imagen CCD, uno por cada color básico (rojo, verde y azul), que captan la intensidad y el color de la luz reflejada en el papel y los transforman en señales eléctricas que, posteriormente, se convierten al formato digital.

Comprende, piensa, investiga...

9 Algunos teclados tienen impresos varios símbolos en sus teclas, como @. Averigua cómo introducirlos. ¿Cómo se ponen tildes sobre las vocales?

10 **El espejo.** Averigua cómo funciona una máquina de fax y encuentra las similitudes con el funcionamiento de un escáner. ¿Se podría utilizar un escáner como máquina de fax? ¿Qué crees que sería necesario incluir en el equipo informático para realizar esta función?

11 Si dispones de un ratón inalámbrico, lo empleas junto al teclado y la pantalla. Pero ¿cuál es la distancia máxima para que el ordenador lo detecte? Compruébalo alejándote poco a poco mientras lo mueves sobre alguna superficie.

12 Busca información acerca de la resolución de los ratones disponibles en el mercado. ¿Qué representa este parámetro?

13 En el mercado hay dispositivos que integran un escáner y una impresora en una sola máquina. Haz una ficha detallando todas las características del escáner y de la impresora, señalando las ventajas y los inconvenientes que piensas que puede haber cuando se integran ambos dispositivos en uno frente a disponer de los dos aparatos por separado.

3.2 Periféricos de salida

Por su popularidad destacan el monitor, la impresora y los altavoces.

El monitor

Muestra la **información gráfica sobre una pantalla.** La medida de su tamaño corresponde con la longitud de su diagonal y se mide en pulgadas.

La mayoría de monitores emplean tecnologías LED o LCD. Cada punto de imagen se controla de forma independiente por un microprocesador especializado que está en la tarjeta gráfica, lo que descarga de trabajo al procesador principal del ordenador.

Para conectar una pantalla de vídeo, se emplean puertos específicos que controlan la señal que se emite. Para evitar errores de conexión, los distintos tipos de puertos tienen diferentes conectores. Estos son los más habituales:

- **Puerto VGA.** Ofrece **salida analógica.** Esto significa que este puerto permite el control de monitores antiguos de tubos de rayos catódicos, aunque muchos monitores planos aún lo incorporan. Tiene un conector de 15 terminales o pines. Tiende a quedar obsoleto por la falta de calidad que ofrece según los parámetros actuales.
- **HDMI.** Permite el control de monitores digitales que reproducen en **alta definición** *(High Definition Multimedia Interface).* El conector es de 19 pines.

Conectores de vídeo

VGA

HDMI

La impresora

Aunque cada vez es menor el empleo de papel, la impresora es uno de los equipos más demandados para reproducir la información procedente de un programa instalado en un ordenador.

Las primeras impresoras eran de **impacto** y empleaban cintas impregnadas en tinta como las de las antiguas máquinas de escribir. En la década de los noventa se popularizaron dos tecnologías sin impacto: la de **inyección de tinta** y la de impresión **láser.**

La **resolución,** expresada en ppi *(point per inch),* o puntos por pulgada, junto con la **velocidad de impresión** (que los fabricantes normalmente especifican para el modo borrador) son características que se deben tener en cuenta a la hora de adquirir una impresora.

Impresora de inyección o láser

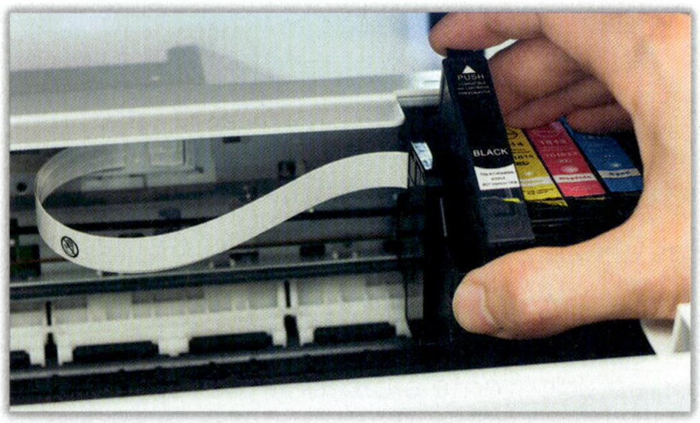

Cartuchos de tóner para impresora láser.

Cartucho de tinta para impresora de inyección.

Las impresoras de inyección de tinta son más baratas que las de tecnología láser, pero el precio por hoja impresa es más elevado. Además, las impresoras láser son más rápidas, por lo que imprimen mayor cantidad de páginas en el mismo tiempo.

Los altavoces

El altavoz es un diafragma circular flexible, ligeramente cónico, en el que se producen movimientos de vaivén que generan vibraciones en el aire del entorno, lo que se traduce en sonido. Para conseguir estos movimientos, el altavoz recibe impulsos eléctricos.

Aunque los archivos de sonido (audio) contienen información en formato digital, el ordenador se encarga de convertir la señal digital en impulsos eléctricos analógicos que envía a los altavoces.

Pantallas táctiles

Existen cuatro tipos de pantallas táctiles que se pueden instalar sobre lo que es propiamente la pantalla de ordenador. Estas son: de infrarrojos, resistivas, capacitivas y de onda acústica. Debido a la proliferación de dispositivos móviles, las resistivas, y más recientemente las capacitivas, se han hecho con una posición dominante.

En la imagen bajo estas líneas se puede ver cómo funciona una pantalla táctil **capacitiva.** Está formada por varias capas y en la parte central cuenta con una serie de condensadores entre cuyas placas se forma un campo eléctrico. Al posar los dedos sobre la superficie de la pantalla, se produce una distorsión del campo que es detectada, convertida en coordenadas por el software y tratada por las aplicaciones para convertir nuestros gestos en acciones concretas, como manejar el zum de la cámara, pasar de una imagen a otra de la galería o cerrar una aplicación.

Esquema de pantalla táctil capacitiva

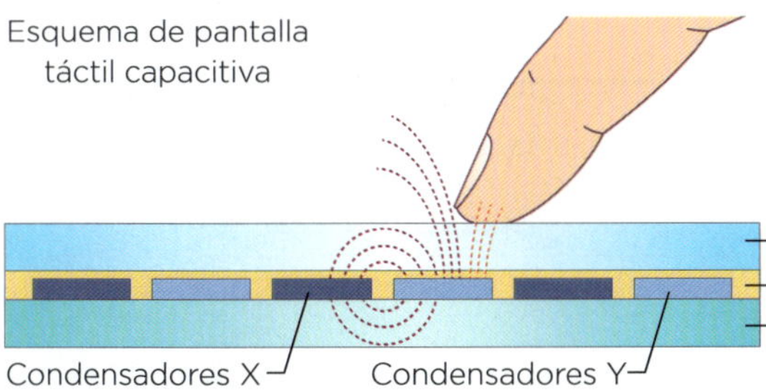

Estructura de la capa de sensores o condensadores

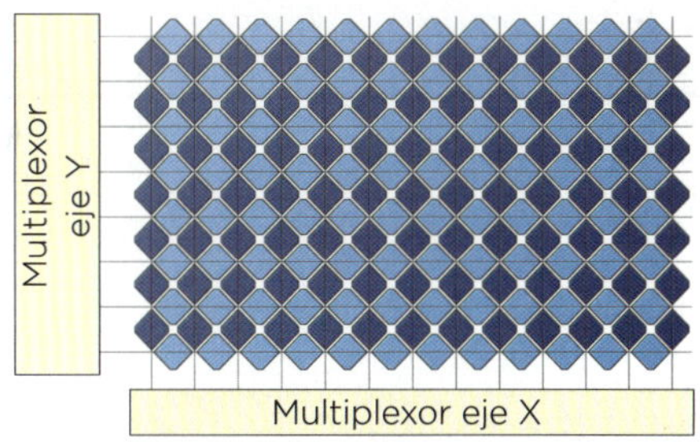

Comprende, piensa, investiga...

14 Al hablar de las impresoras, se ha mencionado el modo borrador. Averigua qué otros modos de funcionamiento son habituales en las impresoras y qué los distingue entre sí.

15 Accede a las páginas web de distintos fabricantes de impresoras. En tu cuaderno, haz un esquema con las diferentes familias tecnológicas. ¿Varían mucho los precios entre ellas?

16 Imagina que dispones de un hueco de un metro de ancho y 75 centímetros de alto para alojar un televisor plano. ¿Cuál es el mayor tamaño de televisor que podrías comprar para instalarlo en dicho hueco?

17 Aunque la mayoría de los equipos disponen de altavoces internos acoplados a su carcasa, es posible conectar altavoces al puerto analógico de salida de sonido. ¿Crees que suenan igual unos altavoces de tamaño grande que unos de tamaño pequeño? En realidad, la investigación en fenómenos acústicos ha progresado mucho durante las últimas décadas, desarrollando altavoces que, pese a tener un tamaño pequeño, emiten una potencia sonora considerable. Visita la página web de algún fabricante o distribuidor de equipos de audio y comprueba la relación entre el tamaño de los altavoces y la potencia sonora que emiten.

Repasa los conceptos aprendidos con la presentación «Periféricos de entrada y salida de datos».

4 SISTEMAS OPERATIVOS

Sistemas operativos

El sistema operativo es el software que actúa de interfaz entre la máquina y las personas. Contiene los programas que controlan el hardware y permite lanzar las aplicaciones de usuario.

Hoy día, tanto el hardware como el software se comportan como las piezas de un juego de construcción, en el que puedes componer un sistema completo a tu gusto eligiendo entre una diversidad de componentes.

Funciones del sistema operativo

Las principales funciones de un sistema operativo son:

- **Controlar y dirigir** las acciones generales del ordenador.
- **Asignar los recursos** según las necesidades (tiempo de procesador, memoria RAM y comunicación con periféricos). Para ello:
  - Reparte el uso del microprocesador entre las aplicaciones de usuario y el propio sistema operativo.
  - Asigna memoria RAM para programas y datos.
  - Comunica los procesos y los periféricos desde los que hay que recibir o a los que hay que enviar datos.
- **Controlar los periféricos** de entrada y salida mediante complementos de software (drivers).

Sistemas operativos más utilizados	
Para ordenador personal y portátil	**Para teléfonos inteligentes y tabletas**
Windows 10	Android
GNU-Linux	iOS
macOS	Windows 10 mobile
Chromium OS	Blackberry OS

Interfaz

En su origen, la palabra proviene de la expresión «entre caras» o «entre lados». En tecnología, esta palabra se emplea para definir el entorno que puede ver el usuario para manejar un sistema informático. Originalmente se trataba de interfaces de texto, y el usuario solo podía escribir textos para comunicarse con un ordenador. Actualmente, se habla de interfaz gráfica de usuario, es decir, la apariencia que muestran los sistemas operativos a través de la pantalla mediante iconos.

4.1 Windows

La empresa Microsoft es la propietaria de los sistemas operativos más populares en el mundo PC, Windows.

El **sistema operativo organiza la información** en archivos y los archivos en carpetas. Los usuarios disponen de varias carpetas predefinidas para organizar sus ficheros: Mis documentos, Mis imágenes, etc., dentro de las cuales se pueden crear nuevas carpetas.

Para facilitar el acceso a los archivos y al hardware, los sistemas operativos modernos emplean un tipo de interfaz gráfica que recibe el nombre de «escritorio».

Sobre el escritorio se pueden situar iconos de acceso directo a aplicaciones, aunque, como si de una mesa real se tratara, conviene mantenerlo despejado de todo tipo de objetos innecesarios. Si bien se pueden situar ficheros y carpetas en el escritorio, no es nada recomendable hacerlo, pues ralentizan el arranque del sistema operativo, ocupan memoria y entorpecen el funcionamiento general del ordenador.

Antes de profundizar en este epígrafe, entra en nuestra web **anayaeducacion.es** para ver un breve vídeo sobre los sistemas operativos.

Accesos directos

Los accesos directos son atajos para abrir aplicaciones o documentos que usamos con frecuencia. No son los propios documentos o programas, sino enlaces que apuntan hacia el objeto real. Se distinguen de los documentos que hayamos dejado en el escritorio porque tienen una flecha en la esquina inferior izquierda. No son imprescindibles, pues también se puede acceder a las aplicaciones desde el menú Inicio.

Trabajo con ventanas

Puedes distribuir las ventanas de aplicación a tu gusto según las vas abriendo, pero Windows permite hacer distribuciones automatizadas. Observa los elementos principales de una ventana en la imagen.

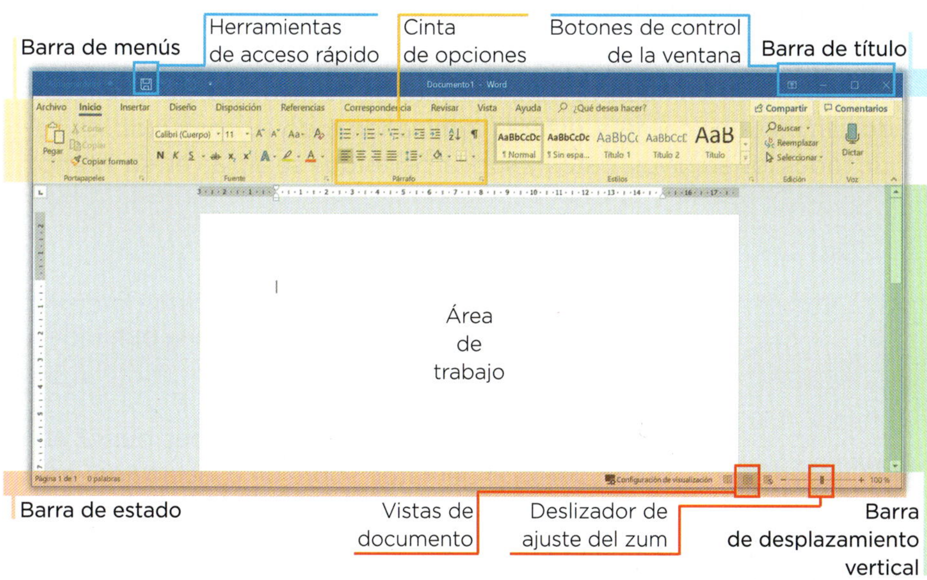

Comprende, piensa, investiga...

18 ¿Para qué sirve un acceso directo? ¿Cómo se puede distinguir de una aplicación o un archivo?

De MS-DOS a Windows 10

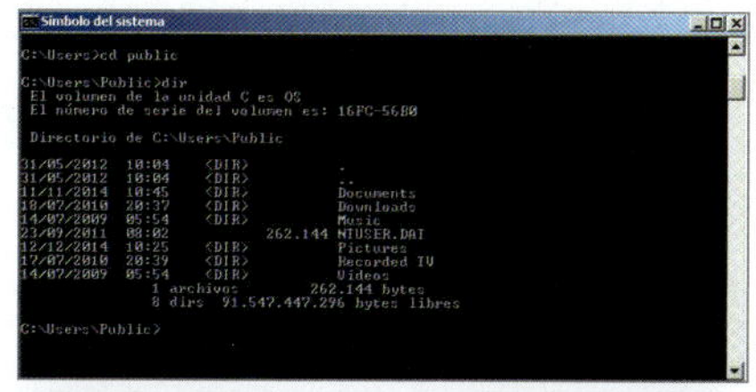

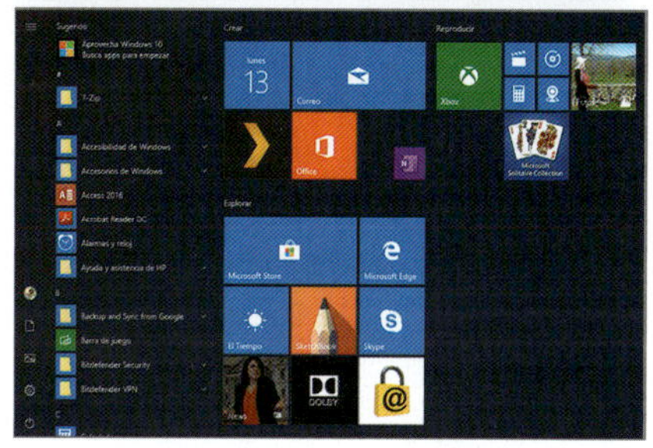

Asistente de búsqueda

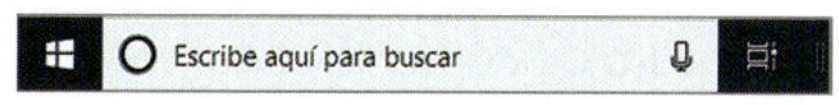

A partir de Windows 10 contamos con el servicio de búsqueda y también con un asistente personal integrado en la barra de tareas. Este asistente, llamado Cortana, emplea inteligencia artificial para sugerir resultados procedentes de archivos locales y de Internet.

Cortana no se limita a buscar información. Entre otras cosas, también es capaz de administrar el calendario, crear y recordar citas, enviar correos electrónicos y mensajes.

Se puede configurar el sistema para que use solo la búsqueda convencional en lugar del asistente, que consume más recursos.

4 SISTEMAS OPERATIVOS

Explorador de Windows

Observa que el explorador de Windows ofrece una vista de cómo se constituye la carpeta Usuarios. Dentro de ella, se alojan carpetas para Jorge, Enrique y Marta, que son los usuarios del ordenador, y cada uno de ellos dispone de un espacio en el disco duro para alojar su propia estructura.

El explorador de archivos

Entre los iconos de la barra de tareas de Windows hay una carpeta de color amarillo, es el explorador de archivos. Si la abres, podrás ver el contenido del disco duro.

Puedes entrar en las distintas carpetas haciendo clic sobre ellas en la barra izquierda, o haciendo doble clic en el icono que aparece en el área de trabajo.

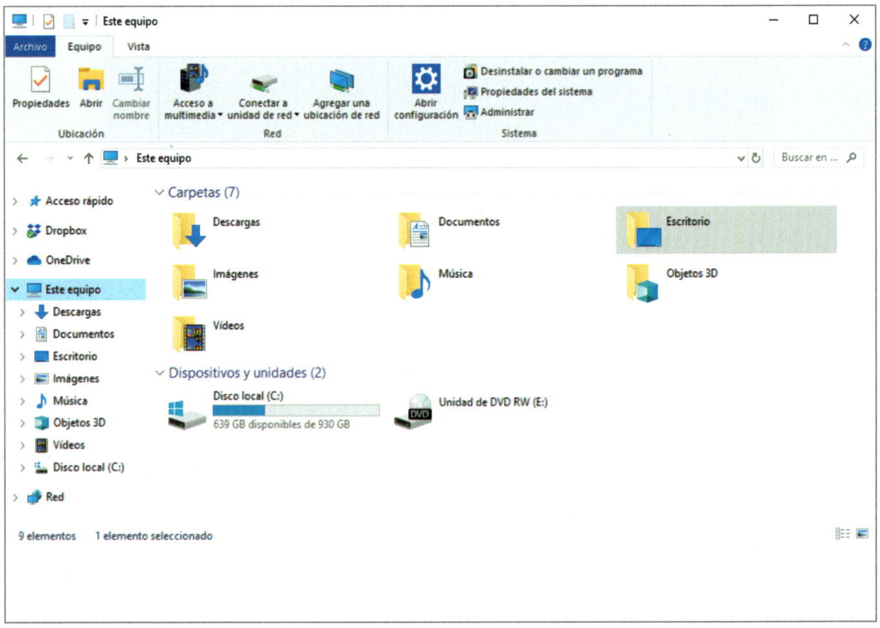

Organización en forma de árbol

Para organizar la información, todos los sistemas operativos utilizan una estructura jerárquica de carpetas llamada **estructura de directorios y subdirectorios.** Esta estructura recuerda a un árbol con raíz, ramas y hojas.

Hay que tener cuidado con las estructuras de este tipo, porque cuando elimines una carpeta, estarás eliminando todo su contenido, es decir, todos los archivos, datos y subcarpetas que se alojan en su interior.

Práctica guiada

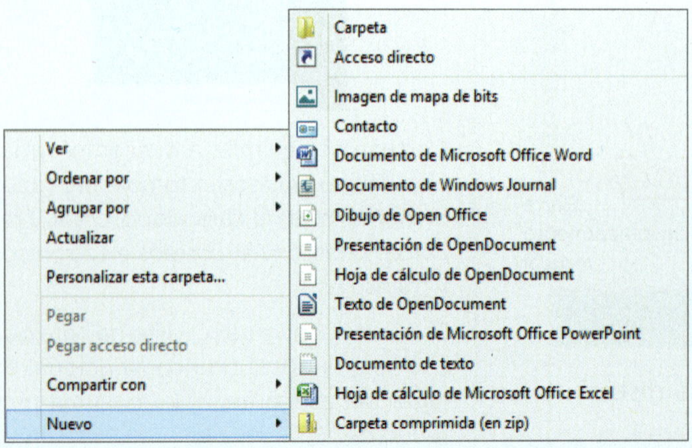

1 Accede a la carpeta **Documentos** (o a la que indique tu profesor o profesora).

2 Crea una carpeta nueva. Para ello debes pulsar el botón derecho del ratón sobre un espacio libre en el área de trabajo de la carpeta y abrir el menú contextual.

3 Ve a **Nuevo** y elige **Carpeta.**

4 Para conseguir que la nueva carpeta tenga tu nombre, escríbelo y pulsa **Enter.**

En **anayaeducacion.es** encontrarás un videotutorial sobre operaciones básicas con archivos y carpetas.

El menú Vista

Todas las aplicaciones de Windows disponen de la opción Vista, mediante la cual se puede modificar el aspecto del documento con el que estás trabajando. Este menú ofrece cinco secciones:

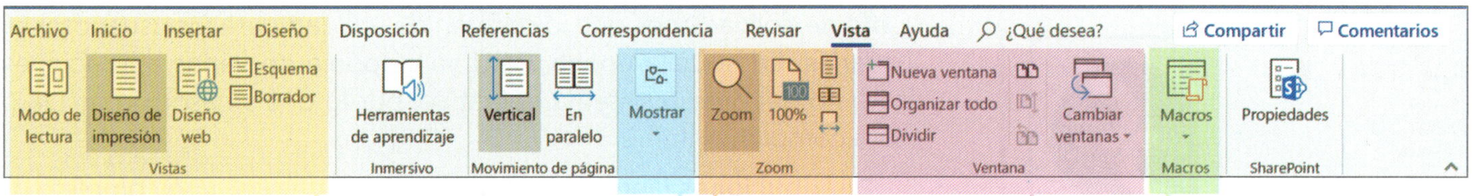

Vista de documento. Selecciona una de las cinco posibilidades para trabajar: Diseño de impresión, Lectura en pantalla completa, Diseño web, Esquema y Borrador.

Mostrar. Permite mostrar u ocultar la «Regla» para situar las tabulaciones y los elementos de control; las «Líneas de cuadrícula», y el «Panel de navegación».

Zoom. Permite ampliar o reducir el documento en la ventana de la aplicación. Recuerda que en la parte inferior derecha de la ventana también dispones de un deslizador para seleccionar el nivel de zum que quieras aplicar.

Macros. Ofrece la posibilidad de programar en el lenguaje Visual Basic para aportar nuevas funcionalidades a los documentos.

Ventana. En caso de que dispongas de más de un documento abierto con la aplicación, podrás organizarlos para trabajar con ellos simultáneamente.

Copiar y mover archivos

El sistema operativo permite copiar y mover archivos entre carpetas del mismo equipo o entre distintas unidades de almacenamiento, como puede ser un disco duro y un pendrive USB.

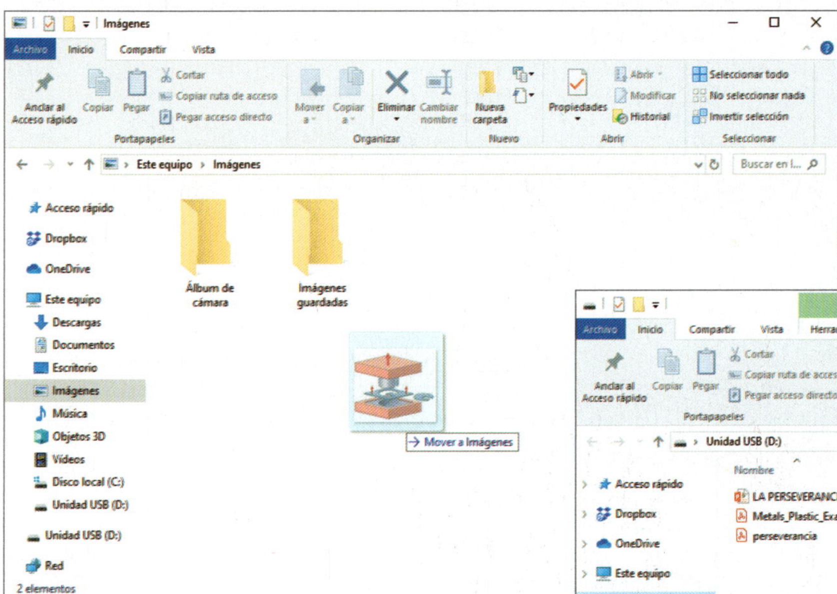

Procedimiento para mover un archivo haciendo clic sobre su icono, manteniendo pulsado el botón izquierdo y arrastrando hasta otra carpeta de la misma unidad de almacenamiento.

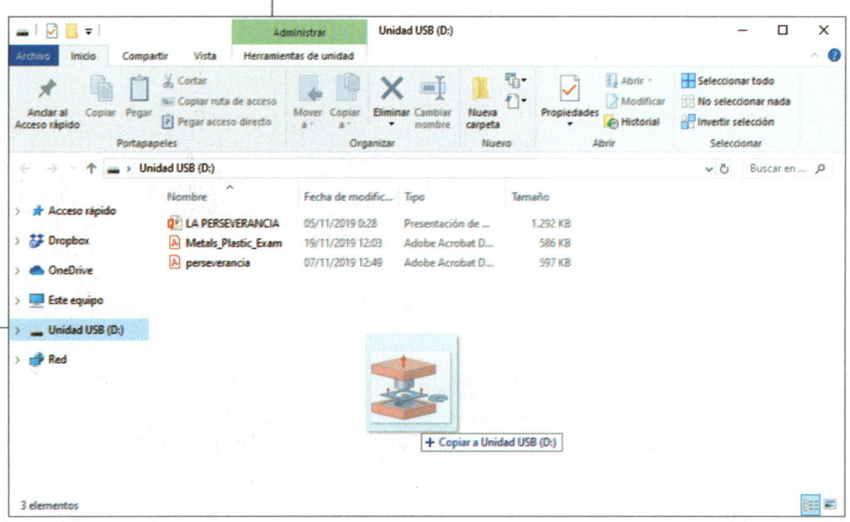

Procedimiento para copiar un archivo, con el botón izquierdo del ratón pulsado y con la tecla Ctrl del teclado presionada en todo momento hasta que se deje de pulsar para soltar el archivo en una unidad diferente.

4.2 GNU-Linux

El sistema operativo GNU-Linux empezó su andadura oficial en el año 1991.

El proyecto GNU nació para crear un sistema operativo libre y un conjunto de aplicaciones que lo dotaran de utilidad para los usuarios y las usuarias. En aquella época, GNU ya disponía de varias aplicaciones, pero no del propio sistema operativo, por lo que se asoció con Linux para complementarse.

- **Distribuciones Linux.** Una distribución es un conjunto completo de software que incluye un sistema operativo, en este caso Linux, y una selección de aplicaciones para el usuario que van desde las herramientas de programación a las aplicaciones multimedia, pasando por ofimática, videojuegos, navegadores, programas de comunicaciones, etc.

Cualquier persona, entidad o empresa es libre de crear una distribución GNU-Linux, con un conjunto seleccionado de aplicaciones añadidas al sistema Linux.

Una de las distribuciones más populares aparecidas en los últimos años es **Ubuntu.** Esta distribución sirve a su vez como base para otras derivadas, y nos sirve para practicar con un sistema operativo diferente que funciona sobre el mismo PC que Windows.

Distribuciones GNU-Linux populares.

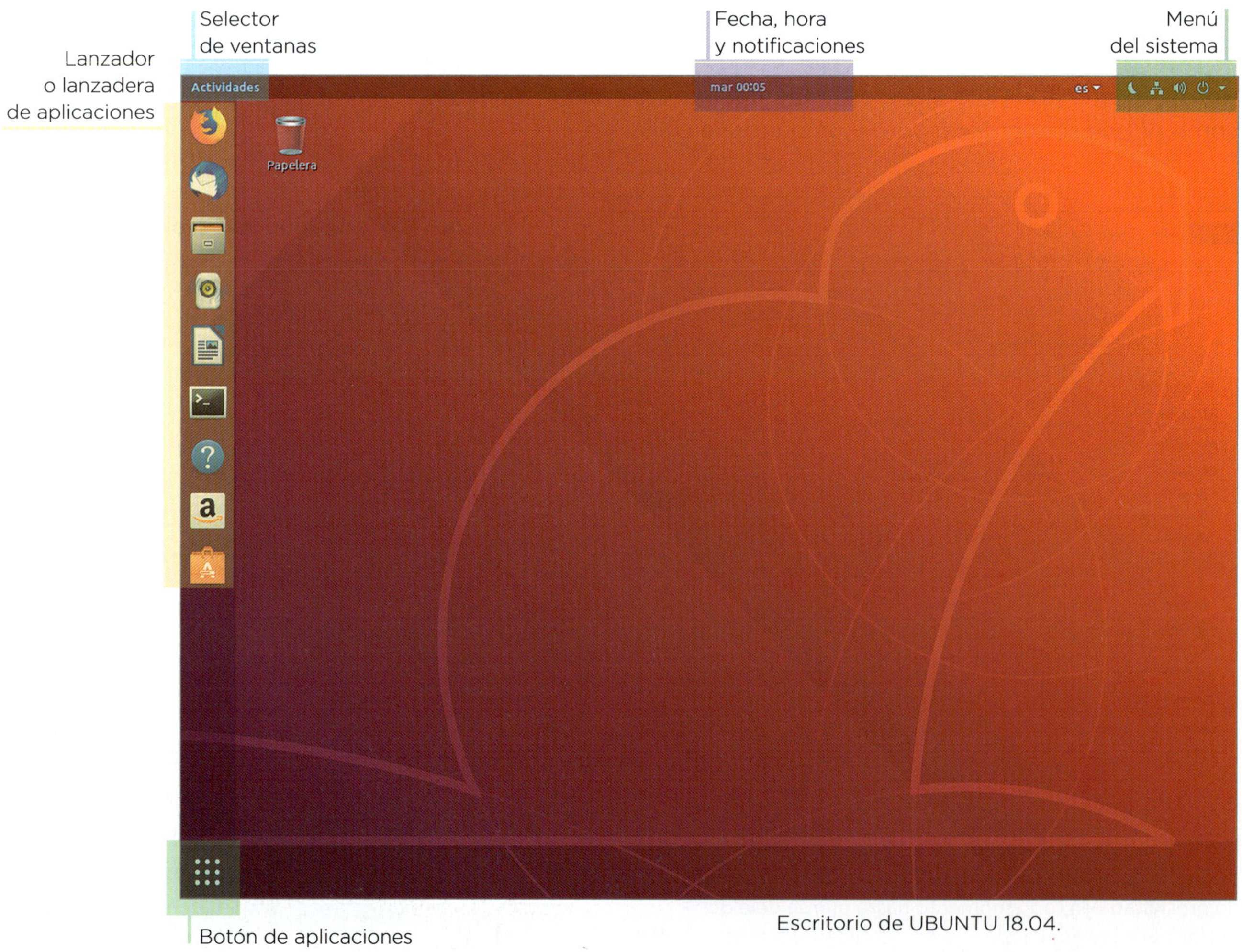

Escritorio de UBUNTU 18.04.

Si te interesan la informática y los sistemas operativos, consulta el documento de orientación académica «¿Quieres dedicarte a trabajo con ordenadores y sistemas operativos?» que encontrarás en nuestra web.

Práctica guiada

Gráficos en Linux

Existen numerosos programas gráficos en Linux. Ubuntu tiene varios instalados y se puede recurrir a la herramienta de búsqueda Dash para localizar otros. En las imágenes adjuntas puedes ver algunos ejemplos como Gpaint, Tuxpaint e Inkscape.

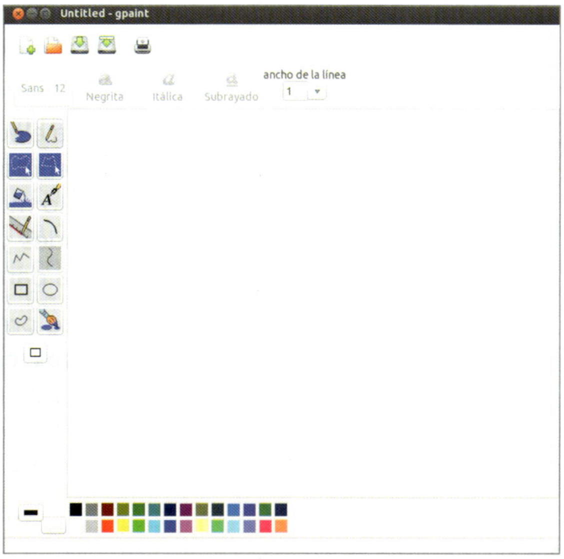

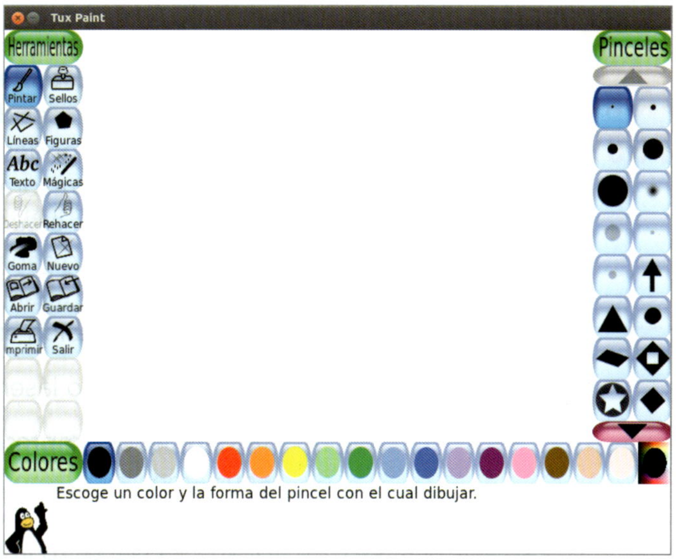

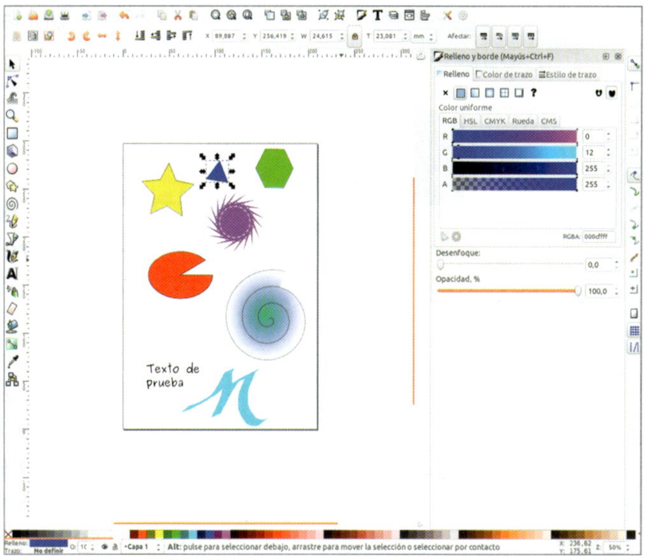

1 Crea un archivo gráfico con alguno de los programas que tienes disponibles en Ubuntu.

2 Guárdalo como mapa de bits (bmp-bitmap) en la carpeta **Documentos** de tu usuario.

3 Cierra el programa de gráficos y abre una ventana del **Gestor de archivos.**

4 Localiza el archivo que acabas de guardar y comprueba cómo puedes moverlo al escritorio o copiarlo en una unidad extraíble USB.

5 Accede de nuevo al archivo donde lo hayas guardado y vuelve a abrirlo con el editor gráfico que utilizaste para crearlo. Ahora trata de guardar el archivo en alguno de estos formatos: jpg, tiff, png.

6 **¿Qué te hace decir eso?** Compara el tamaño del archivo bmp y el del archivo que acabas de crear. ¿Cuánto difieren? ¿Qué formato es preferible, por ejemplo, para publicar imágenes en Internet? Justifica tu respuesta.

Recuerda seleccionar el material de trabajo de esta unidad para tu **portfolio.**

TRABAJA CON LO APRENDIDO

Componentes de un ordenador

1 Una familia acude a una tienda especializada en informática para comprar un ordenador como ayuda de estudio durante la etapa de Enseñanza Secundaria. La persona encargada de orientarles les propone cuatro modelos diferentes de ordenadores:

- Ordenador portátil OMEN para *gaming* con procesador Intel Core i7-8750H de 6 núcleos a 2,2 GHz, 16 GB de RAM tipo DDR4 a 2666Mhz, disco duro SSD de 512 MB y SATA 1 TB, con una tarjeta gráfica GeForce GTX1070 (8 GB de memoria tipo DDR5) y una pantalla de 17,3 pulgadas con resolución máxima de 1920 por 1080 píxeles, sin sistema operativo, por 1250 euros.
- Ordenador Apple iMac con un procesador Intel Core i5 de seis núcleos a 3 GHz con *turbo boost* de hasta 4,1 GHz, 256 GB de almacenamiento SSD, memoria RAM de 8 GB tipo DDR4 a 2666 MHz, tarjeta gráfica Radeon Pro 560X con 4 GB de VRAM, dos puertos Thunderbolt 3 y pantalla Retina de 21,5 pulgadas con resolución de 4096 por 2304 píxeles por 1700 euros.
- Ordenador Lenovo de sobremesa con procesador Intel Core i5-8400 de 6 núcleos a 2,8 Ghz, 8 Gb RAM DDR4 a 2666 Mhz, disco SSD de 256 GB, tarjeta gráfica Intel HD 630, sistema operativo Windows 10 y pantalla Phillips de 27 pulgadas 4K UHD con una resolución de 3840 por 2160 píxeles, por 795 euros.
- Ordenador portátil Asus con procesador Intel Core i5-8300H de 4 núcleos a 2,3 GHz, 16 GB de RAM tipo DDR4 a 2666 Mhz, disco SSD de 512 MB y SATA 1 TB, con tarjeta gráfica GeForce GTX1050 (4 GB de memoria tipo DDR5) y una pantalla de 15,6 pulgadas con resolución máxima de 1920 por 1080 píxeles, sin sistema operativo, por 699 euros.

a) Investiga qué significa cada uno de los términos y las cifras propuestos.

b) Imagínate por un momento que fueras tú la persona que debe aconsejar a la familia cuál es la mejor opción de compra. Evalúa las características de cada uno, compara el equipamiento, la calidad y el precio de cada ordenador, y da tu opinión justificada.

c) Investiga en Internet o en un catálogo el precio que tendría ahora mismo un ordenador equivalente al que has considerado como óptimo.

2 Busca quién fue John von Neumann y anota los datos más relevantes de su persona, educación y carrera profesional.

3 ¿Has oído hablar de la informática cuántica? Esto forma parte del futuro de los equipos informáticos. Investiga el tema y desarrolla un pequeño resumen sobre qué supone este avance tecnológico.

La unidad central de proceso

4 ¿Qué es la unidad aritmético-lógica? ¿Cuál es su principal función en la CPU?

5 ¿Cuáles son los componentes principales de una CPU? ¿Se encuentra la memoria principal contenida en una CPU?

6 ¿Cuál crees que es la diferencia entre una placa base y una CPU?

7 ¿Cuáles son las principales características de una memoria RAM?

8 ¿Qué función tiene la muesca en el conector de una tarjeta de memoria RAM?

9 **Mapa conceptual de paisaje.** Haz un esquema con los principales bloques de un sistema computador.

10 Analiza la siguiente frase y trata de encontrar el error que contiene: *Una memoria RAM es un tipo de memoria permanente con acceso directo a las direcciones de memoria.*

11 ¿Qué diferencia funcional existe entre un bus de datos y un bus de control?

12 Observando el interior de un disco duro, ¿qué dos movimientos se producen en su mecanismo interior para acceder a los datos?

13 ¿A qué tipo de memoria pertenecen los discos duros de un equipo, a la memoria principal o a la memoria secundaria?

14 Indica qué tecnologías emplean las siguientes unidades de memoria para guardar los datos: a) Dispositivo USB; b) Disco DVD; c) Disco duro.

Los periféricos

15 ¿Qué es un *driver*? ¿Qué relación tiene con el sistema operativo de un equipo informático?

16 Explica las principales diferencias entre una impresora de inyección de tinta y una impresora láser.

Para ayudarte a repasar dispones en nuestra web del mapa conceptual interactivo y de la actividad ¡Ponte a prueba!

Recuerda que dispones, en tu banco de recursos:

- de diversos talleres para gestionar tus emociones y de una diana para evaluarlas.
- de fichas para mejorar tu ciudadanía digital.

17 Un escáner, ¿es un periférico de entrada o de salida? ¿Y qué clase de periférico es un monitor?

18 ¿Cuál de los siguientes puertos gráficos es más moderno: VGA o HDMI?

19 Observa el televisor que tienes en casa e identifica el puerto HDMI. ¿Cuántos puertos como ese tiene el equipo? ¿Para qué sirven?

20 Haz una lista con los diferentes tipos de ratones que pueden conectarse a un ordenador.

21 Investiga sobre las unidades CCD que se emplean en los escáneres de sobremesa.

22 **Generar-clasificar-relacionar-desarrollar.** Haz un esquema con las principales tecnologías de impresión empleadas por las impresoras describiendo, en cada caso, sus principales características.

23 ¿Qué significa el término «resolución» cuando se aplica a la calidad de impresión de una impresora? ¿Crees que tiene el mismo significado cuando se trata de determinar la resolución de una pantalla?

24 **Círculo de puntos de vista.** ¿Conoces alguna aplicación para móviles que escanee documentos con la cámara del móvil? ¿Crees que estas aplicaciones terminarán por dejar obsoletos los actuales escáneres de sobremesa? Debátelo en clase.

Sistemas operativos

25 Describe las principales funciones de un sistema operativo.

26 ¿Cuáles son las combinaciones de teclas que más se utilizan con la tecla «Control» del teclado? Explica la función de cada combinación.

27 Investiga desde qué versión de Windows existe el botón de «Inicio» en la pantalla.

28 Responde verdadero (V) o falso (F) a las siguientes cuestiones:

a) Microsoft Windows es un sistema operativo libre como Linux.

b) Ubuntu es una distribución GNU-Linux que sirve de base para otras, llamadas derivadas.

c) La información del sistema operativo se organiza en carpetas y subcarpetas en una estructura de árbol.

29 En esta unidad has estudiado que los teléfonos móviles tienen un sistema operativo diferente de los que utilizan los ordenadores. ¿Por qué crees que tiene que ser diferente?

30 Haz una búsqueda en Internet para descubrir si existe algún sistema operativo para móviles que no se haya incluido en la tabla de sistemas operativos del epígrafe 4 de esta unidad.

31 Busca un archivo de imagen guardado en tu ordenador. Pulsa encima del archivo con la tecla derecha del ratón, y verás que se despliega un menú. En la parte inferior de este menú selecciona **Propiedades.** Se abrirá una ventana donde tendrás que seleccionar la pestaña **Detalles.** Busca entre las propiedades las dimensiones y la resolución de la imagen.

Repite el proceso con diferentes imágenes y compara los datos obtenidos con el aspecto de cada imagen para responder a esta pregunta. ¿Crees que una imagen de menor resolución tiene que ser de mayor tamaño?

Compromiso ODS

Las tecnologías de la información y de las comunicaciones se mencionan de forma directa en las metas 1.4, 4.3, 4.b, 5.b, 9.c, 17.6 y 17.8. De forma indirecta, aparecen en muchas otras metas, en las que la creación e implantación de nuevas tecnologías relacionadas con la producción energética, agroalimentaria o de instrumentos de financiación —por poner solo unos ejemplos— se deben apoyar necesariamente en el uso de las TIC.

La educación actual no contempla únicamente la enseñanza del dominio del idioma nativo o las habilidades científico-matemáticas. Hoy día, y no solo en los países desarrollados, la alfabetización de la población (de todas las edades) pasa por facilitar habilidades en el manejo cotidiano de tecnologías de la comunicación.

1 Anota en tu cuaderno al menos tres sistemas operativos y los dispositivos electrónicos a los que están asociados.

2 Busca en la tienda de aplicaciones de tu dispositivo tres aplicaciones distintas de trabajo de oficina.

Recuerda que en el banco de recursos de anayaeducacion.es encontrarás documentos explicando cómo utilizar las técnicas y las llaves indicadas en algunas actividades.

7 SOFTWARE Y APLICACIONES

El software en nuestra rutina diaria

El ordenador, y en general los sistemas de información, se ha convertido en uno de los principales medios que empleamos las personas para comunicarnos. Con él establecemos conversaciones, participamos en redes sociales y empleamos toda clase de recursos digitales.

De todos los tipos de programas que empleamos a diario, los procesadores de texto y los programas de diseño de presentaciones electrónicas son esenciales para nuestro trabajo habitual. Mediante un procesador de texto editamos nuestros documentos, en los que no solo incluimos textos, sino que los combinamos con imágenes que ilustran nuestras explicaciones. Por otro lado, tanto en clase como en las reuniones de trabajo, se necesita exponer ideas y explicaciones. En estas situaciones, el diseño de una presentación electrónica que complemente la expresión oral hace que la comunicación se enriquezca y se entiendan más claramente los temas que se tratan.

COMPROMISO ODS

ODS

El uso de los equipos informáticos y de las aplicaciones diseñadas para ellos permite mejorar muchos aspectos de la calidad de vida de las personas. Esto se debe, entre otras cosas, a que facilita una mejora de su educación, su cualificación y, por consiguiente, su acceso a mejores trabajos.

1 Investiga en la web www.un.org/sustainabledevelopment/es/objetivos-de-desarrollo-sostenible/ en qué consiste la meta 4.4; ¿cómo crees que podría ayudar el uso del software informático a alcanzar esa meta?

2 Dentro del ODS 8, Trabajo decente y crecimiento económico, ¿qué contribución piensas que puede tener el uso de las aplicaciones informáticas y las habilidades de programación para alcanzar la **meta 8.2**?

3 Justifica cómo la competencia en el uso de medios digitales y las aplicaciones informáticas contribuye a la consecución de la **meta 8.5**.

En la web de **anayaeducacion.es** encontrarás información sobre las metas **8.2** y **8.5**.

LOS RECURSOS EN LA WEB DE ESTA UNIDAD

SOFTWARE Y APLICACIONES

- El software en nuestra rutina diaria
  - DOCUMENTO: Lectura temática: Software.
- 1 El software de aplicación
  - VÍDEO: El software.
  - PRESENTACIÓN: Elementos interactivos.
  - DOCUMENTO: Organizador gráfico: Tablas.
- 2 Procesadores de texto
  - VIDEOTUTORIAL: Procesador de textos.
  - INTERACTIVO: Aprende jugando.
  - DOCUMENTOS: Mapa de caracteres. Funciones especiales del teclado en Word.
- 3 Presentaciones electrónicas
  - DOCUMENTO: Orientación académica y profesional: Profesiones relacionadas con el uso de las nuevas tecnologías.
  - VÍDEO: Las presentaciones electrónicas.
- Taller de tecnología: Organización del aula de Informática. Instalación de Ubuntu
  - DOCUMENTO: Normas del aula de informática.
- Trabaja con lo aprendido
  - INTERACTIVOS: Mapa de la unidad. ¡Ponte a prueba!

Antes de empezar a estudiar esta unidad, acude a nuestra web **anayaeducacion.es** para ver un vídeo introductorio sobre qué es el software.

1 EL SOFTWARE DE APLICACIÓN

1.1 Definición de «software»

La principal característica de un ordenador es su condición de máquina programable. Eso quiere decir que cambiando el programa, es capaz de efectuar una enorme cantidad de tareas diferentes.

Al conjunto de programas ejecutables en un ordenador se lo denomina «software». El término viene a complementar el empleado para la parte física, «el hardware», que procede de la palabra inglesa destinada a las herramientas y los útiles.

En oposición a la partícula *hard* ('duro'), se introdujo el término *soft* ('blando o ligero'), para contrastar el sentido de ambos.

Según el esquema del margen, se puede considerar que un ordenador está formado por diversas capas. Cuanto más arriba se encuentra la capa, más cerca está del usuario o usuaria. Esto significa que el sistema operativo, junto con el hardware, forman la base. A continuación se encuentra el software de aplicación, que la persona usuaria instala para que le sea dado un servicio. La «cara visible» que ofrece cada uno de los programas a quienes los usan se denomina «interfaz de usuario».

Programa

Un programa es un conjunto de instrucciones que indican a una máquina programable las operaciones que debe ejecutar para completar una determinada tarea.

Tipos de software

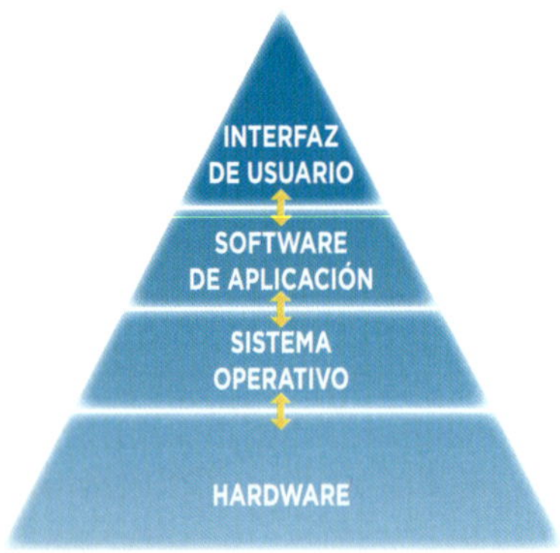

Esquema de capas del software que se encuentra entre la máquina (hardware) y las personas usuarias.

1.2 El software de aplicación

Existen muchos tipos diferentes de software de aplicación y, en general, cualquier persona con unos mínimos conocimientos de programación puede desarrollar una aplicación sencilla. Hoy en día, la programación de las aplicaciones se extiende a todo tipo de dispositivos, desde ordenadores hasta teléfonos inteligentes y tabletas.

Entre los grupos de aplicaciones más utilizadas se encuentran:

- **Aplicaciones de oficina,** conocidas como «herramientas ofimáticas». Incluyen procesadores de texto, hojas de cálculo, utilidades para la presentación de documentación, calendarios y software de agenda, blocs de notas, bases de datos, etc.
- **Utilidades.** Son pequeños programas para el mantenimiento de una computadora: antivirus, desfragmentadores de discos duros o recuperadores de archivos borrados.
- **Software de comunicación.** Reúne todas las aplicaciones que permiten el acceso a Internet y el empleo de los servicios web, como los navegadores, los gestores de correo electrónico, el almacenamiento de archivos en la nube, etc.
- **Aplicaciones de juegos y entretenimiento.** Los programas de aplicación deberían ser independientes del sistema operativo, sin embargo, esto no es siempre así. Si tomamos a modo de ejemplo un videojuego, podemos comprobar que existen varias versiones pensadas para distintas plataformas hardware: videoconsolas, ordenadores, teléfonos móviles, etc. Aunque, estos equipos cuentan con diversos sistemas operativos, generalmente esperamos que el videojuego se comporte aproximadamente de la misma manera y nos permita realizar las mismas acciones en cualquiera de ellos.

Middleware

A menudo, las empresas necesitan usar equipos dotados de diferentes sistemas operativos y aplicaciones, lo que puede ocasionar problemas de integración e intercambio de datos entre estos. Para ello, existe una capa de programas intermedios que facilitan este cometido conocida como *middleware*.

La mayoría de las aplicaciones tienen elementos comunes. Aprende cuáles son con la presentación «Elementos interactivos» que encontrarás en **anayaeducacion.es**.

1.3 Licencias de software

Las **licencias** son los acuerdos legales de uso que se establecen entre quienes crean el software y quienes lo utilizan. Indican a la persona usuaria lo que puede hacer y lo que no con ese software.

Se pueden agrupar en dos grandes categorías:

- **Licencias libres.** Brindan a las usuarias y los usuarios la posibilidad de disfrutar del software sin la obligación de pagar por él, aunque animan a hacer donaciones para colaborar en el mantenimiento y la mejora del software.
- **Licencias propietarias.** Son muy restrictivas respecto a los derechos de las personas usuarias. En general, obligan a pagar por el uso del software y no permiten modificarlo.

Comprende, piensa, investiga...

1 Todo el software disponible en un ordenador ha sido programado mediante un lenguaje de programación. Investiga sobre los tipos de lenguajes de programación con los que se desarrollan actualmente los sistemas operativos. ¿Se trata de los mismos lenguajes empleados con dispositivos móviles Android y Apple?

2 Organizador gráfico. Tabla. Elige dos de tus aplicaciones favoritas y anota para qué dispositivos y sistemas operativos están disponibles. Organiza la información en una tabla como la del ejemplo.

Aplicación	Disponible para	Sistemas operativos
Angry Birds	PC Teléfonos Android iPhone, Aplicación Facebook Nintendo 3DS Wii U Juegos de mesa	Windows iOS OSX Android Wii U OS

3 Haz una revisión de las aplicaciones que tienes en el ordenador de tu casa y anota el nombre de la aplicación o aplicaciones que correspondan con cada una de estas categorías: a) procesador de texto, b) hoja de cálculo, c) utilidades para presentación electrónica, d) blocs de notas, e) juegos, f) reproductor multimedia.

4 Existen diversos tipos de licencias software; busca información respecto a los permisos que otorgan a las personas usuarias y a las condiciones que establece cada una de ellas. Anota la información en tu cuaderno; para ello puedes emplear una tabla similar a esta:

Licencia	Derechos de usuario/usuaria respecto al software			Gratuito
	Usar	Modificar	Distribuir	
GPL	Sí	Sí	Sí	Sí
BSD				
MIT				
MPL				
CLUF o EULA				

5 Al lado del botón de **Inicio** de Windows, que normalmente está situado en la esquina inferior izquierda, se encuentra un cuadro de texto para buscar en tu ordenador. Escribe la expresión «cmd» y pulsa **Enter.** Verás que aparece una ventana en negro. Es la ventana de comando o antigua interfaz textual de Windows. Escribe en dicha interfaz la palabra «dir». ¿Qué ocurre? ¿Reconoces alguna información que ha aparecido?

2 PROCESADORES DE TEXTO

Los procesadores de texto son piezas clave de la variedad de software conocida como **herramientas ofimáticas.** Las aplicaciones ofimáticas más empleadas son, además de los procesadores de texto, los programas de presentaciones, las hojas de cálculo y las bases de datos.

2.1 Características del procesador de texto

Los **procesadores de texto** están pensados para crear, guardar, editar y dar formato a documentos escritos.

Además de introducir texto, podemos modificar los atributos de los caracteres, los párrafos y las páginas. También se pueden incluir tablas, imágenes y otros elementos gráficos.

Atributos

Hay que tener en cuenta que un texto no es solo una sucesión de letras, palabras y números, sino que puede contener atributos de formato que mejoren el aspecto visual. Los principales son:

- **Atributos de fuente,** que se aplican a un carácter o grupo de caracteres, como el tamaño o el tipo de fuente, los formateados en negrita o en cursiva, el subrayado, etc.
- **Atributos de párrafo,** como el espacio entre líneas, el espacio entre los párrafos anterior y posterior, el justificado del párrafo respecto al margen de la hoja, las alineaciones y las tabulaciones.
- **Atributos de página,** aplicables a toda una página, una sección o un documento completo, como la orientación de la página, los márgenes laterales y los márgenes superior e inferior.

Definiciones

Ofimática. Acrónimo formado por las palabras «oficina» e «informática». Hace referencia al uso de aplicaciones destinadas a automatizar el trabajo propio de una oficina tradicional.

Tipografía. Técnica que estudia el diseño y las propiedades de los caracteres que forman un texto impreso (letras, números y símbolos).

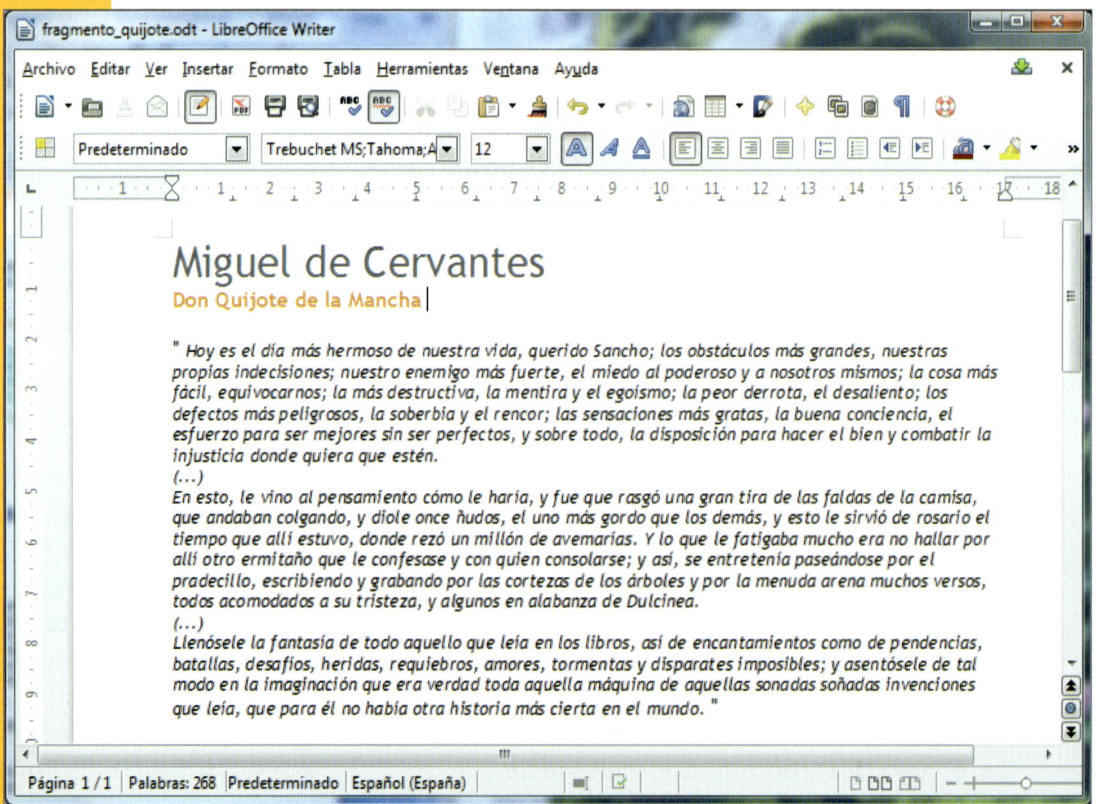

Si tienes dudas sobre el manejo básico de Word, consulta el videotutorial «Procesador de textos»; para información más avanzada, dispones también de los documentos «Funciones especiales del teclado en Word» y «Mapa de caracteres».

Menú Formato

Los procesadores de texto disponen de un menú **Formato** donde se encuentran las propiedades o los atributos aplicables a los componentes de un documento, funciones que se pueden ejecutar mediante accesos directos alojados en las barras de herramientas.

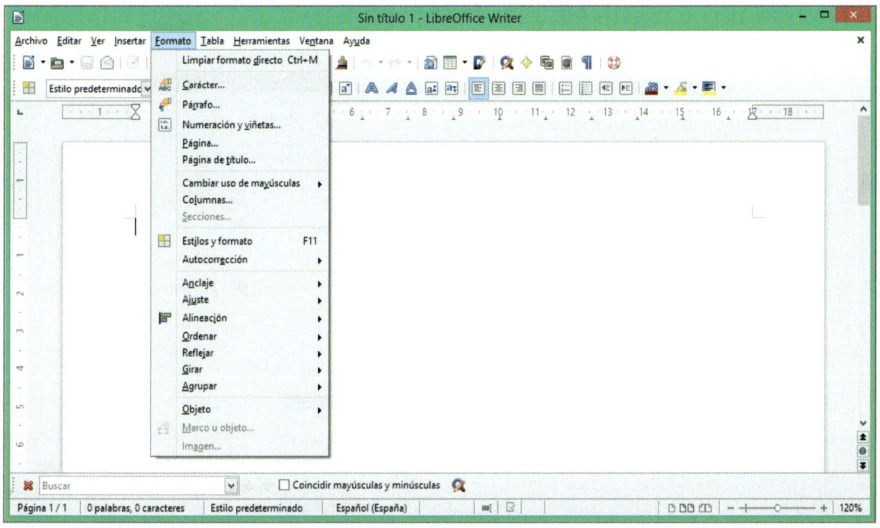

Menú **Formato** de Writer.

Barras de herramientas de Word.

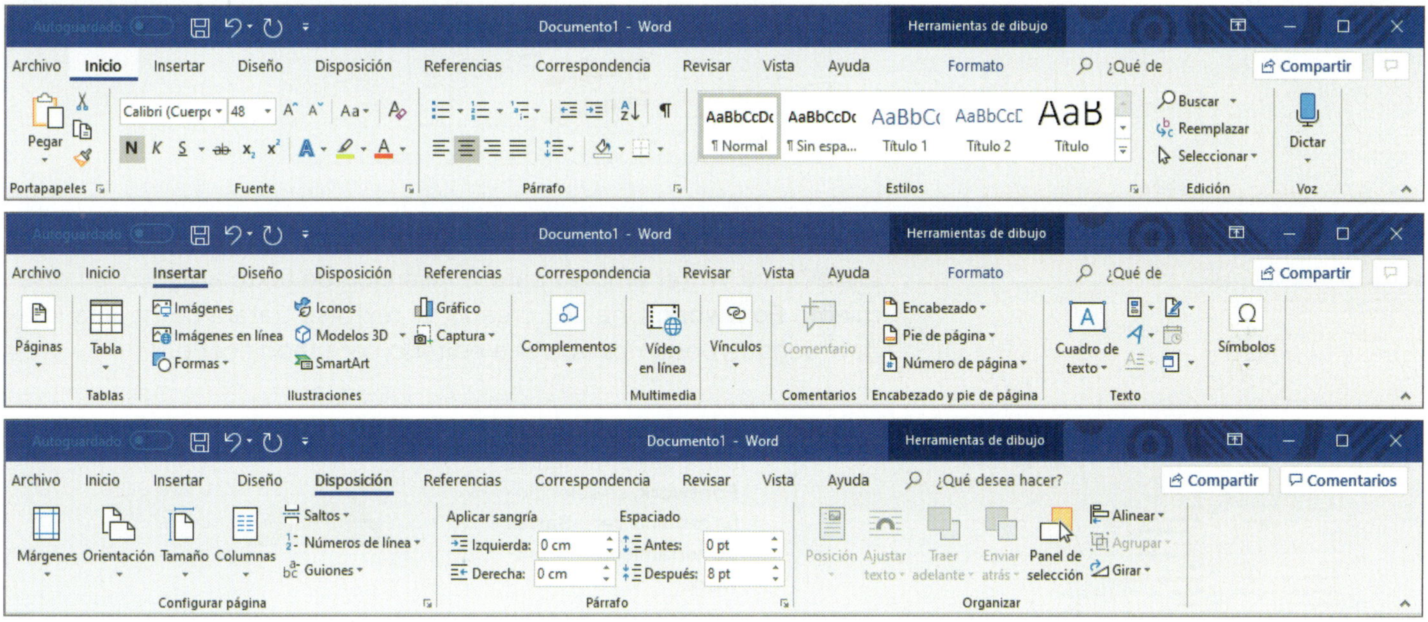

Práctica guiada

1 Copia el siguiente párrafo cuatro veces:

Hubo una pincelada de fuego en el cielo nocturno y un instante después el cohete auxiliar descendió más allá del campamento. Spender observó como se abría la portezuela y como Hathaway, el médico-geólogo (todos los tripulantes tenían dos especialidades, para ganar espacio en el cohete), salía y se acercaba lentamente al capitán.

Bradbury, Ray. *Aunque siga brillando la luna.*
http://www.libroteca.net/

2 Alinea cada uno de los párrafos de una forma distinta: a la izquierda, a la derecha, centrado y justificado.

3 Aplica a cada párrafo una fuente distinta. Haz pruebas con distintos tamaños y aplica diferentes atributos. Por ejemplo, pon en negrita los nombres de las personas que aparecen en el texto y subraya las palabras que tienen tilde.

4 Guarda el archivo con el nombre «Formatos2».

2.2 Textos artísticos

Textos artísticos en Microsoft Word

Microsoft Word permite la inserción de texto artístico por medio de **WordArt.** Una vez creado, el texto se tratará como una imagen, aunque podemos volver a editarlo para modificarlo.

WordArt tiene varios estilos predefinidos.

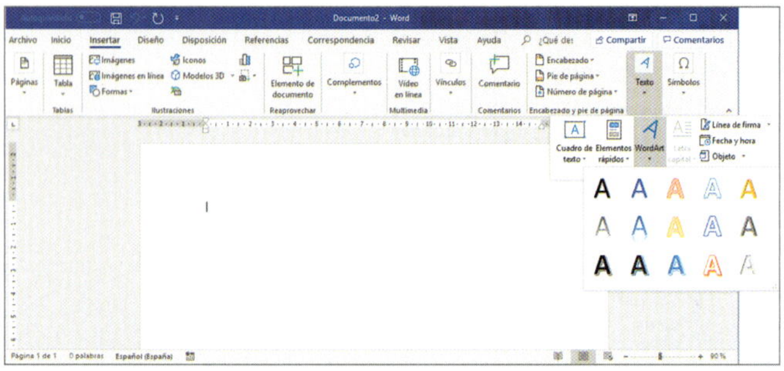

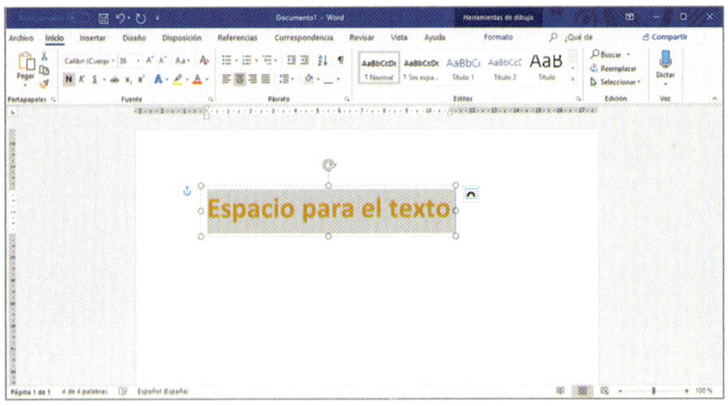

Además de escribir el texto deseado, es posible modificar la tipografía y algunos atributos aparte de la fuente.

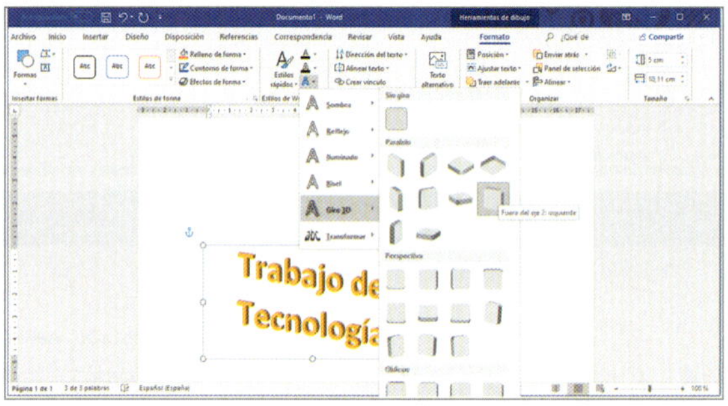

También se pueden modificar el texto introducido y los colores que da WordArt por defecto para cada estilo predefinido.

Textos artísticos en LibreOffice Writer

LibreOffice Writer emplea para la inserción de texto artístico la herramienta **Fontwork.** Una vez creado, el texto se tratará como una imagen, aunque podemos volver a editarlo para modificarlo.

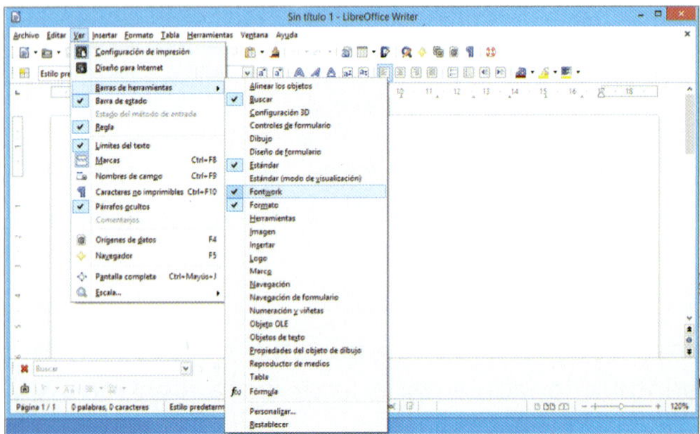

Para poder visualizar la barra de herramientas **Fontwork,** se selecciona el menú **Ver→Barras de herramientas→Fontwork.**

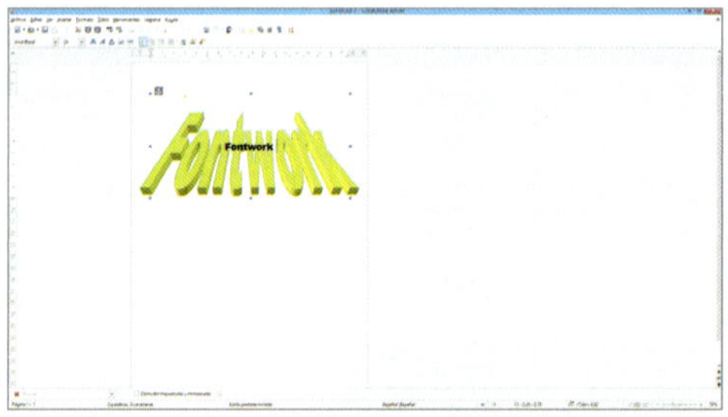

Se puede elegir entre una amplia variedad de estilos predefinidos.

Haciendo doble clic sobre la imagen, aparece centrada y en negro la palabra FONTWORK; borrándola, se podrá escribir el texto que se quiera.
Los tiradores azules permiten redimensionar la imagen, y otro de color amarillo, girarla.

2.3 Las áreas de un documento

Según puedes observar en la figura, la zona sombreada es el espacio reservado para escribir. Por encima y por debajo están las zonas para encabezado y pie de página. Además, alrededor del área de escritura hay unos márgenes en los que no se escribe nada. Estos márgenes están por motivos estéticos, para que la página no esté sobrecargada de texto, pero también porque las máquinas impresoras no pueden llegar a imprimir justo hasta el borde.

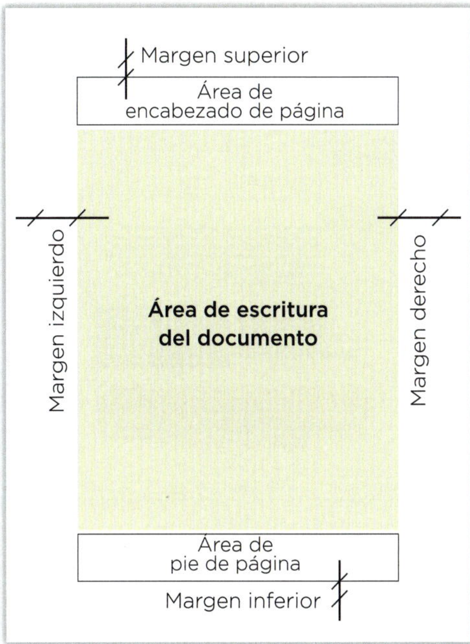

Encabezados y pies de página

Para mejorar la presentación de un documento, se utilizan los encabezados y los pies de página. Ambos se sitúan en los espacios por encima y por debajo del área de escritura. El uso de encabezados permite personalizar el documento con elementos como el título del escrito, el nombre del autor o de la autora, el número de página o datos como la fecha en la que se creó el documento.

Microsoft Word. Cinta **Insertar.**

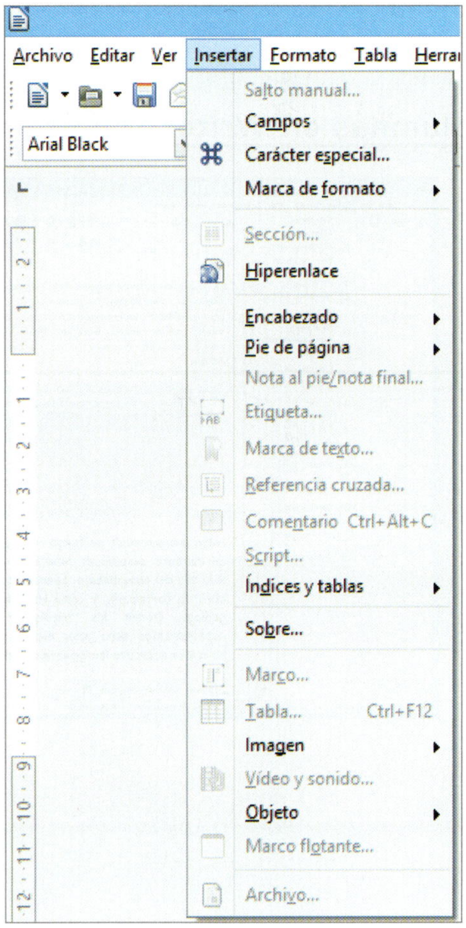

LibreOffice Writer. Menú **Insertar.**

Comprende, piensa, investiga...

6 Abre el documento Formatos2 y crea un encabezado en el que aparezca, alineado a la izquierda, el título de la obra: *Aunque siga brillando la luna.* Crea también el pie de página y sitúa centrado el número de la página, utilizando el número de página automático.

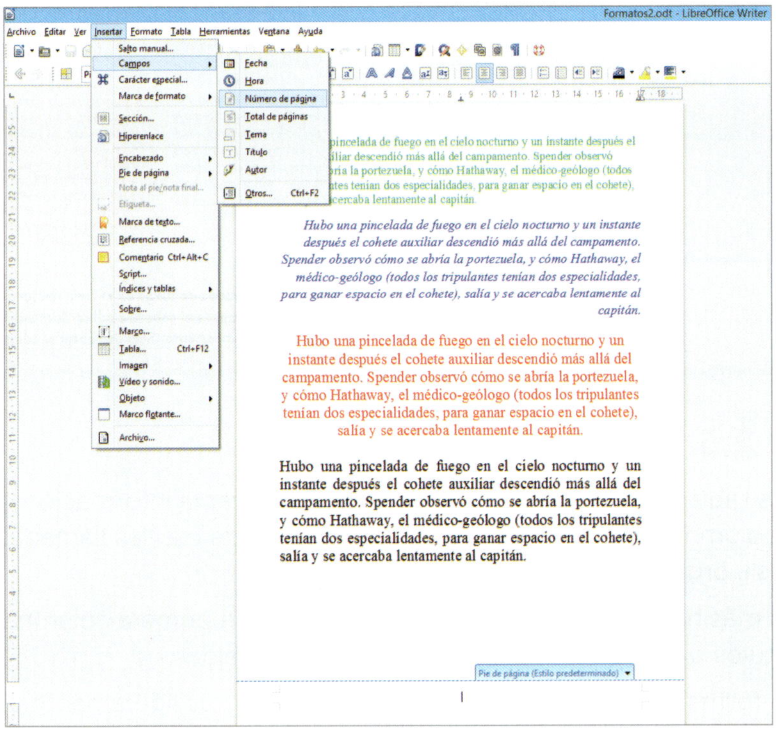

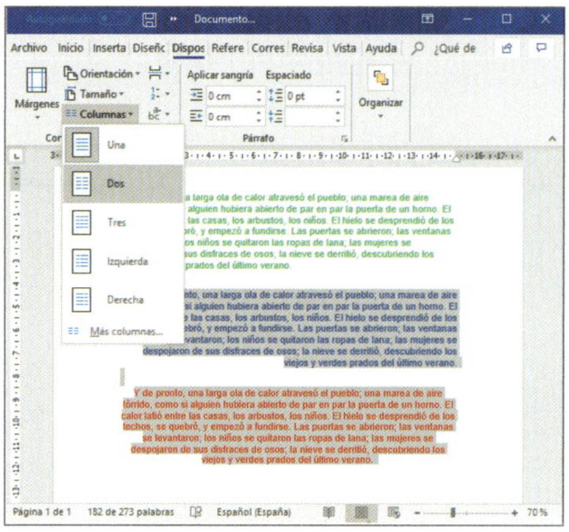

Columnas en Word.

2.4 Columnas

Los procesadores de texto permiten organizar el texto en varias columnas, de forma parecida a como se hace en los periódicos.

Siguiendo los pasos de las ilustraciones, podrás lograr que parte de un texto quede con dos columnas.

Columnas en Word

Abre el documento Formatos2 y selecciona los dos párrafos del centro.

Tras seleccionar el texto, ve al menú **Diseño de página** y configura el número de columnas en dos.

Columnas en Writer

Abre el documento Formatos2 y selecciona los dos párrafos del centro.

Tras seleccionar el texto, ve al menú **Insertar→Sección.**

Se despliega un cuadro en el que debes configurar el número de columnas en dos; en él también puedes modificar el espaciado entre el texto de ambas columnas y trazar una línea de separación.

Columnas en Writer

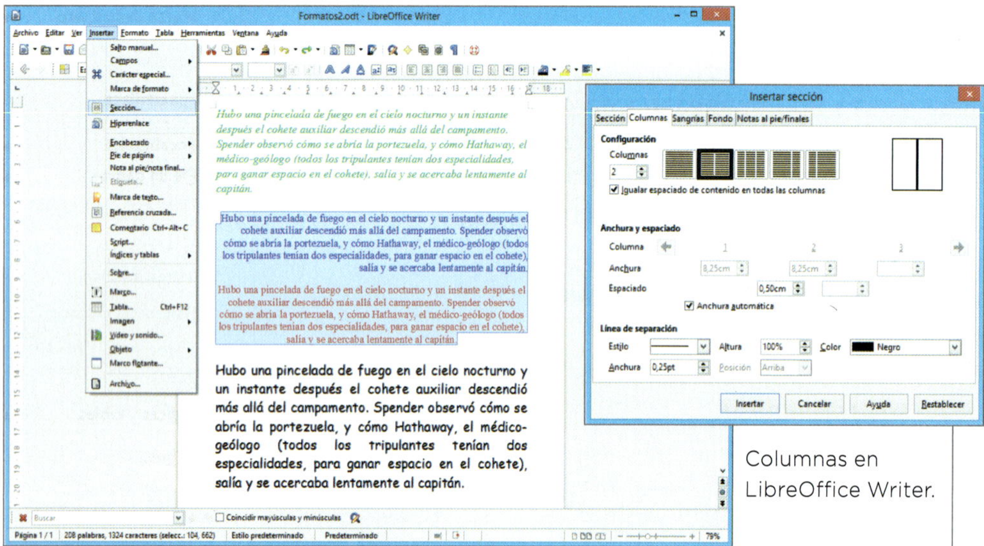

Columnas en LibreOffice Writer.

Documento Formatos2 tras aplicarle el diseño de dos columnas a dos de sus párrafos.

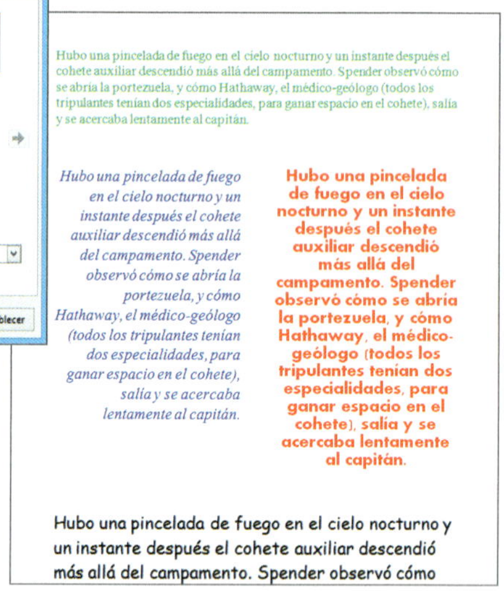

Hubo una pincelada de fuego en el cielo nocturno y un instante después el cohete auxiliar descendió más allá del campamento. Spender observó cómo se abría la portezuela, y cómo Hathaway, el médico-geólogo (todos los tripulantes tenían dos especialidades, para ganar espacio en el cohete), salía y se acercaba lentamente al capitán.

Hubo una pincelada de fuego en el cielo nocturno y un instante después el cohete auxiliar descendió más allá del campamento. Spender observó cómo se abría la portezuela, y cómo Hathaway, el médico-geólogo (todos los tripulantes tenían dos especialidades, para ganar espacio en el cohete), salía y se acercaba lentamente al capitán.

Hubo una pincelada de fuego en el cielo nocturno y un instante después el cohete auxiliar descendió más allá del campamento. Spender observó cómo se abría la portezuela, y cómo Hathaway, el médico-geólogo (todos los tripulantes tenían dos especialidades, para ganar espacio en el cohete), salía y se acercaba lentamente al capitán.

Hubo una pincelada de fuego en el cielo nocturno y un instante después el cohete auxiliar descendió más allá del campamento. Spender observó cómo

2.5 Tablas

Las tablas son un medio excelente de organizar la información en filas y columnas. Están formadas por una matriz de casillas llamadas «celdas», organizadas en filas y columnas.

Lo más habitual es emplear la primera fila (o la primera columna) para rótulos que indiquen lo que contendrán las celdas.

La forma de insertar tablas en un documento es ligeramente distinta en Microsoft Word y en LibreOffice Writer.

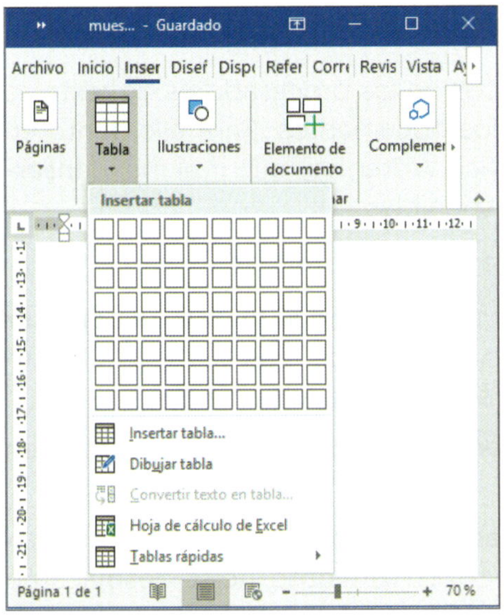

Word. Insertar tabla.

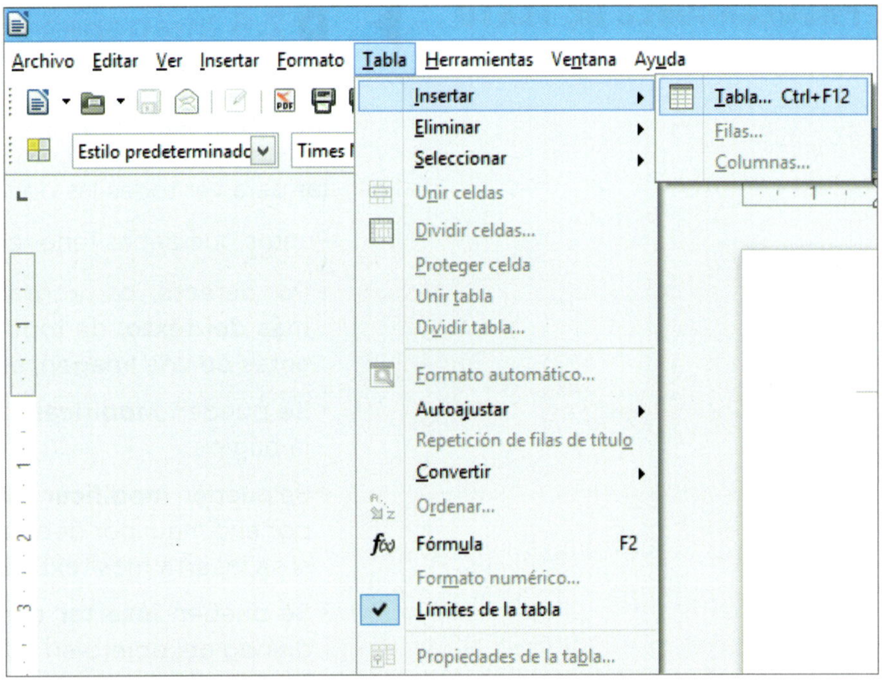

Writer. Menú **Tabla→Insertar.**

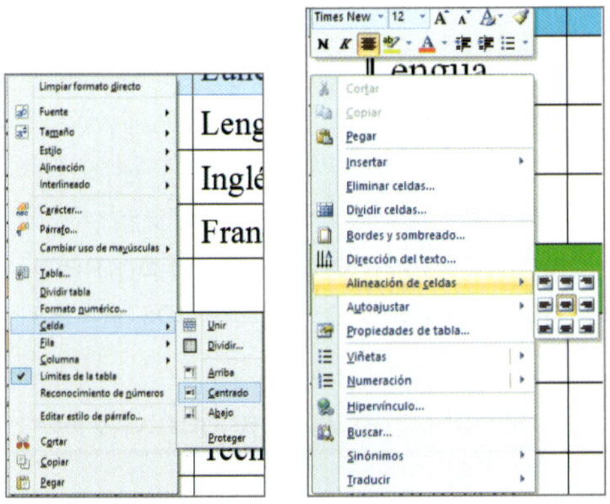

Menús de formato de tablas.

Dar formato y combinar las celdas de una tabla

El texto escrito en una tabla se puede resaltar con distintas opciones de formato y colores. También es posible alinearlo en horizontal o vertical dentro de cada celda, así como combinar varias celdas contiguas.

La mayoría de opciones aparecen al pulsar el botón derecho del ratón sobre las celdas seleccionadas; otras tendrás que buscarlas en el menú **Tabla** de LibreOffice Writer o en el menú **Diseño** de Microsoft Word.

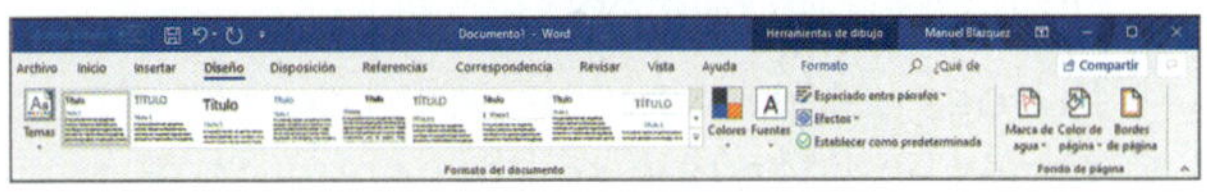

Word. Cinta **Diseño.**

Comprende, piensa, investiga...

7 Elabora un horario similar al del ejemplo.

a) Si al rellenar la tabla descubres que te falta espacio para una fila o columna, solo tienes que hacer clic con el botón derecho del ratón sobre una celda de tu elección y se abrirá un menú contextual que te permite añadir filas o columnas a tu conveniencia.

b) El aspecto inicial de tu horario debería ser parecido al que se muestra en la primera figura de la derecha.

c) Aplica formatos a las celdas para conseguir un horario similar al de la segunda figura.

d) Elige un color de fondo distinto para cada asignatura y acaba de colorear el horario a tu gusto.

e) Guarda tu archivo con el nombre «Horario2».

Horas	LUNES	MARTES	MIERCOLES	JUEVES	VIERNES
08:20 a 09:15	Lengua	Bio y Geo	Ed. Física	Francés	Lengua
09:15 a 10:10	Inglés	Plástica	Reli./Valores	Lengua	Matemáticas
10:10 a 11:05	Francés	Lengua	Inglés	Matemáticas	Ed. Física
11:05 a 11:30	Recreo				
11:30 a 12:25	Plástica	Matemáticas	Bio y Geo	Reli. /Valores	Inglés
12:25 a 13:20	Matemáticas	Geog. e Hist.	Geog. e Hist.	Bio y Geo	Geog. e Hist.
13:20 a 14:15	TPR	Tutoría	Lengua	Plástica	TPR
14:15 a 15:10		Inglés		Inglés	

Horas	LUNES	MARTES	MIERCOLES	JUEVES	VIERNES
08:20 a 09:15	Lengua	Bio y Geo	Ed. Física	Francés	Lengua
09:15 a 10:10	Inglés	Plástica	Reli./Valores	Lengua	Matemáticas
10:10 a 11:05	Francés	Lengua	Inglés	Matemáticas	Ed. Física
11:05 a 11:30	Recreo				
11:30 a 12:25	Plástica	Matemáticas	Bio y Geo	Reli./Valores	Inglés
12:25 a 13:20	Matemáticas	Geog. e Hist.	Geog. e Hist.	Bio y Geo	Geog. e Hist.
13:20 a 14:15	TPR	Tutoría	Lengua	Plástica	TPR
14:15 a 15:10		Inglés		Inglés	

2.6 Imágenes y gráficos

Una de las opciones más empleadas de los procesadores de texto es insertar imágenes y gráficos en los documentos. Para ello, tanto en Microsoft Word como en LibreOffice Writer hay que ir al menú **Insertar** para ver todas las opciones disponibles.

Puntos que debes tener en cuenta sobre los gráficos:

- Por defecto, los programas los tratan **como si fueran un carácter más del texto,** de modo que si insertamos más gráficos o texto antes de una imagen, esta se irá desplazando hacia abajo.
- Se pueden **modificar sus dimensiones** para que quepan bien en la página.
- Se pueden **modificar sus propiedades** para que queden «flotando» por encima o por debajo del texto. En este caso, no se desplazarán si se inserta más texto antes de ellos.
- Se pueden **insertar dentro de objetos,** como las tablas. Dependiendo del objeto en que se inserten, se podrán modificar algunas propiedades y otras no.

Práctica guiada

1 Abre el archivo Horario2.

2 Busca en Internet imágenes que estén relacionadas con las distintas asignaturas; por ejemplo, para Tecnología puedes buscar un robot, unos engranajes o un teléfono móvil.

Puedes utilizar la herramienta de inserción de imágenes en línea que se encuentra en el grupo Ilustraciones. Esta herramienta te permite buscar por palabras imágenes relacionadas; recuerda seleccionar la casilla «Solo Creative Commons» y así te aseguras de que están libres de derechos.

3 Inserta la imagen antes que el texto y ajústala para que quepa bien dentro de la celda. Si quieres, puedes eliminar el texto y dejar solo la imagen.

4 Para ahorrar trabajo, cuando tengas la celda bien formateada, selecciónala, cópiala y pégala sobre las demás celdas que corresponden con esa asignatura.

5 Cuando hayas introducido todas las imágenes, selecciona todas las celdas y aplícales un color desde el icono del cubo en la cinta **Inicio,** sección de párrafo. Repite esta operación seleccionando individualmente la primera columna para poner un color más oscuro, además de cambiar el color de la fuente de negro a blanco.

6 Por último, selecciona los elementos de la primera fila y aplícales la negrita para destacar los encabezados.

Debería quedar similar al de la imagen junto a estas líneas.

7 Guarda el archivo como «Horario3».

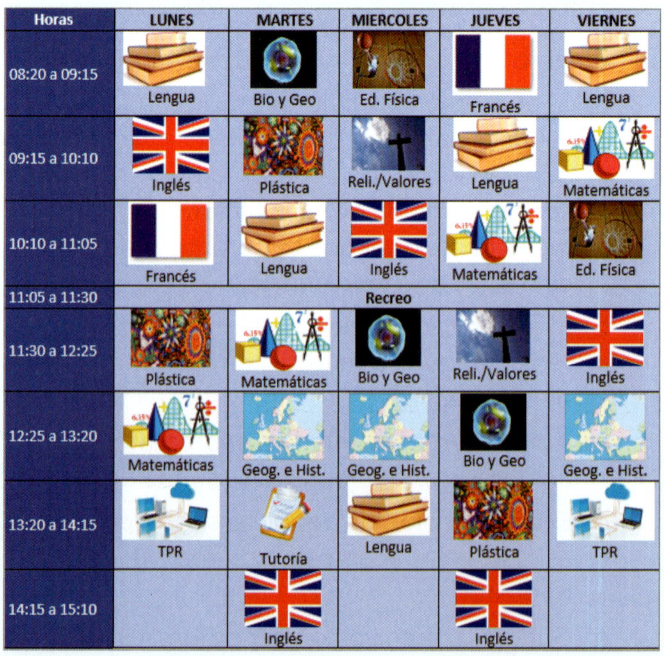

Horas	LUNES	MARTES	MIERCOLES	JUEVES	VIERNES
08:20 a 09:15	Lengua	Bio y Geo	Ed. Física	Francés	Lengua
09:15 a 10:10	Inglés	Plástica	Reli./Valores	Lengua	Matemáticas
10:10 a 11:05	Francés	Lengua	Inglés	Matemáticas	Ed. Física
11:05 a 11:30			Recreo		
11:30 a 12:25	Plástica	Matemáticas	Bio y Geo	Reli./Valores	Inglés
12:25 a 13:20	Matemáticas	Geog. e Hist.	Geog. e Hist.	Bio y Geo	Geog. e Hist.
13:20 a 14:15	TPR	Tutoría	Lengua	Plástica	TPR
14:15 a 15:10		Inglés		Inglés	

CLIP ART

Llamamos clip art a las imágenes elaboradas o predefinidas que se usan para ilustrar webs, presentaciones o documentos de cualquier tipo. Puedes encontrar imágenes clip art gratis para usar en tus trabajos en muchas webs distintas, una de ellas es http://openclipart.org/

COMBINACIONES DE TECLAS

Puedes ahorrar mucho trabajo cuando copies palabras y párrafos completos.

- Con ayuda del ratón, marca el texto que quieres copiar y emplea las teclas CTRL+C para copiarlo.
- Sitúa el cursor donde vayas a pegarlo y presiona CTRL+V.

EL MENÚ CONTEXTUAL

Recuerda que al hacer clic en el botón derecho del ratón, mientras el puntero está situado sobre algún elemento de un documento o algún fragmento seleccionado, se abrirá el menú contextual. Este menú te dará acceso a las características de fuente, tamaño y estilo, y a las propiedades del párrafo en que se encuentra.

Práctica guiada

1. Abre un documento nuevo en el procesador de texto.
2. Escribe el texto de la derecha sin formato ni atributos.
3. Aplica la justificación de párrafo a ambos lados, utilizando el icono correspondiente o mediante el menú **Formato→Párrafo.**
4. Selecciona las palabras entrecomilladas en el texto y aplícales cursiva.
5. Selecciona el título y aplícale negrita y tamaño de fuente 14.
6. Selecciona el resto del texto y pulsa una vez el tabulador. Verás como todo el texto se mueve a la derecha. Aplica al texto seleccionado fuente Arial y tamaño 12.
7. Selecciona las palabras que te resulten poco familiares y subráyalas.
8. Guarda el archivo con el nombre «Apolo».
9. ¿Qué extensión ha aplicado al archivo tu procesador? ¿Cuántos kilobytes ocupa en la memoria?
10. Busca en Intenet imágenes, libres de derechos, que tengan que ver con el texto: la nave Columbia, la Tierra vista desde el espacio, la Luna, el computador AGC, la sede del MIT, una consola, etc. Selecciona dos o tres de las imágenes encontradas e insértalas en el texto.

```
La evolución de los supercomputadores en el mundo

En verano de 1969, el 20 de julio, el Apolo 11, concretamente el módulo lunar Eagle, aterrizó en la superficie de la Luna. Junto con la nave Columbia, que se mantuvo en órbita con Collins a los mandos, formaba una frágil estructura que hizo historia. Para guiar la nave entre la Tierra y la Luna, se empleó el AGC, siglas en inglés de Apollo Guidance Computer o 'computador de guiado del Apolo'. El AGC era un ordenador diseñado en el MIT, siendo el primer ordenador que empleó circuitos integrados.

Realmente, el ordenador era un proyecto puramente artesanal en el que las conexiones se hicieron mediante la técnica de «wrapping», es decir, enrollando cables alrededor de los terminales de contacto, protegidos a su vez con resina epoxi. Todavía no se había extendido la fabricación de placas de circuito impreso. Incluso para un experto en electrónica, es sorprendente como se pudo guiar una nave espacial hasta la Luna con circuitos diseñados con tecnología de diodos y transistores. En comparación con los diseños actuales, tanto el hardware como el software desarrollados en ensamblador eran verdaderos dinosaurios del Jurásico.

Más de cuatro décadas después, es cosa de románticos revisar este tipo de información. Una simple consola de videojuegos de menos de 200 euros sería capaz, con la actual tecnología, de dirigir toda una flota de naves espaciales, como el Eagle, de forma coordinada.
```

Aprende jugando con la actividad interactiva «Trabajando con el procesador de texto» de **anayaeducacion.es**.

3 PRESENTACIONES ELECTRÓNICAS

Comprende, piensa, investiga...

8 Observa la figura y contesta a las siguientes preguntas:

a) ¿Cuáles son las principales diferencias entre las tres portadas?

b) ¿Qué características consideras negativas en cada una de ellas y cuáles crees que son positivas?

c) ¿Cuál elegirías a la hora de iniciar una presentación?

d) ¿Qué cambios introducirías en la elegida y por qué?

Las presentaciones son un método muy visual y atractivo para la exposición de ideas. Permiten transmitir conceptos claros y precisos a sus oyentes siempre que se elaboren de forma adecuada.

3.1 Consejos para la creación de presentaciones electrónicas

A la hora de confeccionar una presentación, no se trata simplemente de disponer información en forma de diapositivas que van a ser proyectadas con posterioridad. Es importante tener en cuenta una serie de aspectos que te ayudarán a que tu presentación tenga un mayor impacto.

En primer lugar, es necesario tener presente a quién va dirigida la presentación para adecuar los contenidos a ese público.

Para planificar la elaboración de una presentación, debes tener en cuenta los siguientes consejos:

- **Selecciona un tipo de letra con caracteres bien definidos** y tamaño adecuado. El público puede estar a gran distancia, por lo que es conveniente utilizar un espacio entre renglones que permita distinguir con claridad las líneas. Hay que mantener el mismo formato a lo largo de toda la presentación.
- **Evita** las diapositivas que incluyan **demasiados detalles** o que sean demasiado complejas.
- En cuanto a la dimensión, se considera adecuada una extensión **entre 6 y 8 líneas por diapositiva.** El texto de una diapositiva sirve de guion para la persona que está exponiendo, no como texto de lectura.
- **Evita** en lo posible introducir **textos en vertical.**
- **Utiliza colores de alto contraste** en el texto y el fondo de la presentación. A veces, los colores de los fondos de las diapositivas no permiten una lectura clara del texto.
- **No abuses de los efectos de transición** entre diapositivas, de los efectos sonoros y de las animaciones. Un exceso puede provocar distracción en lugar de aumentar el interés.
- Si se incorporan imágenes, hay que seleccionarlas adecuadamente. **Utiliza imágenes de buena calidad** que resulten claras en el momento de ser proyectadas.
- Intenta ser creativo con las presentaciones, pero observando siempre los puntos anteriores. **Recuerda que no se debe sacrificar la legibilidad por el estilo.**
- Hay que **asegurarse de que la presentación será compatible** con los medios que se van a utilizar para presentarla: el formato de los ficheros, la disponibilidad de audio, etc.
- Y, sobre todo, **nunca leas el texto de las diapositivas al público que tienes delante.** La presentación debe ser solo una ayuda para que expliques un tema apoyándote en imágenes y textos breves que sirvan de disparadores de ideas.

En **anayaeducacion.es** encontrarás un vídeo sobre las presentaciones electrónicas.

3.2 Asistentes de presentaciones

Un asistente de presentaciones electrónicas es una aplicación informática creada para desarrollar una serie de diapositivas, o *slides*, que en su conjunto forman una presentación. LibreOffice Impress y Microsoft PowerPoint son los dos asistentes más utilizados.

La forma de abrir estos programas es la siguiente:

- **En Windows,** desplegar el botón **Inicio** y seleccionar Todos los programas. A continuación elegir **MicrosoftOffice** y **Microsoft PowerPoint,** o bien **LibreOffice** y **LibreOffice Impress.**
- **En Ubuntu,** hacer clic en el botón **Aplicaciones** y seleccionar **Oficina** y **LibreOffice Presentaciones.**

Al iniciar Impress, puedes ver que su ventana principal está dividida en tres partes diferenciadas: el **panel de diapositivas,** el **área de trabajo** y el **panel de tareas.** Junto a estos elementos encontrarás también varias barras de herramientas, así como el menú de opciones.

Los entornos de trabajo de Impress y PowerPoint son muy similares, siendo en los menús donde mayores diferencias existen entre las dos aplicaciones.

Funciones básicas

Como en muchos otros programas de entorno gráfico, puedes acceder a las funciones básicas de Abrir, Guardar e Imprimir archivo a través del menú **Archivo.** Las funciones básicas de edición —**Copiar, Cortar** y **Pegar**— se encuentran en el menú **Edición.**

Como puedes comprobar, muchas de estas funciones están también disponibles a través de botones en la barra de herramientas.

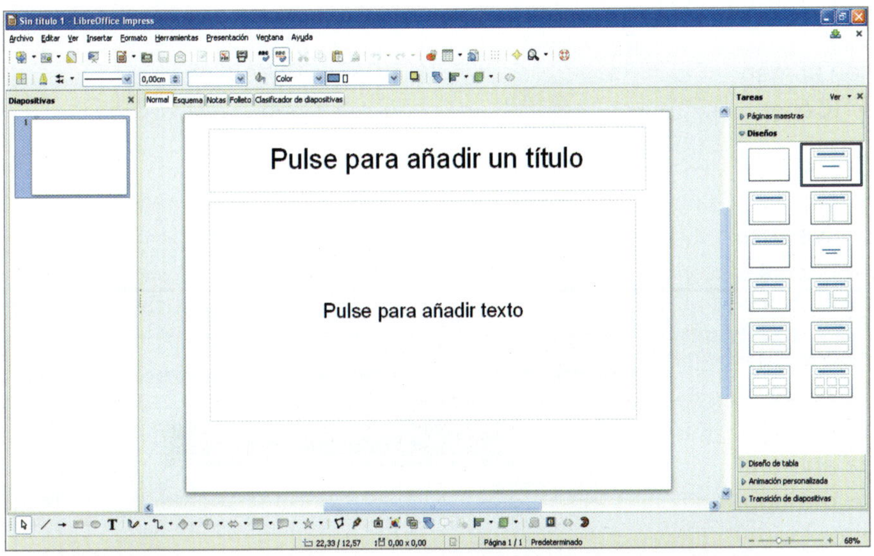

LibreOffice Impress.

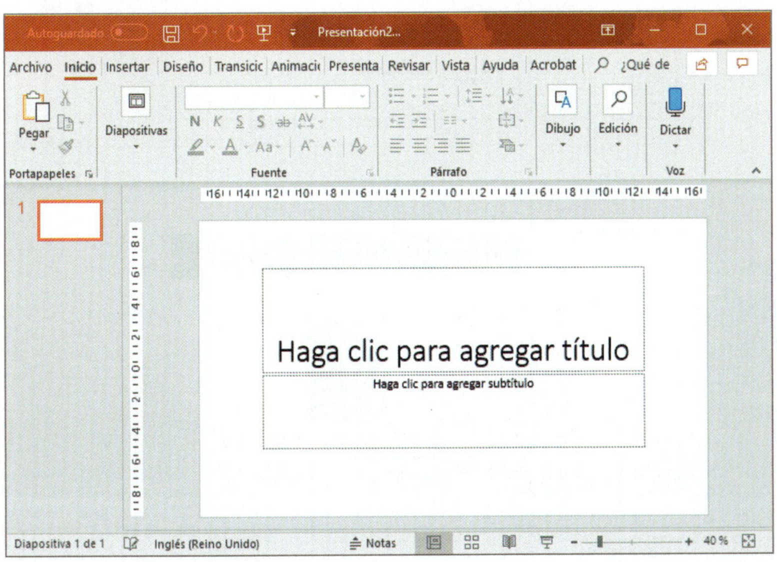

Microsoft PowerPoint.

3.3 Primer contacto con el asistente de presentaciones

Para producir documentos en informática, lo mejor es ponerse manos a la obra y practicar experimentando y «cacharreando» con las diferentes opciones que los programas ofrecen.

Comienza por elegir un tema para los contenidos de la presentación. Tienes disponible la primera diapositiva. Sitúa diversos elementos textuales como un título y tu nombre, también puedes insertar elementos gráficos o alguna imagen alusiva. Elige un estilo para el documento y comienza a incluir más diapositivas con los contenidos que consideres oportunos.

Quizá te haya salido un tanto caótica. No te preocupes, porque a lo largo del tema verás las herramientas de la aplicación. Vuelve a intentarlo siguiendo los pasos de la práctica guiada incluida a continuación:

Práctica guiada

1 Abre la aplicación LibreOffice Impress.

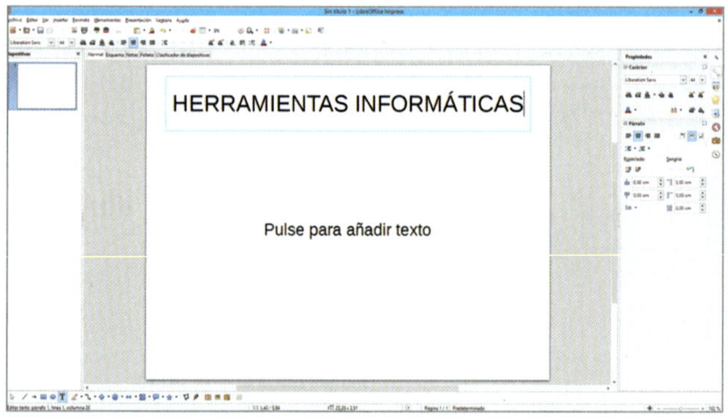

2 Añade un título a tu diapositiva. Escribe en el marco superior «HERRAMIENTAS INFORMÁTICAS».

Aplica formato en negrita al título con la acción **Formato→Carácter** y en la pestaña **Fuente,** selecciona **Estilo→Negrita,** o emplea el botón **Negrita** de la barra de herramientas formato del texto.

En el marco inferior escribe tu nombre, apellidos y grupo. Alinéalo a la izquierda posicionando el cursor sobre la línea escrita y haciendo clic sobre el botón **Ajustar a la izquierda**, o bien pulsando la combinación de teclas CTRL+L. Desplaza ahora el cuadro de texto hacia abajo y modifica su tamaño. Cambia el tamaño de la letra utilizando los botones **Aumentar letra** o **Reducir letra** .

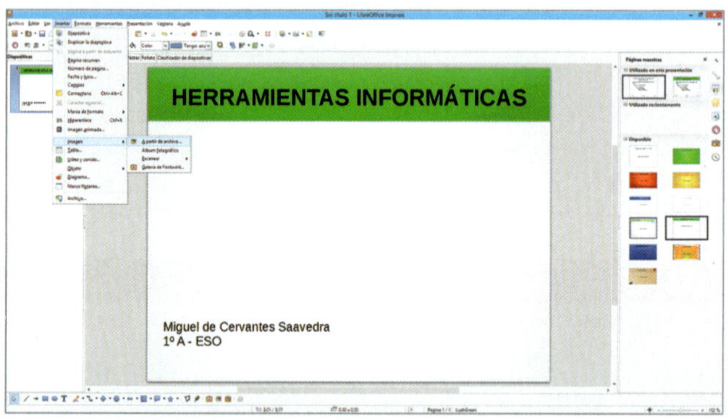

3 En el panel de tareas, situado en el lado derecho de tu pantalla, selecciona **Páginas maestras** y de entre los fondos disponibles opta por el denominado «verde frondoso».

4 Haz más vistosa esta primera diapositiva insertando una imagen. Para ello, selecciona en el menú **Insertar→Imagen→A partir de archivo...** y elige la imagen de herramientas de LibreOffice ubicada en la carpeta de recursos correspondiente a esta unidad.

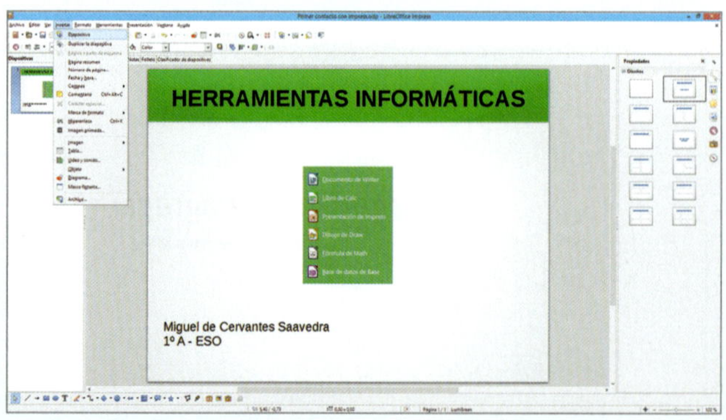

Práctica guiada

5 Añade una nueva diapositiva a tu presentación. En el panel de tareas selecciona ahora la pestaña **Diseños** y en ella **Título, contenido y contenido 2.**

6 Como título de esta nueva diapositiva, escribe «LibreOffice Impress». Aplica formato en negrita y ajusta el tamaño de la fuente, utilizando los botones adecuados para que el título ocupe solo una línea.

7 En el cuadro de la izquierda, inserta una imagen a partir de archivo. Para ello, sigue los pasos del punto 6 y selecciona la imagen del logotipo de Impress.

8 Introduce el texto «Impress es un programa de presentaciones» en el cuadro de la derecha. Puedes usar la tecla **Retroceso** para activar las viñetas, o bien el botón de la barra de herramientas **Formato→Activar/desactivar viñetas** .

9 En el cuadro inferior, introduce el texto que aparece en la imagen de ejemplo.

10 Modifica las características del cuadro haciendo clic con el botón derecho del ratón sobre él.

11 En el menú contextual selecciona **Línea** para crear un borde y **Área** para darle un color de fondo.

12 Incluye un efecto de transición; para ello, selecciona **Transición de diapositivas** en el panel de tareas a la derecha de la pantalla y elige la transición **Barrido hacia abajo.**

13 Presiona sobre el botón **Aplicar a todas las diapositivas.**

14 Pulsa ahora **F5** para iniciar la presentación. ¡Acabas de crear tu primera presentación en Impress!

15 Repite la actividad con Microsoft PowerPoint. ¿Has encontrado alguna diferencia significativa?

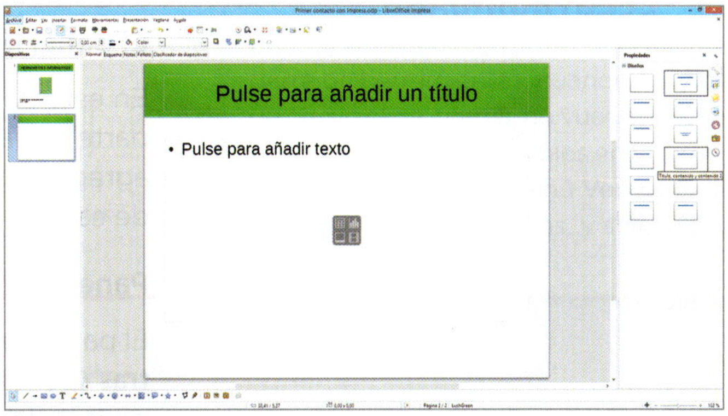

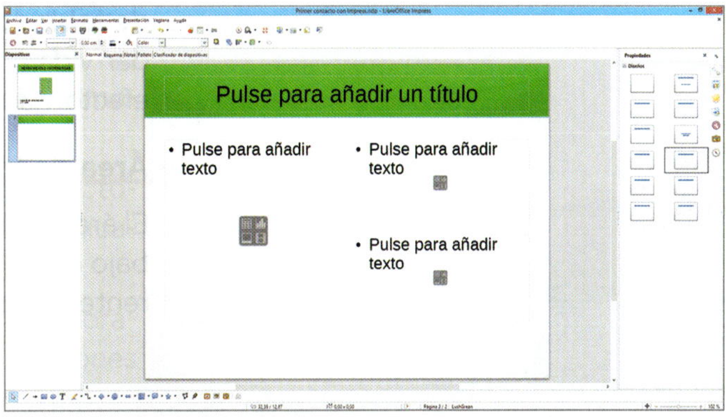

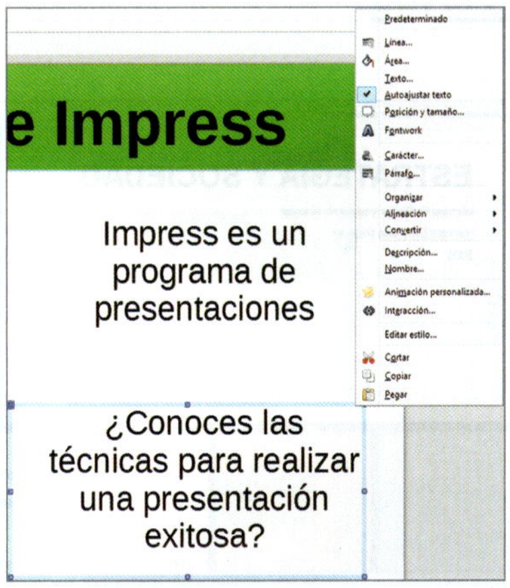

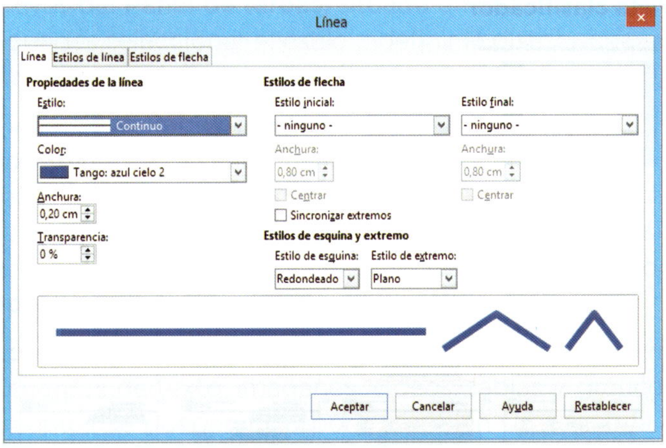

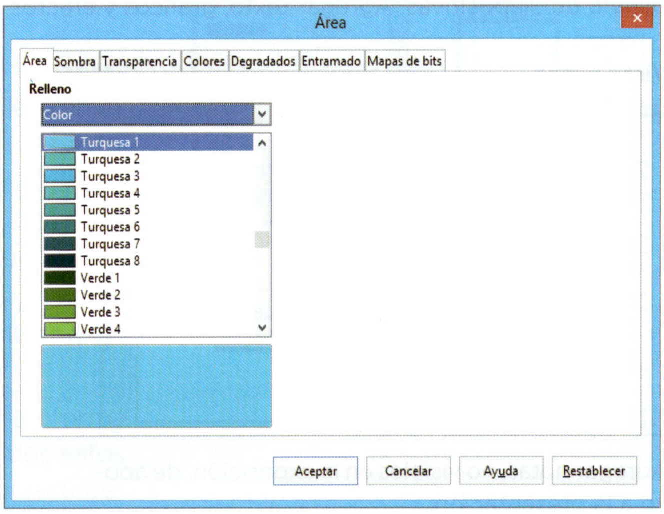

La inserción de imágenes, vídeos y sonidos

En PowerPoint puedes incluir cualquier elemento multimedia desde la cinta **Insertar** y el área **Multimedia.**

Elige el archivo multimedia y suéltalo directamente en la diapositiva. Posteriormente podrás incluir efectos y disposiciones para visualizarlo.

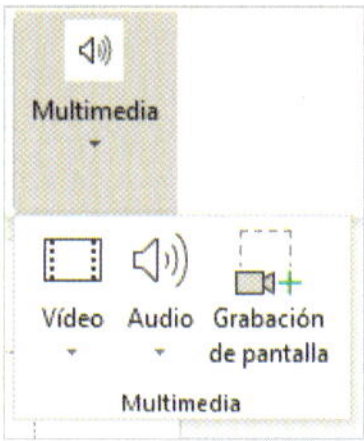

Las transiciones de los elementos

En la cinta **Transiciones** tienes múltiples efectos de transición disponibles. Una vez que elijas el que prefieras, podrás determinar si quieres añadir algún sonido a la transición, cuánto tiempo tiene que durar e, incluso, cuál es el método para lanzar la transición, siendo el preferido, al hacer clic con el ratón.

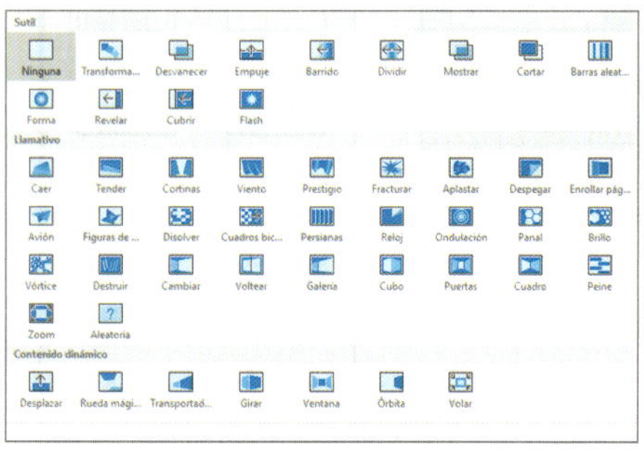

3.6 Añadir objetos

A la hora de crear una presentación, lo más frecuente es partir de una plantilla en la que ya hay dispuestos algunos cuadros de texto. No obstante, podemos suprimir esos cuadros, modificarlos o añadir otros nuevos. También se pueden incluir elementos multimedia como los que se detallan a continuación.

Cuadros de texto

Para poder añadir texto en los bloques por defecto del diseño elegido, solo tienes que hacer clic en su interior. Para añadir nuevos cuadros de texto, debes seleccionar la herramienta **Texto** T de la barra de herramientas Dibujo y después, hacer clic.

No olvides activar, al final del proceso, la herramienta **Selección**, situada en la misma barra de herramientas.

En PowerPoint resulta más sencillo: elige el menú **Insertar→Cuadro de texto** y selecciona un lugar en tu diapositiva para insertarlo.

Imágenes, vídeo y sonido

Existen diversas formas de insertar multimedia en una diapositiva. Tanto en PowerPoint como en Impress puedes hacerlo a través del menú **Insertar→Imagen** (Vídeo o Sonido) o seleccionando las respectivas opciones dentro de los cuadros predefinidos en el *layout*.

Los vídeos y sonidos tienen la particularidad de que solo se reproducirán mientras se esté presentando la diapositiva en la que están insertados, deteniéndose su reproducción al pasar a la siguiente diapositiva.

Otros elementos visuales

También es posible incorporar diferentes formas, SmART en Impress, y WordArt en Power Point, de la misma forma que los has empleado en los procesadores de texto.

3.7 Dando vida a la presentación

Una vez añadidos todos los contenidos a la presentación, llega el momento de incluir efectos que la hagan más atractiva. Para ello cuentas con las transiciones y las animaciones.

Transiciones

La transición es el paso que se produce de una diapositiva a otra. Para incluir o modificar este efecto en Impress y PowerPoint, selecciona la pestaña **Transición** del panel de tareas y escoge las diapositivas a las que deseas aplicárselo.

Aunque puedes elegir entre diversos tipos de transiciones, no conviene usar muchas distintas ni pasarlas a gran velocidad, pues puedes distraer al público del tema principal de la presentación.

Puedes configurar que el paso de una diapositiva a otra se produzca automáticamente transcurridos unos segundos o al hacer clic con el ratón.

Animaciones

Las animaciones se aplican sobre elementos de la diapositiva, como textos o imágenes. Con ellas es posible moverlos por pantalla o hacerlos aparecer y desaparecer según se desee.

Tanto en Impress como en PowerPoint se configuran por medio de la pestaña **Animaciones.** Se pueden aplicar varios efectos a cualquier elemento que se haya seleccionado: **Entrada, Énfasis, Salir** y **Trayectorias de desplazamiento.** Es posible configurarlos para que vayan encadenados uno tras otro o que esperen a que se haga clic con el ratón para comenzar.

En general, la recomendación es no abusar de las transiciones y las animaciones, pues distraen a los espectadores.

Hipervínculos

Estamos acostumbrados a que una presentación se vea de forma lineal desde el principio hasta el fin, pero es posible alterar en cierta medida el orden en que se ven las diapositivas. Empleando hipervínculos podemos crear atajos que nos permitan saltar de una diapositiva a otra en un orden diferente.

Comprende, piensa, investiga...

9 Crea una nueva presentación de Impress y otra de PowerPoint que incluyan varias diapositivas con distintos estilos y diseños. Añade diferentes textos e imágenes.

10 Crea una diapositiva que incluya un diseño maestro. Añade diferentes cuadros de texto con bordes, rellenos y sombreados como los de la figura.

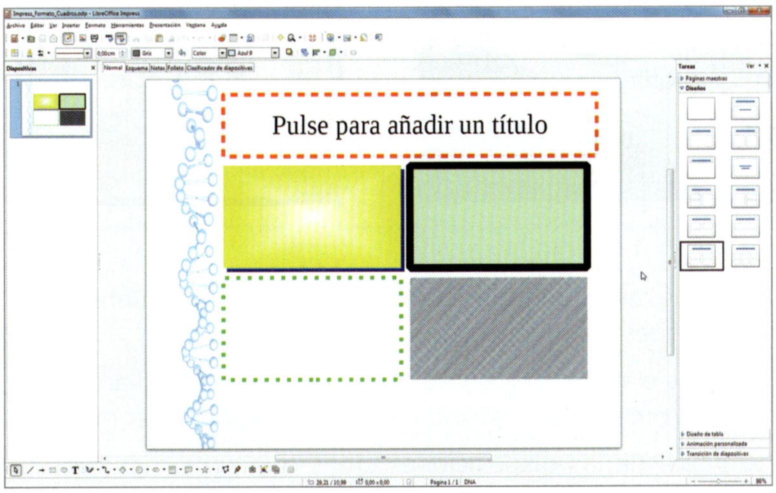

11 Una forma especial de insertar imágenes en una diapositiva es usándolas como imagen de fondo de la diapositiva. En Impress, basta con hacer clic con el botón derecho sobre una zona en blanco de una diapositiva y seleccionar la opción del menú **Diapositiva→Definir imagen de fondo.** ¿Cuál sería el procedimiento para hacerlo en PowerPoint? Investiga en la aplicación.

Inicio de una presentación

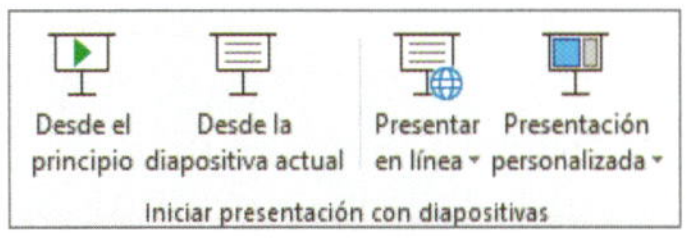

Tanto en PowerPoint como en Impress se puede iniciar la reproducción de una presentación a partir del menú **Presentación,** o bien pulsando la tecla **F5.**

Asegura la compatibilidad

Como en muchos otros programas de entorno gráfico, puedes acceder a las funciones básicas de **Abrir, Guardar** e **Imprimir** archivo a través del menú **Archivo.**

En el momento de guardar tu documento, puedes elegir la opción de **Guardar como.** Esta opción te permitirá seleccionar un **formato compatible** con otras aplicaciones. De esta forma podrás utilizar tu documento en otros equipos que no dispongan de LibreOffice o utilizar versiones de PowerPoint más antiguas.

ORGANIZACIÓN DEL AULA DE INFORMÁTICA

PRESENTACIÓN DEL PROYECTO I

A continuación se han representado diferentes distribuciones de ordenadores para el aula de Informática. Observa la disposición de los equipos y valora de 0 a 10 cada disposición en función de las preguntas propuestas bajo las imágenes.

Disposición periférica, en la que los ordenadores se encuentran sobre una encimera a lo largo de las paredes del aula.

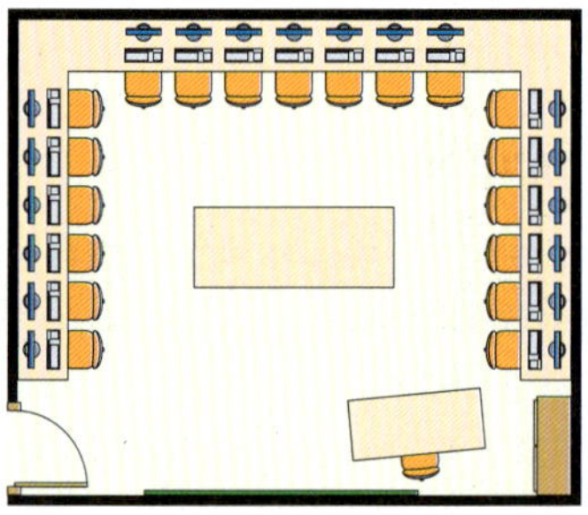

Disposición frontal, donde todos los puestos están colocados para que el alumnado mire hacia el frente, situándose la mesa y el equipo del profesor o la profesora frente a ellos.

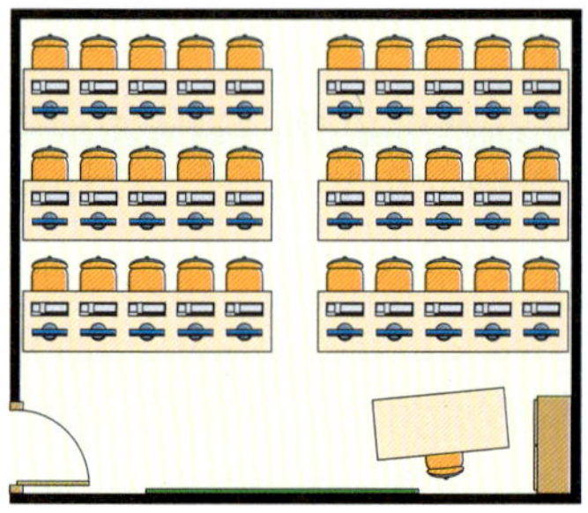

Disposición mixta, en la que se sitúan los ordenadores de forma periférica, combinados con una isleta de ordenadores.

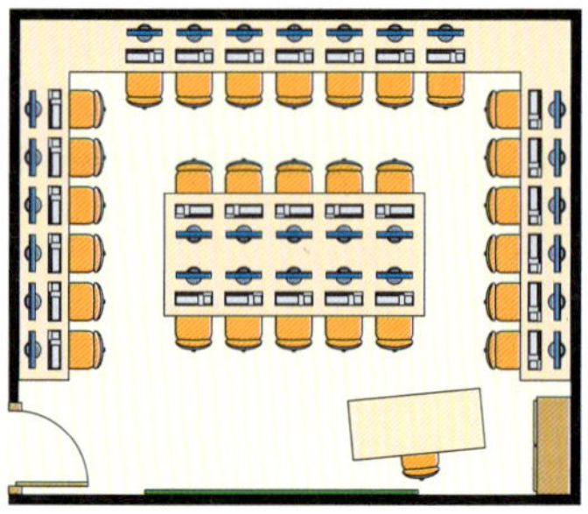

a) ¿Cuál de las disposiciones resulta más cómoda cuando dos o tres estudiantes tengan que compartir un equipo?

b) ¿Cuál es el grado de comodidad para que un estudiante combine el uso del ordenador y atienda a las explicaciones del profesorado?

c) ¿En cuál de las disposiciones crees que sería más fácil conectar entre sí todos los ordenadores?

d) ¿Cuál de las disposiciones permite utilizar más cómodamente el teclado y el ratón?

e) ¿Cuál crees que es la mejor disposición para que el profesor o la profesora dirija la clase?

Suma las valoraciones y determina, bajo tu criterio, cuál de las aulas propuestas es la idónea.

¿Conoces todas las profesiones relacionadas con la informática? Seguro que no, aprende un poco más sobre ellas con el documento «Profesiones relacionadas con el uso de las nuevas tecnologías».

INSTALACIÓN DE UBUNTU

PRESENTACIÓN DEL PROYECTO II

Una de las distribuciones del sistema operativo Linux con más seguidores es Ubuntu. Es muy fácil de utilizar, ya que, al contrario de otros sistemas operativos, puede ser instalado como una aplicación más, sin modificar el sistema operativo que tengas en tu equipo.

Ubuntu incluye, con el sistema operativo Linux, una amplia variedad de aplicaciones. Tanto el software del sistema como la mayoría de sus aplicaciones pueden distribuirse bajo licencia libre o de código abierto. Al ser un proyecto internacional, en el que trabajan cientos de personas, tiene una cadencia de actualización constante y cada semestre aparece una nueva versión completa. Cada dos años se publica una versión denominada LTS (Long Time Support), más estable y probada que las anteriores, que serán soportadas y actualizadas durante un período de 5 años.

Si tan solo quieres probarlo, puedes crear un DVD o una unidad USB de arranque con la última versión del sistema operativo. Accede para ello a:

https://ubuntu.com/tutorials/try-ubuntu-before-you-install.

Con este DVD o unidad USB puedes arrancar el ordenador sin alterar el sistema operativo que ya tenía instalado. Si te gusta Ubuntu, podrás instalarlo después en el disco duro de tu ordenador.

IMPORTANTE: Es posible que necesites modificar los parámetros de arranque del ordenador para establecer el DVD o la unidad USB como unidad de arranque. Sigue las instrucciones que aparecen en el enlace anterior para hacerlo.

Una vez que estés ejecutando Ubuntu, contesta a las siguientes preguntas:

1. ¿Qué similitudes encuentras con tu sistema operativo?
2. ¿Qué funciones y aplicaciones son nuevas para ti?
3. Abre el navegador que esté disponible y accede a una página web. ¿Cambia en algo la navegación?

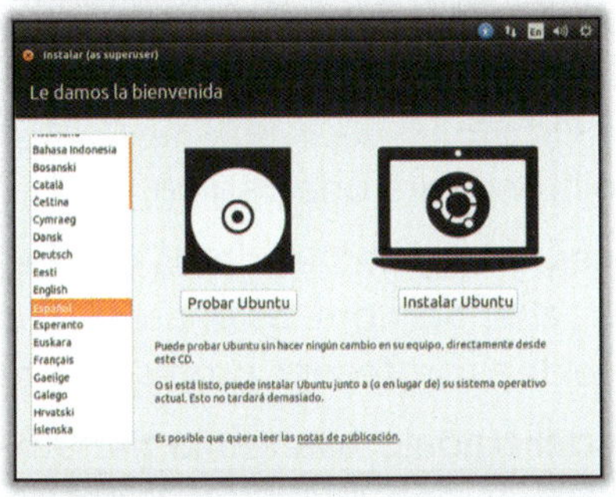

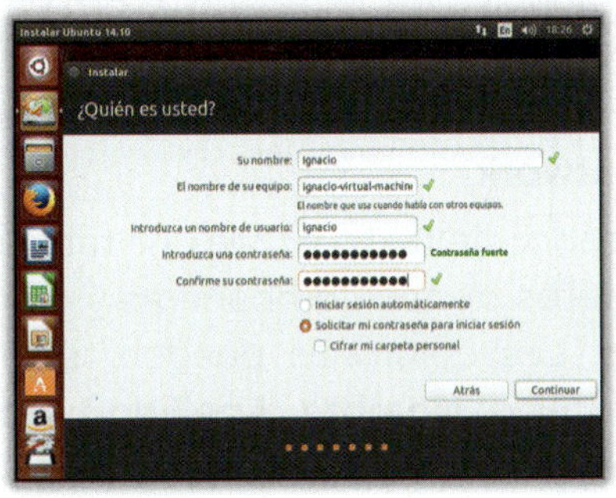

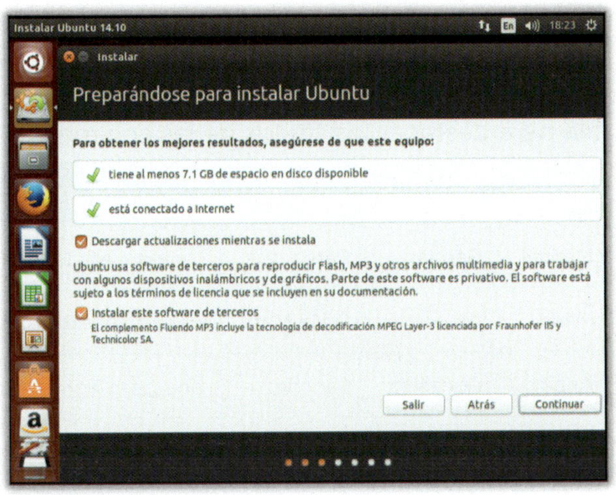

Recuerda seleccionar el material de trabajo de esta unidad para tu **portfolio.**

TRABAJA CON LO APRENDIDO

El software de aplicación

1 Indica si las siguientes frases son verdaderas o falsas:

a) Al conjunto de programas ejecutables en un ordenador se lo denomina software.

b) Una aplicación informática no se considera software.

c) El sistema operativo contiene el software suficiente para que un ordenador funcione.

d) El conjunto de aplicaciones compone el núcleo del software en un computador.

e) El sistema operativo es una aplicación que se controla directamente desde el hardware.

f) Un programa antivirus es una aplicación de tipo utilidades.

g) El término «ofimática» hace referencia al uso de aplicaciones destinadas a automatizar el trabajo propio de una oficina tradicional.

2 ¿Cuántas aplicaciones conoces y qué hacen? ¿Tienen la misma apariencia si se ejecutan en un ordenador personal que en un teléfono inteligente?

3 Pon un ejemplo de un software de cada uno de estos tipos:

a) Aplicación ofimática.

b) Utilidad.

c) Software de comunicación.

d) Aplicación de entretenimiento.

4 ¿Qué significa que un software tenga una licencia propietaria?

5 Visita la página web de Creative Commons en https://creativecommons.org/choose/ y estudia los tipos de licencias que se pueden atribuir a una obra. Haz una lista con las posibilidades.

Procesadores de texto

6 Indica al menos dos atributos de cada una de estas clases que se puedan utilizar con un procesador de texto:

a) Atributos de fuente.

b) Atributos de párrafo.

c) Atributos de página.

7 ¿Qué significa «aplicarle una sangría de 1 centímetro a un párrafo»? Si no lo sabes, pregunta a tus familiares o al profesorado y aplícalo a un párrafo que escribas con tu procesador de texto.

8 ¿Cuántos tipos de alineaciones de párrafo están disponibles en un procesador de texto? Indica sus denominaciones genéricas.

9 Dibuja en tu cuaderno un rectángulo que simule una página y marca en este las siguientes zonas:

- Margen superior.
- Margen inferior.
- Márgenes izquierdo y derecho.
- Área de escritura.
- Área de encabezado de página.
- Área de pie de página.

10 Para modificar el tamaño de fuente, ¿qué tipo de atributo has de variar?

11 Escribe en tu procesador de texto dos párrafos de un par de líneas cada uno. Varía el interlineado a 2,5 en el primero y deja el segundo a interlineado sencillo. ¿Cuál ocupa más espacio en la página?

12 Inserta una imagen en medio de un texto. Modifica sus parámetros de situación para que la imagen quede situada a la izquierda y rodeada del texto.

13 Crea una portada para los trabajos que tienes que entregar. Condiciones:

- La portada solo ocupará una página.
- Deben aparecer los siguientes datos en la esquina inferior derecha: nombre, asignatura, curso y grupo, nombre de tu profesor o profesora y fecha.
- Crea el título del trabajo usando la herramienta WordArt si trabajas con Microsoft Word (menú **Insertar→WordArt**), o Fontwork si trabajas con LibreOffice Writer (menú **Ver→Barras de herramientas→Fontwork**).

14 Abre un procesador de texto y crea una tabla para introducir los datos de tus compañeras y compañeros de clase. Las columnas pueden tener las siguientes cabeceras: **Nombre, Apellido 1, Apellido 2, Correo electrónico, Fecha de nacimiento.** Aplícales formato a las celdas para que el texto de la primera fila quede centrado en casilla y en negrita, el texto de las demás filas debe quedar justificado a la izquierda. Dale color a la primera fila para destacar los títulos de las columnas.

Nombre	Apellido 1	Apellido 2	Correo
Manuel	García	Pérez	mgarcia@clase.es
María	Alonso	De la Mata	maria.alonso@casa.org
Ana	González	Sánchez	ana.g.san@gmail.com
Lucas	Campos	Alfonso	luki.campos@hotmail.es

Para repasar los contenidos, consulta el mapa conceptual interactivo de la unidad y resuelve la actividad ¡Ponte a prueba! en nuestra web.

15 Observa el siguiente texto que ha sido editado a partir de fragmentos de obras literarias. El título de cada obra, en azul, se ha formateado con fuente «Calibri» a 18 puntos de tamaño. Los nombres de los autores, en rojo, tienen también fuente «Calibri» y tamaño de 14 puntos. Finalmente, los fragmentos, en color negro, están justificados a ambos lados y tienen algún atributo, como la aplicación de fuente en negrita para los nombres propios. Se han incluido tres imágenes alusivas con ajuste de texto cuadrado alrededor de ellas.

Selecciona otros tres fragmentos cualesquiera y dales los mismos atributos que en el ejemplo e inserta tres fotografías alusivas con las mismas características de formato.

El extraño caso del Dr. Jekyll y Mr. Hyde

Stevenson, Robert Louis

Había algo extraño en mis sensaciones, algo indescriptiblemente nuevo y por esto mismo indescriptiblemente agradable. Me sentí más joven, más ágil, más feliz físicamente, mientras en el ánimo tenía conciencia de otras transformaciones: una terca temeridad, una rápida y tumultuosa corriente de imágenes sensuales, un quitar el freno de la obligación, una desconocida, pero no inocente libertad interior.

Moby Dick o la ballena

Herman Melville

Como un gran barco cargado en exceso, al acercarse a la costa del **Indostán** con la cubierta llena de caballos espantados, se escora, se mece, se sumerge y avanza vacilante, así esta vieja ballena balanceaba su envejecida mole, y de vez en cuando, revolviéndose sobre sus molestas costillas, mostraba la causa de su estela incierta en el muñón innatural de su aleta de estribor. Sería difícil decir si había perdido esa aleta en batalla, o si había nacido sin ella.

—Espera un poco, viejo, y te pondré en cabestrillo ese brazo herido —gritó el cruel **Flask**, señalando la estacha que tenía a su lado.

—Fíjate que no te ponga a ti en cabestrillo —gritó **Starbuck**—. Adelante, o el alemán se lo llevará.

El libro de la selva

Rudyard Kipling

Padre Lobo esperó a que los cachorros fueran capaces de corretear. Entonces, la noche en que se reunía toda la manada, los cogió, junto con **Mowgli** y **Madre Loba**, y se los llevó a la Roca del Consejo. Era una cima rocosa, llena de guijarros. El espacio era tan amplio que se podían reunir, bien guarecidos, hasta cien lobos. Allí estaba **Akela**, el Lobo Gris, enorme y solitario, echado sobre su piedra de presidente. Su fuerza y su habilidad le habían llevado a jefe de la manada.

Presentaciones electrónicas

16 Busca información sobre aplicaciones de presentaciones online. Crea una presentación con la información obtenida con LibreOffice Impress o con Microsoft PowerPoint. Debe cumplir las siguientes condiciones:

- Una diapositiva para la portada con título del trabajo, nombre y apellidos del alumno o la alumna, curso y letra.
- Una diapositiva que tenga un título apropiado en el área superior y que contenga una tabla de, al menos, 5 filas y 3 columnas. Cada fila contendrá información sobre una aplicación diferente. En las columnas insertarás el logotipo de la aplicación, el nombre de la aplicación y un enlace a la web en la que se puede dar de alta el usuario. Puedes añadir otra información relevante en otras columnas.
- Una diapositiva de despedida o fin.

17 Escribe en tu cuaderno al menos tres de los consejos indicados para planificar y diseñar una presentación electrónica.

18 Abre tu software de presentaciones con una diapositiva y modifica el color de fondo. Incluye el título del último libro que has leído, empleando un tamaño grande de letra. Incluye otro texto con el nombre del autor o de la autora, pero con un tamaño de letra menor. Inserta una imagen alusiva al libro y sitúala en el centro de la diapositiva. Crea una segunda diapositiva y escribe el resumen del libro de forma que te quepa en la diapositiva.

19 Crea una presentación simple empleando hipervínculos desde el índice hasta las distintas diapositivas, y desde ellas hasta el índice, y también hacia las diapositivas anterior y posterior. Piensa en una historia cuyo desarrollo pueda tener varios posibles finales. Usa hipervínculos para que quien la lea pueda decidir qué camino tomar según le parezca mejor.

20 **El espejo.** Como ya sabrás, existen diferentes aplicaciones en la web que te permiten realizar infinidad de actividades. Son las conocidas como «Herramientas web 2.0». Entre ellas, podrás encontrar un tipo específico de herramientas para realizar presentaciones online, como Prezi, Canva, Emaze, Visme o Google Slides. Prueba a elaborar una pequeña presentación sobre alguno de tus temas preferidos en dos de ellas (las que te indique tu profesora o profesor) y después, contesta a estas preguntas:

a) ¿Cuál te ha parecido más cómoda de utilizar para diseñar presentaciones?

b) ¿Has observado alguna falta de funcionalidad respecto a la herramienta de LibreOffice o la de PowerPoint?

c) ¿Qué ventajas observas en este tipo de herramientas frente a las dos que has estudiado en esta unidad?

En la web **anayaeducacion.es** encontrarás el documento de la actividad 15 y otros documentos que te ayudarán a utilizar las técnicas indicadas en algunas actividades.

8

INTERNET

La red de Internet

Hoy en día, la mayoría de los hogares españoles tiene conexión a Internet, el cual se ha convertido en un medio de trabajo y de estudio imprescindible. Es muy importante conocer su funcionamiento, sus aplicaciones y sus posibilidades.

Internet es una gran red que, actualmente, se ha convertido en la mayor fuente de conocimiento. Buscadores, enciclopedias digitales, revistas, periódicos electrónicos y un sinfín de fuentes de información son de uso diario para cientos de millones de personas.

En esta unidad podrás estudiar los aspectos más importantes de Internet y aquellas cosas que serán más útiles para tu navegación por la Red. Algunas de ellas te resultarán conocidas, pero otras, posiblemente no.

COMPROMISO ODS

ODS

Internet facilita el acceso a todo tipo de información y conocimientos desde cualquier lugar en el que exista una conexión a la red. Por esta razón, se ha convertido en un medio fundamental para acceder a contenidos educativos desde cualquier lugar del mundo.

a) Piensa y razona con tus compañeras y compañeros la forma en que el uso de Internet puede contribuir al consumo más responsable y a combatir el cambio climático y sus efectos.

b) ¿En qué forma consideras que Internet puede ser un medio fundamental para contribuir a la salud y al bienestar? ¿Qué papel desempeñan en esta contribución los dispositivos de IoT, Internet de las Cosas?

c) Repasa la lista de Objetivos de Desarrollo Sostenible, ¿crees que Internet puede ayudar a conseguir alguno de ellos? En clase, iniciad un debate y cread una lista consensuada por todo el grupo de los objetivos que se pueden alcanzar más fácilmente gracias a Internet, poniendo ejemplos de cada uno.

Puedes revisar las metas más importantes de los Objetivos de Desarrollo Sostenible en nuestra web **anayaeducacion.es**.

LOS RECURSOS EN LA WEB DE ESTA UNIDAD

INTERNET

La red de Internet

1 ¿Qué es Internet?

2 Ventajas y riesgos de Internet

3 El funcionamiento y los protocolos de Internet

4 La Web y el protocolo HTTP

5 El correo electrónico

6 La red de las personas

7 Internet de las cosas

8 Computación en la nube

9 ¿Qué aspectos legales necesitas saber sobre Internet?

Taller de tecnología
Haz tu primera página web con el editor BlueGriffon

Trabaja con lo aprendido

DOCUMENTO
Cómo utilizar la técnica: «Las desventajas y los inconvenientes».

VÍDEO
Redes de ordenadores y servicios de Internet.

PRESENTACIONES
Servicios que ofrece Internet. Museos online.

VÍDEO
Internet.

DOCUMENTOS
Cómo utilizar las técnicas: «Considera todos los factores» y «Las desventajas y los inconvenientes».

VIDEOTUTORIAL
Gestión del correo electrónico.

ACTIVIDAD INTERACTIVA
La escritura de un email.

ACTIVIDAD INTERACTIVA
Internet de las cosas.

PRESENTACIÓN
Computación en la nube.

DOCUMENTO
Orientación académica y profesional: Las cuatro profesiones relacionadas con Internet más demandadas del futuro.

DOCUMENTO
Cómo utilizar la técnica: «Círculo de puntos de vista».

INTERACTIVOS
Mapa de la unidad. ¡Ponte a prueba!

VÍDEO
Objetivos de Desarrollo Sostenible.

PRESENTACIÓN
Lectura temática: Internet.

DOCUMENTO
Organizador gráfico: «Línea del tiempo».

INTERACTIVO
Actividad: Inventos para comunicarnos.

INTERACTIVO
Riesgos del uso de Internet.

ACTIVIDADES INTERACTIVAS
Protocolos de Internet. Qué es una URL. Navegadores.

PRESENTACIÓN
Navegadores web.

DOCUMENTOS
Formas de comunicación en Internet. Archivos comprimidos.

ACTIVIDAD INTERACTIVA
Características de un blog.

ACTIVIDAD INTERACTIVA
Servicios de computación en la nube.

ACTIVIDAD INTERACTIVA
Aspectos legales sobre Internet.

DOCUMENTO
Organizadores gráficos: «Tabla» y «Esquema».

DOCUMENTO
Consejos para elaborar tu portfolio.

1 ¿QUÉ ES INTERNET?

Internet es un conjunto de redes de comunicación conectadas entre sí que permite a un ordenador acceder a la información que está en ellas. Comenzó a desarrollarse a finales de los años 60 en Estados Unidos y tenía un uso estrictamente militar, permitía al ejército acceder a la información militar desde cualquier punto. Esta red se llamó ARPANET.

Con el paso del tiempo, la red pasó a ser de uso civil y público, y se desligó del uso militar. Las investigaciones llevadas a cabo en diversas universidades dieron lugar al uso de Internet en el ámbito académico, por ejemplo, con la creación del correo electrónico en la década de los años setenta. Este servicio se basó en la instalación de una máquina que actuaba como servidor de correo, una computadora en la que se alojaban los mensajes que se enviaban y a la que se podía acceder de forma remota para leer los correos recibidos. El precursor de este servicio de correo electrónico fue Ray Tomlinson, un programador que incorporó el símbolo de la arroba (@) para separar el nombre del usuario de la cuenta del nombre del servidor de correo.

Uno de los principales hitos en el desarrollo y la extensión de Internet fue la creación de la www, o *World Wide Web,* desde la institución europea CERN. El creador Tim Berners-Lee y su equipo científico lograron dar una nueva dimensión al mundo de las comunicaciones.

Desde el año 2000 —y, sobre todo, a partir de 2010—, el empleo de dispositivos de acceso a Internet se multiplica en número y variedad. Además, se genera una enorme cantidad de servicios, como la computación en la nube, que permite al usuario utilizar Internet a modo de espacio operativo y de almacenamiento.

¿Qué nos espera en el futuro? La velocidad de transmisión es una de las características técnicas sobre la que más se está investigando.

Piensa que uno de los planes más inquietantes es la próxima colonización de Marte, para lo que se está pensando en el Internet interplanetario de alta velocidad. Además, a pesar de todo el avance técnico, todavía hay mucho que trabajar en cuanto a la accesibilidad, donde todos los sentidos cuentan.

Comprende, piensa, investiga...

1 **Línea del tiempo.** Busca en Internet las fechas de las invenciones de los objetos y sistemas de las fotografías de la derecha y crea una línea del tiempo sobre la evolución de las comunicaciones. Puedes hacerla en tu cuaderno o empleando una herramienta del tipo Timeline.

2 **Las desventajas.** Enumera las cosas que puedes hacer gracias a Internet. Piensa en la forma en la que se realizaban estas tareas antes de la aparición de Internet. ¿Qué inconvenientes tiene cada sistema? Apunta tus conclusiones en el cuaderno y debátelas con tus compañeros y compañeras.

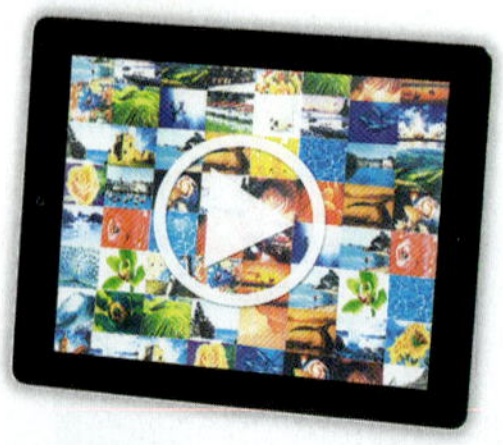

Resuelve la actividad interactiva «Inventos para comunicarnos» que encontrarás en **anayaeducacion.es**.

2 VENTAJAS Y RIESGOS DE INTERNET

La edad de participación y las condiciones de uso

Determinados servicios de Internet que están a nuestra disposición presentan una serie de limitaciones que tal vez no conozcamos. Por ejemplo, las condiciones del correo electrónico Gmail exigen que la **edad mínima al registrarse sea de 14 años.**

Por otro lado, otras empresas establecen unas condiciones que aceptamos muchas veces sin leer y pueden suponer la cesión de nuestros datos y fotos para que otros puedan utilizarlos. **¡Lee las condiciones antes de suscribirte a un servicio o aplicación!**

Ten en cuenta que la mejor medida es **tener informada a tu familia de todas tus actividades en cualquier servicio de Internet.** Existen muchas aplicaciones que puedes utilizar con tu edad si tu familia o tutores legales dan su permiso. Habla con ellos cada vez que quieras descargar una aplicación e, incluso, les puedes proponer el uso de servicios de control parental.

Comprende, piensa, investiga...

3 Sumamos. Buscad información acerca de cómo hacer frente a los riesgos asociados al uso de Internet y, en grupo, cread una guía de recomendaciones de uso.

El uso de Internet ofrece un importante número de ventajas, si bien, como ocurre con cualquier otro producto tecnológico, debemos ser conscientes de los riesgos e inconvenientes que conlleva.

2.1 Ventajas de Internet

- Pone a nuestra disposición una inmensa cantidad de información y recursos.
- Permite la utilización de herramientas de comunicación, como el correo electrónico o las llamadas telefónicas sobre Internet, que resultan más rápidos y económicos que los servicios a los que complementan o sustituyen.
- Facilita el acceso a la información sobre otros países e incluso ofrece la posibilidad de utilizar traductores en nuestros navegadores.
- Nos facilita el contacto, a través de las redes sociales, con grupos de personas con las que tenemos intereses comunes.
- Desde el punto de vista del ocio, la oferta es enorme: juegos online, vídeos, películas y series que se pueden alquilar o visualizar de forma gratuita.
- Facilita el acceso a software, incluidas aplicaciones de libre distribución, y compartir conocimientos útiles con los demás.

2.2 Inconvenientes y riesgos de Internet

- El **exceso de información** dificulta en ocasiones seleccionar la más fiable y rigurosa.
- **Riesgo de adicciones** y de sufrir enfermedades psicológicas asociadas a la dependencia de los dispositivos electrónicos e Internet.
- **Malware.** Los equipos conectados están expuestos a virus, troyanos, gusanos, spyware, etcétera.
- **Scam.** Consiste en engaños y estafas: mediante técnicas de ingeniería social, hackers y estafadores intentan conseguir nuestros datos.

- **Exposición de nuestra identidad,** gustos, fotos y opiniones ante desconocidos, que podrían hacer un uso inadecuado de la información, por ejemplo, para suplantar nuestra identidad.
- **Ciberacoso,** o acoso cibernético, a través de las páginas web, las redes sociales y las aplicaciones de comunicación instantánea como WhatsApp.
- **Grooming,** o captación de menores para abusar sexualmente de estas personas..
- **Brecha digital geográfica,** en referencia a las zonas sin acceso a la Red debido a la falta de rentabilidad para las operadoras de Internet.

En nuestra web encontrarás el vídeo «Redes de ordenadores y servicios de Internet», las presentaciones «Servicios que ofrece Internet» y «Museos de la Ciencia», y la actividad interactiva «Riesgos del uso de Internet».

3
EL FUNCIONAMIENTO Y LOS PROTOCOLOS DE INTERNET

Protocolos de la Red

Un protocolo de comunicación es el conjunto de normas que permite a dos sistemas establecer un diálogo. Para que un mensaje o una comunicación electrónica pueda ser enviado y recibido, las máquinas deben entender el mismo lenguaje y actuar de forma idéntica.

IPV4 e IPV6

Cada dispositivo conectado a Internet está identificado por una dirección, llamada dirección IP, que permite identificar el equipo conectado. Las últimas reservas de direcciones del protocolo IPv4 están agotadas. Por eso está ya en vigor el protocolo IPv6 *(Internet Protocol version* 6), que permite 340 sextillones de direcciones.

Los caminos de Internet

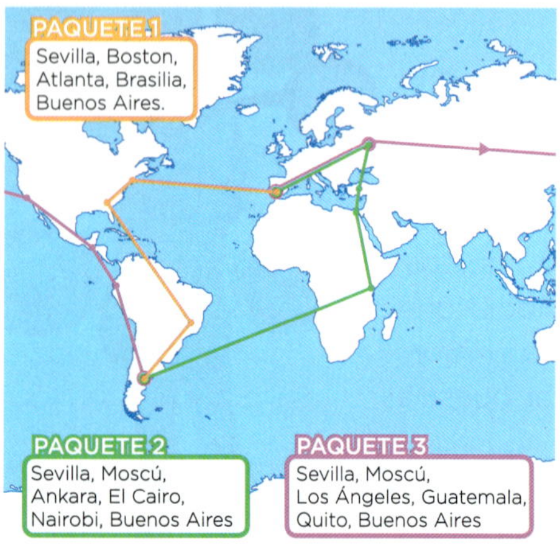

En la figura puedes observar los hipotéticos caminos que podrían seguir tres paquetes del mismo mensaje para llegar desde Sevilla hasta Buenos Aires. En Internet no importan las distancias, sino que la información discurra por los nodos menos ocupados.

Internet puede considerarse, muy simplificadamente, una red de puntos. Cada punto se denomina «nodo» y se interconecta mediante cable o conexiones inalámbricas a otros nodos. Un nodo puede ser terminal —como, por ejemplo, un ordenador doméstico conectado a Internet— o puede tener una posición intermedia entre otros nodos. En este caso, existen elementos intermedios —como servidores de datos, rúteres o enrutadores— y toda una colección de diferentes dispositivos que aseguran la conexión.

Las máquinas conectadas a Internet utilizan los protocolos TCP e IP para transmitir la información.

- El **protocolo TCP** (*Transmission Control Protocol,* o protocolo de control de la transmisión) consiste en la fragmentación de la información en forma de paquetes de información digital. Los paquetes se preparan en el equipo emisor, ya sea un servidor o un usuario. Cada paquete tiene un etiquetado que hace posible la reconstrucción de la información completa por el dispositivo receptor. El receptor va recuperando paquete a paquete, y aplicando de nuevo el protocolo TCP, los vuelve a juntar en un solo archivo.
- El **protocolo IP** (*Internet Protocol,* o protocolo de Internet) permite que cada paquete alcance su destino. En cierto modo, dado que Internet es una red donde todo está interconectado, no importa realmente el camino que sigue un paquete hasta llegar a su destino, lo que importa es que alcance el destino sin incidencias. A modo de ejemplo, es como si un paquete de información fuera rebotando de nodo en nodo, preguntando a cada uno cómo llegar a su destino. El nodo le indicará el camino teniendo en cuenta la ruta con menos tráfico.

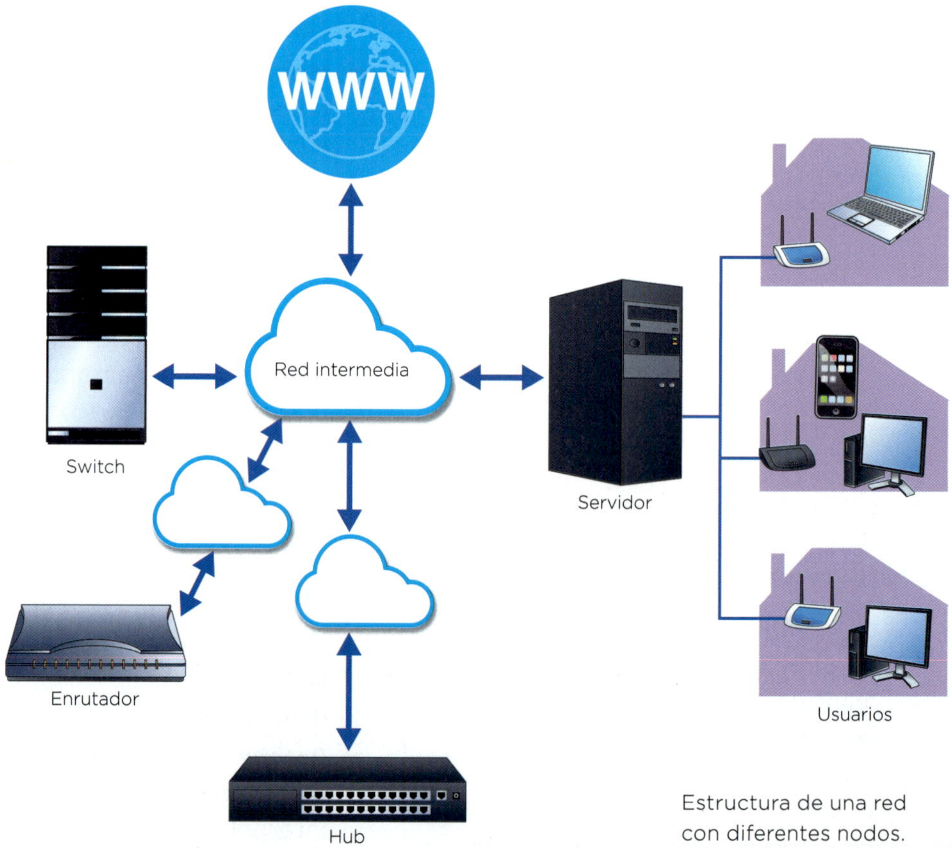

Estructura de una red con diferentes nodos.

En el vídeo «Internet» encontrarás más información sobre esta red de redes y sus servicios.

4 LA WEB Y EL PROTOCOLO HTTP

Internet y la Web

La Web, o www, es la red más importante que existe en Internet. Mucha gente piensa que la Web es lo mismo que Internet, pero no es así. Cuando accedemos a una página, estamos usando la Web, pero cuando subimos un archivo a un servidor FTP, no estamos empleando la Web, sino un servicio de Internet, el protocolo de transferencia de ficheros.

Otros protocolos de Internet

Además de los protocolos TCP, IP y HTTP existen del orden de cien protocolos diferentes que hacen posible el funcionamiento de Internet. Entre ellos podemos destacar el FTP (protocolo de transferencia de ficheros), el Telnet (para el acceso a equipos remotos), el POP y el SMTP (ambos para correo electrónico) y el HTTPS.

El protocolo HTTPS permite solucionar el principal problema del HTTP, consistente en que los datos son transmitidos en texto plano, lo que hace que puedan ser robados con facilidad. El HTTPS (HTTP Secure) no hace más que cifrar esos datos para que nadie pueda verlos.

4.1 La Web

En plena expansión de Internet, muchas redes particulares se fueron agregando al sistema de funcionamiento y los protocolos de la Red. En 1990, Tim Berners-Lee y su equipo del CERN crearon una red particular, la World Wide Web, que mejoraba y hacía más sencillo el acceso a las comunicaciones digitales.

En cuanto la World Wide Web se integró como una red más, Internet experimentó un crecimiento sin precedentes, llegando a conectar, en pocos años, millones de equipos. Las características que aporta la Web son:

- La posibilidad de navegar a través de la información contenida en ella, manejarla e interaccionar con ella.
- La gran cantidad de información que está alojada en un enorme número de servidores distribuidos por todo el mundo.
- La posibilidad que tiene cualquier usuario de añadir información para que pueda ser consultada por otras personas en cualquier parte del mundo.

4.2 El protocolo HTTP

Una de las aportaciones que hicieron desde el CERN al crear la Web fue el desarrollo del **protocolo de transferencia de hipertextos HTTP** como medio de comunicación. Dicho protocolo proporcionaba un conjunto de reglas que permitían la transferencia de datos, archivos e hiperenlaces entre dos máquinas: el cliente y el servidor.

Hasta la aparición de la Web, los datos se enviaban mediante protocolos de ficheros, como es el caso del protocolo FTP, con el cual se enviaban archivos directamente a un servidor que los admitía, si bien no interactuaba con ellos. Con el protocolo HTTP, se creó un nuevo concepto de transmisión: el diálogo entre máquinas.

Este protocolo hace posible que un usuario, desde su ordenador cliente, visite una página web, escribiendo la dirección de la página que desea visitar en el navegador. Esa dirección es una ruta que indicamos al servidor. Esta dirección o ruta, también denominada URL (del inglés, *Uniform Resource Location,* o localización uniforme de recursos) es localizada por el navegador y remitida al servidor que contiene la página web. En realidad, al escribir una URL en el navegador, estás pidiendo permiso al servidor de dicha página para acceder a su contenido y, por tanto, se entiende como una **petición** *(Request).* Cuando el servidor donde se aloja el contenido de la página web recibe esa petición, contesta con una **respuesta** *(Response),* que puede consistir en denegar el acceso o permitir la descarga de la página en el navegador cliente.

Existen unos códigos numéricos que establecen el tipo de rechazo en caso de respuesta negativa. Por ejemplo, 404 significa «Página no encontrada» o 401 quiere decir «Acceso no autorizado» cuando el usuario no aporta las credenciales suficientes para acceder a la página web requerida.

En la siguiente página puedes observar el proceso de comunicación entre un cliente y una web alojada en un servidor.

Comprueba lo que has aprendido con la actividad interactiva «Protocolos de Internet».

4 LA WEB Y EL PROTOCOLO HTTP

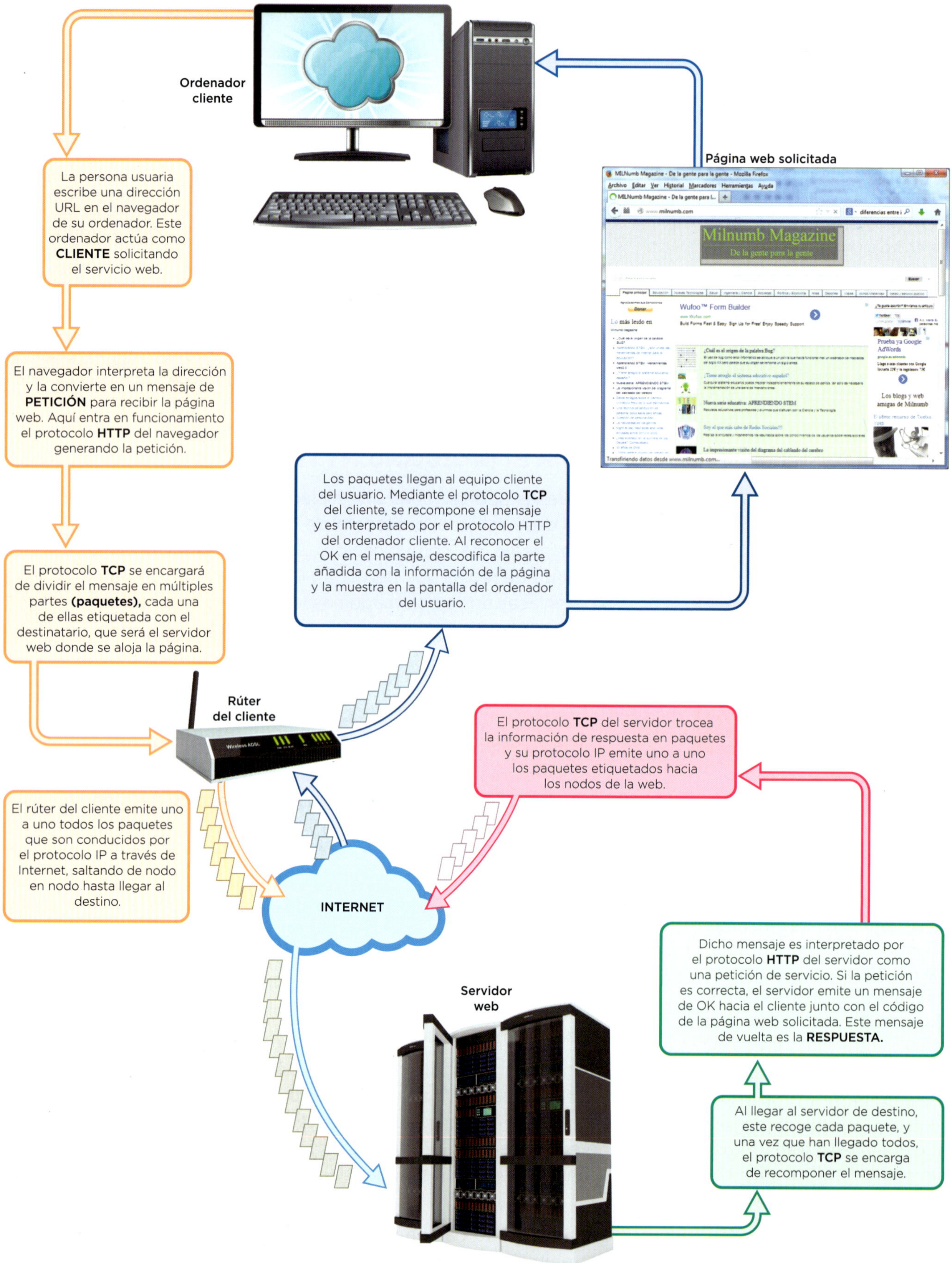

4.3 Los navegadores

Los ordenadores, tabletas y teléfonos móviles inteligentes disponen de programas o aplicaciones que cubren distintas necesidades. Una de estas aplicaciones es un programa específico para interactuar en Internet: el navegador.

Básicamente, un navegador es un programa de comunicaciones que interpreta y ejecuta los comandos del protocolo HTTP y establece la comunicación con un servidor web. En la jerga técnica se habla del navegador como la aplicación cliente que establece un diálogo con un servidor donde se aloja la página web que se quiere visitar.

Mozilla Firefox

Mozilla Firefox es un navegador gratuito de gran difusión, que puede ser utilizado en cualquier ordenador, aunque ya tenga instalado otro navegador. Para descargarlo, basta con acceder a Internet desde el navegador que trae instalado el sistema por defecto, abrir la página de Google y buscarlo mediante las palabras «Navegador Mozilla Firefox».

Una vez que hayas ingresado en la página de descarga de Mozilla Firefox, asegúrate de seleccionar el idioma español. Elige entonces el sistema operativo que tienes en tu ordenador y descarga el archivo de instalación. Después de descargar el archivo, tendrás que ejecutarlo para que se instale la aplicación.

Cuando se haya instalado siguiendo las instrucciones recomendadas, pruébalo y accede a la web de tu instituto o a la web de Google tecleando la dirección en la barra de direcciones.

Navegadores más utilizados

Los navegadores más utilizados y que posiblemente conozcas son:

- **Edge,** de Microsoft, instalado por defecto en los equipos con sistema operativo Windows desde su versión 10.
- **Google Chrome,** de Google, incorporado en todos los dispositivos móviles más actuales con sistema operativo Android.
- **Mozilla Firefox,** de la Firefox Foundation, de código libre y abierto.
- **Safari,** es el navegador por defecto instalado en los dispositivos de la marca Apple.
- **Opera,** navegador muy completo, de grandes prestaciones, y a pesar de ello poco conocido por quienes utilizan Internet a nivel de usuario.

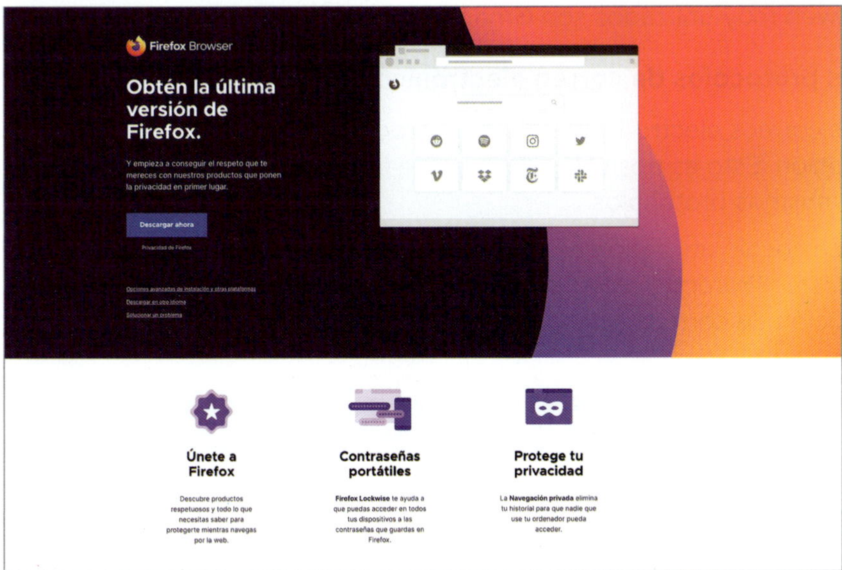

Complementa la información de estas páginas con la presentación «Navegadores web» y resuelve las actividades interactivas «Qué es la URL» y «Navegadores».

5 EL CORREO ELECTRÓNICO

El correo electrónico, o email, es uno de los primeros servicios que aparecieron con ARPANET, la red primigenia de Internet. En realidad, el primer mensaje se envió entre dos ordenadores conectados dentro del mismo laboratorio, uno al lado del otro, pero cumplió perfectamente con el uso de los protocolos adecuados para configurar un mensaje y que este fuera recibido por el ordenador de destino. Esto ocurrió en 1971, y Ray Tomlinson, conocido como padre del email, asignó a cada ordenador una cuenta de correo diferente. Escogió la arroba (@) como el símbolo que se emplearía para separar, en la cuenta de correo, el nombre de usuario del nombre del servidor. Así, por ejemplo, si una persona utiliza como nombre de usuario «mariaperez» y su servidor de correo es «iesgarcialorca.es», su cuenta de correo quedará configurada como <mariaperez@iesgarcialorca.es>.

El origen de la arroba en castellano

La arroba era en realidad una medida de peso o de volumen cuyo origen data de la Edad Media. En las distintas partes de España, el valor de la arroba oscilaba entre los 10 y los 13 kg, usándose para el grano y las legumbres, o equivalía a unos 16 L y se usaba para medir el vino. Para indicar de forma abreviada esta medida, se utilizaba el símbolo @. En los países de habla inglesa, el símbolo se llama *at* y significa 'en', pero por su uso histórico anterior, se ha aplicado en España y en Sudamérica el nombre de «arroba» al nexo que se escribe entre el nombre de usuario y el nombre del servidor de correo.

Correos web

Gmail

yahoo!

GMX

5.1 ¿Cómo gestionar el correo electrónico?

Hoy en día puedes enviar y recibir correos electrónicos mediante dos sistemas:

- **Aplicaciones de correo electrónico.** Este sistema, cada vez más en desuso, consiste en una aplicación que puedes instalar en tu ordenador o dispositivo móvil para enviar y recibir mensajes, guardando en tu ordenador una copia de todos los correos que recibes y que envías.
- **Gestores web de correo electrónico,** también llamado correo-web; consiste en una aplicación accesible a través de la Web en una dirección de Internet determinada. Este servicio tiene todas las funciones necesarias para gestionar tu correo electrónico, pero tus mensajes recibidos y enviados se guardan en un servidor de correo fuera de tu ordenador. Algunos ejemplos de gestores de correo web muy utilizados son Gmail, Outlook y Hotmail.

Los protocolos de correo electrónico

Los correos electrónicos siguen un proceso automático de envío y recepción. Esto es posible gracias a que todos los dispositivos emplean los mismos protocolos.

El protocolo utilizado para el envío de correos es el **SMTP** *(Simple Mail Transfer Protocol),* mientras que el protocolo más habitual para la recepción de correos es el protocolo **POP** *(Post Office Protocol).*

Comprende, piensa, investiga...

4 **Las desventajas y los inconvenientes.** Escribe las posibles desventajas que tienen los dos sistemas para gestionar los correos electrónicos explicados y compáralos.

5 **Considera todos los factores.** ¿Por qué crees que las aplicaciones de correo electrónico están cada vez más en desuso? ¿Qué motivos pueden tener las personas que aún las utilizan? ¿Crees que desaparecerán? ¿Por qué?

En **anayaeducacion.es** dispones del videotutorial «Gestión del correo electrónico» y del documento «Formas de comunicación en Internet» para completar la información sobre este tema.

5.2 La escritura de un email

Un correo electrónico tiene su reglamento, y la persona usuaria que quiera escribir un correo debe seguir unas normas de composición del correo y de educación. Para componer un correo electrónico, todos los gestores de correo utilizan formularios similares que el usuario o la usuaria debe rellenar. Los campos que hay que cumplimentar son:

- **Dirección de correo del destinatario:** donde escribirás la dirección de correo de la persona a la que diriges el mensaje. Este campo está normalmente indicado con la palabra «Para:». En este campo puedes incluir múltiples direcciones de email si quieres enviar el mensaje a varias personas a la vez. Es obligatorio que haya al menos una dirección.
- **Asunto:** donde pondrás una breve expresión del contenido del correo (por ejemplo: «Envío de deberes del tema 3» o «Saludos de Manuel»). No es obligatorio, pero sí muy recomendable y, sobre todo, educado.
- **Cuerpo del mensaje:** En este espacio puedes escribir todo tu mensaje.

Otros elementos que puedes utilizar de forma adicional son los campos:

- **CC:** que significa «con copia», cuando quieras incluir a otra persona para que le llegue también el correo.
- **CCO:** que significa «con copia oculta», cuando quieras que otra persona reciba el mensaje, pero deseas mantener su dirección oculta para el resto. De este modo, nadie sabrá ni su identidad ni que ha recibido el mensaje.
- **Archivo adjunto.** Esto no es un campo, sino un botón que te permite incluir un archivo en el mensaje, por ejemplo, si quieres enviar los deberes a tu profesor o profesora, o si quieres mandarle una postal virtual a una amiga o un amigo.

Observa en la figura que debajo del cuerpo del mensaje hay varios iconos para formatear el texto y aplicarle diferente tamaño de letra a una parte del mensaje, u otros atributos, como la letra en negrita, en cursiva, etc.

5.3 Las normas de educación para escribir un correo

Siempre que te dirijas a alguien, tienes que hacerlo con educación y esto también es aplicable a la redacción de un correo electrónico en un tono educado y amable. Observa el siguiente ejemplo de un alumno, Juan, que se dirige a un profesor para mandarle los deberes de la unidad 3. El alumno saluda, se presenta, le indica al profesor el motivo del mensaje y se despide:

> Hola, profesor:
>
> Soy Juan García, de su clase de 1.º B. Le adjunto los deberes del tema 3.
>
> Un saludo,
>
> Juan

Observa que, a pesar de ser sencillo, tiene todos los elementos de un mensaje educado y amable.

La difusión de datos personales

Como has visto, puedes poner múltiples direcciones en el campo **Para:** o utilizar también el campo **CC.** Pero debes tener en cuenta que todas las personas destinatarias que incluyas en estos campos podrán ver las direcciones de correo del resto. **Una dirección de correo es un dato personal, igual que un NIF o un número de teléfono, y no puede ser difundida** por nadie sin el expreso consentimiento de su dueño. Si tienes dudas de si una persona destinataria no desea que alguna otra conozca su dirección de correo, incluye su dirección en el campo CCo. Así, recibirá la información del correo, pero su dirección quedará oculta para el resto.

Repasa con la actividad «La escritura de un email». ¿Sabes qué hacer si tienes que enviar un archivo muy grande? Averígualo con el documento «Archivos comprimidos» que encontrarás en nuestra web.

6 LA RED DE LAS PERSONAS

Dónde crear un blog

Entre los lugares más recomendados para crear un blog se encuentran:

Tumblr

Wordpress

Blogger

Objetos embebidos

Embeber, o **incrustar,** un objeto significa disponer un espacio en tu web o blog donde se puede visualizar el objeto como si estuviera en tu página. Aquellos recursos libres de derechos pueden ser publicados en un blog embebiendo el objeto directamente.

Al embeber un vídeo o un podcast, estás incluyendo el reproductor multimedia necesario para reproducirlo. Basta con la inserción de un código incrustado en el código fuente de tu blog o página.

Por lo tanto, un código incrustado es una serie de instrucciones en HTML, el lenguaje de programación con el que se elaboran las páginas web, que permite introducir en nuestra página o en nuestro blog un archivo de vídeo, sonido, etc., que se ejecuta directamente desde el sitio web.

Ejemplo de código incrustado:

Aquí tienes el código para incrustar un vídeo de YouTube sobre arquitectura de ordenadores. Copia el código literalmente e insértalo en tu blog:

```
<iframe width="420" height="315" src="//www.youtube.com/embed/akEec5GTX8" frameborder="0" allowfullscreen></iframe>
```

Recuerda insertar este código siempre como parte del texto, seleccionando la pestaña de HTML en el editor del blog. Modifica los números de las propiedades de anchura y altura para adaptarlo a tu página.

6.1 La blogosfera

Un «blog», también llamado «cuaderno de bitácora», es un sitio web con una estructura determinada, donde una o varias personas publican, de manera continuada en el tiempo, artículos, ideas, contenidos, etcétera. Los artículos quedan ordenados cronológicamente: los más recientes quedan los primeros.

Los blogs ofrecen la posibilidad de intercambiar comentarios de quienes los escriben y de quienes los leen, tantos como se desee. Existen muchos tipos de blogs, que normalmente se clasifican por temas. A los blogs relacionados con temas educativos se los denomina «Edublogs».

Práctica guiada

Registrar y utilizar un blog

A continuación, se determinan los pasos necesarios para registrar y utilizar un blog en Blogger:

1. Utiliza tu cuenta de Google e inicia una sesión.

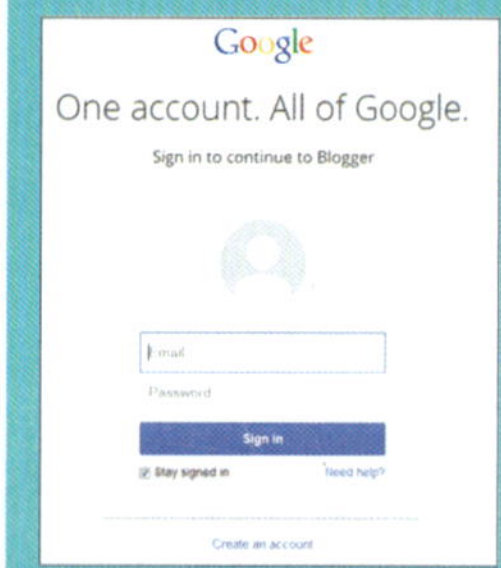

2. Créate un perfil de Blogger con el que quieras que te vean tus visitantes.

3. Selecciona «Nuevo Blog».

4. a) Pon un título a tu nuevo blog.
   b) Selecciona la dirección de tu blog.
   c) Selecciona un diseño para el blog.
   d) Pincha en «Crear blog».

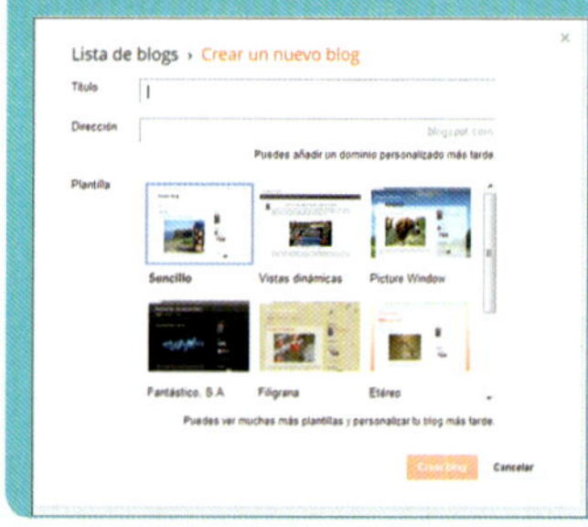

5. Una vez activado el blog, crea una nueva entrada.

6. Activa la pestaña «Redactar» y escribe lo que quieras. A la derecha verás que se puede optar por escribir con el código de las páginas web, HTML.

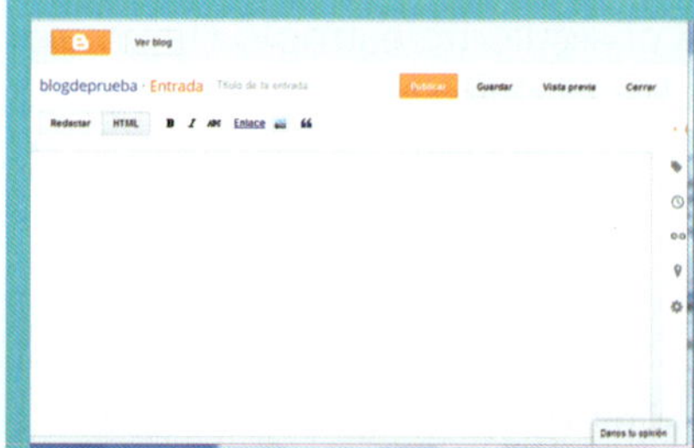

Más a la derecha dispones de botones para modificar el estilo de los párrafos o incluir enlaces e imágenes entre el texto.

7. Cuando acabes, pincha en el botón naranja «publicar» y lo podrás ver publicado como una página web más de Internet.

¿Ya sabes exactamente qué es un blog? Compruébalo con la actividad «Características de un blog» que hallarás en nuestra web.

6.2 Las redes sociales

Una «red social» es, por definición, un sitio que pone en contacto a personas que se conocen o que comparten un interés por tener algún vínculo. La facilidad de acceso a la Web ha hecho proliferar las redes sociales hasta el punto de que algunas de ellas tienen más de 700 millones de personas interconectadas.

Podríamos clasificar las redes sociales haciendo una división entre «redes sociales genéricas» y «redes sociales específicas».

→ Redes sociales genéricas

Las redes sociales de tipo general no tienen una razón concreta para relacionar a los miembros de la red, siendo la más habitual tener contacto con amistades en Internet o ampliar el número de conocidos. Este es el caso de Facebook, Instagram o Twitter. Por otro lado, un caso de red general pero con una fuerte carga en la promoción personal y profesional es Twitter, donde usuarias y usuarios disponen de 356 caracteres para mandar un texto con una imagen. ¡Cuidado, que los caracteres de los enlaces cuentan!

→ Redes sociales específicas

En este tipo de redes, la motivación para pertenecer a ellas es su temática. Así, los principales tipos de redes temáticas son:

- Dirigida a la promoción profesional, como LinkedIn y Viadeo.
- Enfoque de justicia social, como Change.org y TrueX.
- Dedicadas a viajes, como Travellerspoint y Tripadvisor.
- Para investigadores e investigadoras, como ResearchGate.
- De localización geográfica, como Foursquare y Google Latitude.
- Redes para el aprendizaje de idiomas, como Busuu y LiveMocha.
- Redes para juegos online, como Frin, Minecraft o League of Legends (LOL).
- Para audiollamadas enfocadas a chats y conversaciones en videojuegos: Discord.
- Para relacionarse a través de vídeos: YouTube y Tik Tok.

Las primeras redes sociales

En 2003 se propuso dar un uso más interactivo a la Web, apareciendo la Web 2.0; su principal característica es que las personas usuarias participan en la evolución de los contenidos con sus aportaciones, para la cual no se requiere tener conocimientos avanzados de informática y programación. Bajo esta premisa, aparecieron las primeras redes sociales, como Facebook en febrero de 2004 y Twitter en 2006.

Guadalinfo, la red social de Andalucía

Guadalinfo es una red colaborativa, un espacio para el intercambio y la convivencia, que posee más de 750 centros públicos de acceso libre a Internet que promueven la alfabetización digital y la adquisición de competencias digitales. Sus usuarias y usuarios no solo ponen en común vídeos, fotografías e información, sino que comparten proyectos e iniciativas.

Práctica guiada

Crear una cuenta en Twitter

A continuación, se detallan los pasos necesarios para registrarte y crear una cuenta en Twitter:

1. Elige un nombre de usuario y haz clic en el botón Regístrate.

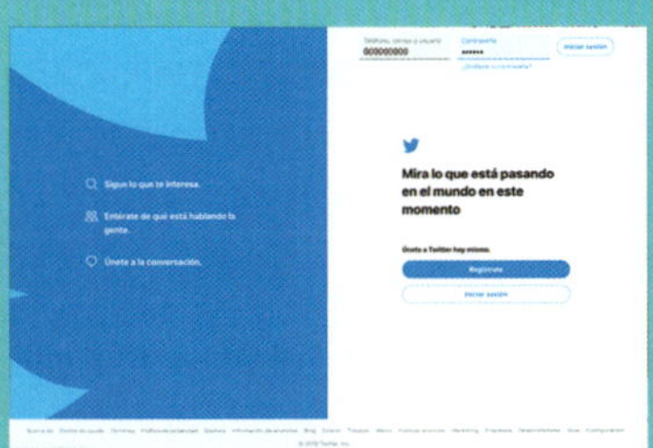

2. Configura tu cuenta en los seis pasos siguientes: elige qué temas te interesan, a quién seguir, decide si buscas o no a tus amistades y sube una foto para tu perfil.

3. Antes de poder empezar a utilizar Twitter, deberás confirmar la creación de la cuenta a través de un correo que habrás recibido en la cuenta de email que utilizaste al registrarte.

4. Ya estás listo para tuitear: sigue a tus compañeros y compañeras, e intercambiad mensajes para conocer el funcionamiento.

7

INTERNET DE LAS COSAS

IoT + Inteligencia artificial

Smart IoT Labs es una Startup sevillana que pretende revolucionar el sector de los asistentes virtuales con Miranda, un dispositivo que fusiona el Internet de las cosas y la Inteligencia Artificial. Se trata de un asistente virtual capaz de aprender y anticiparse a las necesidades de las personas.

El término «Internet de las cosas» (del inglés *Internet of Things*) puede de parecer algo ambiguo, puesto que estamos acostumbrados a que seamos las personas quienes hagamos uso de Internet, y no los dispositivos los que tomen «vida propia» y se comuniquen entre ellos intercambiando información.

Pero precisamente en esto consiste el Internet de las cosas: cada objeto estará conectado a Internet, como electrodomésticos, prendas de ropa y accesorios, vehículos, y una infinita lista de los objetos que tenemos en nuestro hogar, incluso las mascotas.

Cada objeto, a través de su conexión a Internet, enviará la información necesaria a otros objetos, con los que se comunicará en su funcionamiento, o a las personas usuarias a través de smartphones, tabletas u ordenadores.

Internet de las cosas está basado en el uso de sensores que permiten medir diferentes magnitudes, datos que serán enviados a través de Internet, y de actuadores que ejecutan las instrucciones que les llegan. Necesitarán conexión a Internet para enviar y recibir datos, y, por último, la intervención de personas o de sistemas y dispositivos conectados al Internet de las cosas que tomen las correspondientes decisiones.

Para que el Internet de las cosas sea una realidad y objetivos a gran escala, como las ciudades inteligentes o *smartcities,* se cumplan, es necesaria todavía una implantación progresiva de la tecnología requerida y su utilización por parte de las usuarias y los usuarios.

Gracias a estas tecnologías se podrá regular el tráfico de una forma más eficaz, previendo los atascos; ahorrar energía en iluminación alumbrando solo aquellas zonas con transeúntes; etc.

Algunos ejemplos del Internet de las cosas que ya son una realidad son:

- **El seguimiento automático de la actividad física y el funcionamiento del corazón,** a través de pulseras o sensores en las zapatillas de deporte que monitorizan la actividad física.
- **Los sistemas de climatización,** que adecuan la temperatura teniendo en cuenta las condiciones del entorno, nuestros gustos y nuestros horarios.
- **Sistemas de seguridad,** que permiten controlar las puertas y ventanas del hogar o negocio, detectar incendios y fugas de agua o gas, pedir auxilio inmediato de forma automática cuando quienes viven allí están ausentes o son incapaces de pedirlo, etc.
- **Las aplicaciones de aparcamiento,** que en función de la ubicación y a partir de la información suministrada por otros vehículos en la zona, nos informarán de las plazas de estacionamiento disponibles.
- **Los programas que permiten reajustar las agendas** teniendo en cuenta los tiempos de transporte en función de incidencias (atascos, accidentes, retrasos de tren o metro...) y organizar las actividades de forma automática.
- **La monitorización y el control de sistemas de riego** de plantas, que se adaptan a las condiciones y pueden funcionar tanto de forma automática como a distancia a través de un *smartphone.*

Comprende, piensa, investiga...

6 ¿Sabes qué son los *wereables* o «vestibles»? Explícalo con tus propias palabras y di qué aplicaciones tienen.

8 COMPUTACIÓN EN LA NUBE

En los últimos años han surgido nuevos servicios en Internet. Uno de los más demandados ha sido el incremento de los sistemas de almacenamiento de datos, el principal servicio de la conocida como *Cloud Computing*, o computación en la nube.

El almacenamiento en la nube funciona de manera similar al de un disco duro o un pendrive. La estructura de archivos es igual que la que se emplea en el explorador del sistema operativo. Cada persona usuaria puede acceder a todos los archivos que suba al servicio desde cualquier ordenador con conexión a Internet, mediante un código de usuario y una contraseña.

En algunos casos, el servicio de almacenamiento nos permite autorizar a otros el acceso a parte de la información, lo que fomenta el trabajo colaborativo y el trabajo en equipo. Los principales servicios de almacenamiento gratuito son Dropbox, Google Drive e iCloud, aunque este último solo está disponible para usuarios de dispositivos Apple. Para entender las propiedades del servicio, vamos a analizar las principales ventajas e inconvenientes de estos sistemas:

Ventajas	Inconvenientes
Se puede acceder a ellos desde cualquier dispositivo: ordenador, tableta, teléfono, etcétera.	Solo se puede acceder a ellos si se dispone de conexión a Internet.
Suelen ser gratuitos, al menos en sus versiones más sencillas.	El acceso a los datos depende del funcionamiento del servidor que los almacena.
No hay pérdidas de información gracias a sus sistemas de copias de seguridad.	Existe la posibilidad (remota) de que nos copien los documentos, ya que están alojados en un servidor externo.

Hay que recordar que el almacenamiento es solo uno de los muchos servicios que ofrece la computación en la nube.

Práctica guiada

Registrar una cuenta Dropbox

1. Abre la página de Dropbox.

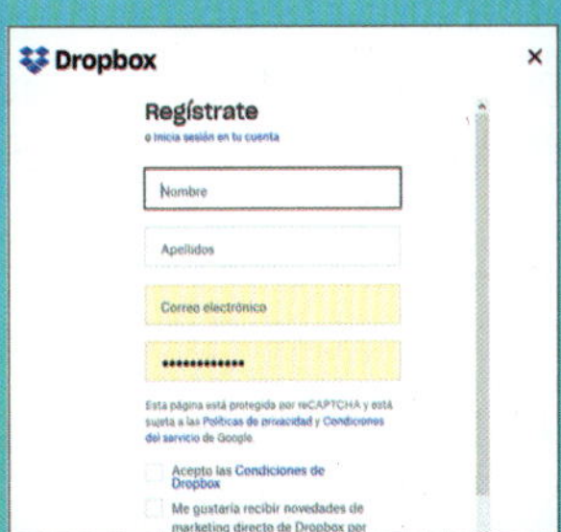

2. Regístrate con tu nombre, apellidos, correo electrónico y contraseña.
3. Ahora se descargará y se instalará Dropbox en tu ordenador.
4. Ya estás registrado; abre la página de Dropbox e inicia una sesión introduciendo tu correo electrónico y tu contraseña.

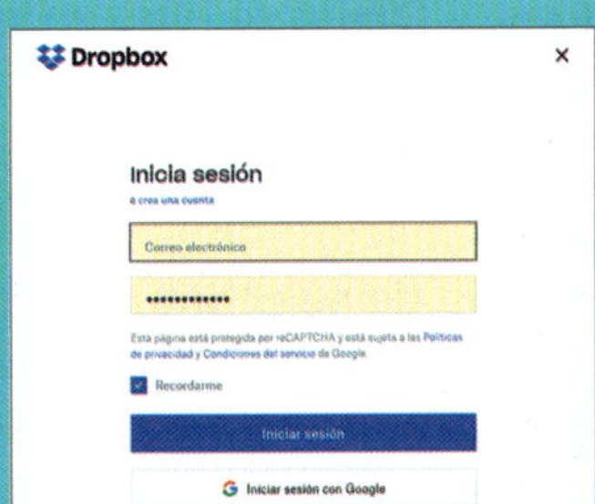

5. Configura tu nueva cuenta de Dropbox y empieza a almacenar tus archivos en la nube.

Complementa la información de estas páginas con la presentación «Computación en la nube» y repasa con las actividades interactivas «Internet de las cosas» y «Servicios de computación en la nube».

9 ¿QUÉ ASPECTOS LEGALES NECESITAS SABER SOBRE INTERNET?

En nuestra sociedad actual, Internet se ha convertido en la principal fuente de información. Está repleta de todo tipo de contenidos. Sin embargo, que los contenidos estén accesibles no significa que cada cual pueda hacer con ellos lo que quiera. Detrás de la información y de los contenidos, hay una o varias personas que los han desarrollado y que han decidido qué se puede hacer con ellos. Para poder utilizar de forma legal y cívica los contenidos de Internet, tienes que conocer determinadas leyes que protegen, por un lado, a los autores y las autoras y, por otro, al resto de personas usuarias. Estas leyes, como el resto de las normas legales, son de obligado cumplimiento, y no respetarlas, tanto por acción como por omisión, puede acarrear sanciones.

9.1 Ley de Propiedad Intelectual (LPI)

La LPI define qué es la propiedad intelectual de una obra literaria, artística o científica. Según la ley, la propiedad intelectual es un derecho de las personas que firman una obra por el solo hecho de su creación; podrán firmar por medio de su nombre u otro signo que las identifique, como pseudónimos o alias.

Para que una obra esté protegida por la Ley de Propiedad Intelectual, debe ser original; es decir, no puede ser copia en su totalidad o en parte de otra obra creada por otra persona. De lo contrario, sería un plagio; es decir, el empleo de las ideas de otra persona como si fueran propias, sin citar convenientemente la procedencia de la información, lo que supone un fraude.

Dado que la obra es patrimonio del autor o la autora, les corresponde decidir en qué modo podrá reproducirse, distribuirse, comunicarse públicamente y transformarse. La reproducción de la obra se refiere aquí a la creación de copias. Salvo que la obra haya sido distribuida bajo una licencia libre, como las licencias Creative Commons, no se puede reproducir sin permiso de quienes la crean.

Los derechos de explotación de una obra duran toda la vida de las personas que la crearon y hasta setenta años después de su muerte; en este último caso, es posible transmitir esos derechos a las personas que hayan sido designadas como herederas.

Copia privada

La propia ley contempla la posibilidad de que solo para uso privado, no profesional ni colectivo y sin ánimo de lucro, se pueda reproducir una obra. Con ese fin se establece una compensación por copia privada sobre aquellos objetos que permitan la realización de tal copia.

Las licencias Creative Commons

Para saber más sobre qué licencia elegir para una obra, el autor o la autora puede acceder a la dirección https://creativecommons.org/ y elegir el tipo de uso que ha de darse a su creación.

9.2 Ley de Servicios de la Sociedad de la Información y de Comercio Electrónico (LSSI)

La LSSI se ha elaborado en consonancia con el resto de los países de la Unión Europea para **proteger a todas las personas consumidoras y usuarias,** y en ella se regulan las obligaciones de particulares o entidades que presten servicios en la sociedad de la información.

Esta ley también se aplica a quienes intermedien para la prestación de esos servicios, de modo que aquí se incluyen en primer lugar las compañías de telecomunicaciones, portales de Internet, buscadores y redes sociales digitales, pero también empresas y particulares que realicen actividades económicas a través de la Red o que pudieran obtener beneficios por medios electrónicos, como la exhibición de publicidad en su página web.

De forma más concreta, los servicios a los que se refiere la LSSI son:

- Los **contenidos transmitidos a través de redes** de telecomunicaciones, como es Internet.
- La **adquisición o contratación de bienes y servicios por vía telemática,** como es el caso de los servicios de compra de productos online, por ejemplo, juegos, aplicaciones y productos en general.
- Las **comunicaciones comerciales por vía electrónica,** como es el caso de correos electrónicos que contengan publicidad de productos y servicios.
- El **suministro de información** antes o después de contratar un servicio y las condiciones de validez del contrato.

La LSSI prevé la retirada de la información de una página web (imágenes, textos, enlaces, etc.) cuando se vulneren los derechos de otras personas. El último responsable es la persona o empresa que subió esos contenidos, y si no los retira tras recibir un aviso, la propia plataforma en que se alojan puede suprimirlos legalmente.

9.3 Ley de Protección de Datos de Carácter Personal (LOPD) y Reglamento General de Protección de Datos (RGPD)

Todo el mundo tiene el derecho a su intimidad y a decidir qué información personal quiere dar a conocer. Para proteger este derecho, la LOPD establece los límites para solicitar información personal de las usuarias y los usuarios, la forma en que hay que tratar dicha información y los derechos que tienen las personas para acceder, modificar e, incluso, cancelar la información que se tenga de ellas.

Seguramente, al descargar una aplicación, has tenido que rellenar un formulario en el que te solicitan el nombre y los apellidos, el correo electrónico e, incluso, tu dirección o tu año de nacimiento. Todos estos datos son personales y tienes el derecho de que sean protegidos. Aquellas personas o empresas que soliciten datos personales tienen el deber de guardarlos y no tienen ningún derecho a utilizarlos con fines comerciales o de cualquier otro tipo sin su consentimiento.

Existen unos datos especialmente protegidos que quedan recogidos en el RGPD:

- Los que revelen el origen étnico o racial.
- Las opiniones políticas.
- Las convicciones religiosas o filosóficas.
- La afiliación sindical.
- El tratamiento de datos genéticos y/o biométricos dirigidos a identificar de manera unívoca a una persona.
- Los relativos a la salud, a la vida sexual o la orientación sexual.

En todo caso, la ley establece qué procedimiento tienen que seguir las personas usuarias para saber qué información tienen las empresas que operan en Internet sobre ellas.

anayaeducacion.es Repasa los principales conceptos de estas páginas con la actividad interactiva «Aspectos legales sobre Internet».

Agencia Española de Protección de Datos

La Agencia Española de Protección de Datos (AEPD) es el organismo estatal que ha de velar por la correcta aplicación de la LOPD y tiene capacidad para actuar de forma independiente del resto de Administraciones Públicas.

Derechos del internauta

HAZ TU PRIMERA PÁGINA WEB CON EL EDITOR BLUEGRIFFON

PRESENTACIÓN DEL PROYECTO

BlueGriffon es un programa gratuito de creación y edición de páginas web. Vamos a utilizarlo para crear una web sencilla que tenga una cabecera con el título de la página, dos imágenes con hipervínculo y dos textos, todo ello dentro de una tabla.

PASOS PARA REALIZAR EL PROYECTO

PASO 1 Descárgate la versión 3.1 del programa desde la página web de los creadores: http://bluegriffon.org/#download.

PASO 2 Selecciona la versión que quieres descargar en función de tu sistema operativo (Windows, OS X, Ubuntu).

Ejecuta el archivo descargado e instala el programa en el ordenador. Una vez instalado el programa, ábrelo y observa las áreas de la interfaz.

PASO 3 Ahora, sigue estos pasos para crear una sencilla página web:

a) Abre un archivo nuevo.

b) Escribe el texto «Mis recursos web» y ponlo en negrita. Para estas operaciones utiliza la columna de iconos disponibles a la izquierda de la ventana. Aplica un salto de línea tras escribir el título para añadir una línea debajo del título.

c) Observa que, sobre el área de edición, hay una regla que define el ancho de la página. Localiza en ella la marca de ancho de página. Si pones el puntero del ratón sobre dicha marca, aparecerá una doble flecha blanca. Presiona entonces con la tecla izquierda del ratón, y sin levantar el dedo, arrastra la flecha hacia el lado apropiado para definir el ancho de la página en 900 píxeles (900 px).

d) Inserta una tabla con dos filas y dos columnas mediante el menú **Tabla/Insertar tabla.** De nuevo en el menú **Tabla,** haz clic en la opción **Seleccionar/Tabla,** y tras seleccionar la tabla que acabas de crear, clica en el icono de la parte izquierda vertical la alineación central.

e) En la primera fila, escribe «Editor gratuito de páginas web» en la celda de la izquierda y «Buscador» en la celda de la derecha.

f) Para guardar lo que llevas hecho hasta ahora, selecciona **Archivo/Guardar como;** después, y selecciona en tu equipo el lugar donde quieres guardar la página —por ejemplo, en la carpeta de Documentos— y ponle el nombre «index.html».

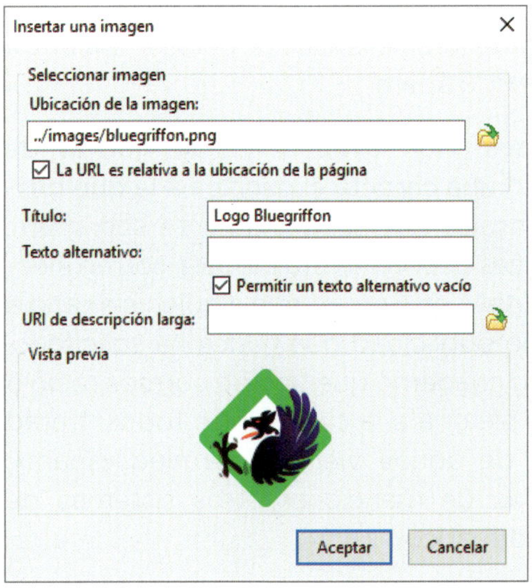

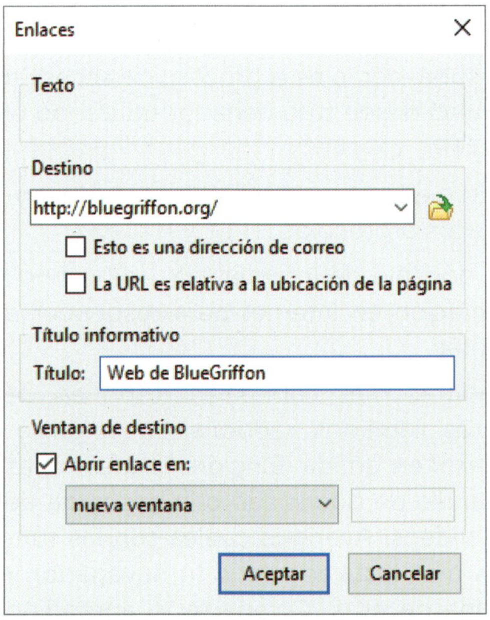

g) Utiliza tu buscador en Internet y localiza los logotipos de BlueGriffon y de Google. Crea una carpeta llamada «imágenes» dentro de la carpeta en la que has guardado la página web.

Sitúa el cursor sobre cada celda de la segunda fila y clica para que parpadee. Inserta entonces en cada celda una de las imágenes que acabas de descargar.

h) Para incluir cada imagen en su celda, utiliza la opción **Insertar/Imagen;** al clicar, aparecerá una nueva ventana emergente con el título «Insertar una imagen» como la de la figura junto a estas líneas. Selecciona la ubicación de la imagen y clica la opción «La URL es relativa a la ubicación de la página». Escribe en el título la expresión «Logo BlueGriffon» y selecciona la opción «Permitir un texto alternativo vacío». Repite esto para insertar el logo de Google en la celda de la derecha.

i) Ahora que ya tienes los elementos incluidos en tu página web, mueve los límites de la tabla para poner los tamaños de las celdas a tu gusto. Una vez terminada esta operación, vamos a ponerle hiperenlaces a las imágenes.

j) Clica sobre el logo de BlueGriffon y en el menú de texto, selecciona **Insertar/Enlace.** Aparecerá una ventana emergente con el título «Enlaces». En esta ventana, tendrás que rellenar el campo Destino con la dirección http://bluegriffon.org/.

De forma opcional, puedes marcar la casilla de «Abrir enlace en:» de la sección Ventana de Destino y seleccionar que se abra el enlace en una nueva ventana. Realiza la misma operación con la imagen del logo de Google en la celda de la derecha de la segunda fila, indicando como enlace la dirección http://www.google.es.

k) Puedes gestionar los colores de los elementos de la página haciendo clic sobre los dos círculos situados en la columna de iconos a la izquierda de la ventana, como puedes ver en la figura. El círculo de la izquierda colorea el texto o cualquier objeto que selecciones, mientras que el círculo de la derecha colorea el fondo de las áreas donde sitúes el cursor del ratón. En este ejemplo, vamos a colorear tanto el fondo de la página como la primera fila de la tabla con el color azul claro.

l) Selecciona **Archivo/Guardar** en el menú de texto para salvar los cambios. A partir de aquí ya puedes visualizar esta página y hacerla operativa en tu equipo. Accede a la carpeta Documentos donde la hayas guardado, y cuando localices el archivo que acabas de hacer, haz doble clic sobre él y verás como aparece la página en tu navegador por defecto, con un aspecto similar al de la imagen:

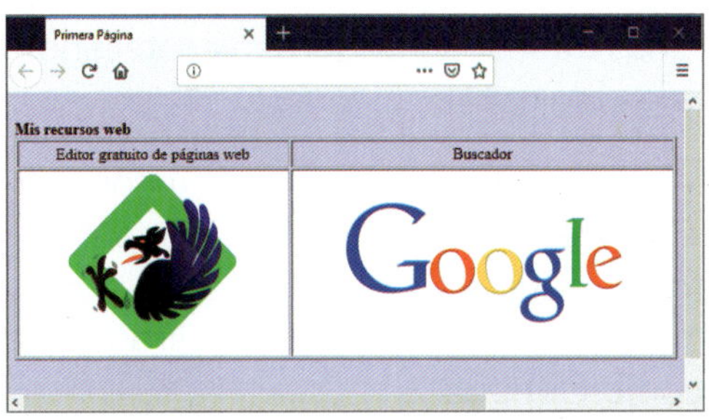

Si te ha gustado lo que has aprendido sobre Internet, podría ser tu futuro; consulta el documento de orientación académica y profesional «Las cuatro profesiones relacionadas con Internet que serán más demandadas en el futuro».

Recuerda seleccionar el material de trabajo de esta unidad para tu **portfolio.**

TRABAJA CON LO APRENDIDO

¿Qué es Internet?

1 Contesta a las siguientes preguntas acerca de ARPANET:

a) ¿Quién encargó su creación?

b) ¿Qué función tenía?

c) ¿Dónde se utilizó por primera vez?

2 ¿Cuál es el país con mayor número de personas usuarias de Internet? ¿Qué lugar ocupa España en Europa y en el mundo respecto al uso de Internet?

3 **Tabla.** Busca información acerca de los diferentes tipos de acceso a Internet (ADSL, Fibra, 3G, 4G...) y crea una tabla con las características más importantes de cada uno de ellos.

4 Busca información acerca de la censura que ejercen determinados gobiernos del acceso a Internet. ¿Qué tipo de información se pretende censurar? ¿Por qué crees que se hace?

5 Busca un comprobador de fortaleza de contraseñas en Internet y prueba diferentes contraseñas, incluyendo palabras que aparezcan en diccionarios, para constatar la seguridad de estas. ¿Puedes extraer alguna conclusión?

6 El *phishing* es un ataque informático *(malware)* que consiste en adquirir información de manera fraudulenta de un usuario o una usuaria para obtener un beneficio. Normalmente intentan obtener las claves de un correo electrónico, de una tarjeta de crédito o de una cuenta bancaria. Para ello, se suelen hacer pasar por entidades oficiales o financieras y piden estos datos por teléfono, a través de correo electrónico o de una página web falsa. Trata de buscar casos de personas conocidas a las que haya afectado este engaño y explica cuáles son las maneras más comunes de realizarlo.

El correo electrónico

7 ¿Qué es y para qué sirve el correo electrónico?

8 ¿Cuál es el signo característico del correo electrónico? ¿Podrías indicar su origen en castellano?, ¿qué significa en inglés?

9 Outlook es un gestor de correo que se incorporó en el paquete Office de Microsoft en 1997 y actualmente es uno de los correos web más utilizados. Busca información acerca de otros gestores de correo web como Outlook.

10 Investiga sobre técnicas ilícitas para el envío de correo masivo, o spam.

11 **Sumamos.** Normalmente los servidores de correo tienen una carpeta específica a la que desvían los mensajes que supuestamente son spam, aunque a veces desvían a esta carpeta correo electrónico que no lo es. Seguro que alguien cercano a ti ha recibido publicidad que nunca ha solicitado. Escribe en tu cuaderno qué tipo de correos recibió y cuenta su historia a la clase. Entre todos, tratad de adivinar de dónde viene el término «spam». ¿Serías capaz de mencionar otros sistemas de spam no informático?

La Web

12 Haz un esquema similar al que has encontrado en esta unidad sobre cómo es el proceso de acceso a una página web desde tu ordenador utilizando el protocolo HTTP.

13 ¿Para qué sirve el protocolo HTTP? ¿Qué diferencia hay entre los protocolos HTTP y HTTPS?

14 ¿Qué es un dominio de Internet? ¿Y un hosting? Busca información en Internet para responder a estas preguntas.

15 Los navegadores más habituales disponen de complementos llamados «addons», o extensiones, que permiten añadir funcionalidades, tales como el bloqueo de publicidad o la descarga de imágenes y vídeos. Averigua cuáles son las funcionalidades más instaladas con tu navegador y prueba alguna de ellas. Comparte lo aprendido con tus compañeras y compañeros.

16 Busca información sobre el porcentaje personas usuarias de la Web que manejan cada navegador. Distingue entre los navegadores utilizados en ordenadores de sobremesa, portátiles, tabletas o teléfonos inteligentes. Haz gráficos tipo tarta para representar los datos.

17 Busca las direcciones de Internet o URL de las webs siguientes: Ministerio de Educación, periódico *El País,* Televisión Española, tu centro educativo.

18 **Esquema.** Abre la página web del periódico *The Washington Post* e identifica diferentes secciones de su portada. Haz un esquema en tu cuaderno.

19 Busca cinco blogs que hablen de educación y copia sus direcciones web.

Para comprobar lo aprendido consulta el mapa interactivo y completa las actividades interactivas ¡Ponte a prueba! y «Aprende jugando» de esta unidad.

Internet de las cosas

20 Para conocer diferentes ejemplos del Internet de las cosas (IoT), visita la página en inglés, https://postscapes.com/internet-of-things-examples/. Selecciona el que más te llame la atención y coméntalo en clase. Desarrolla ideas que amplíen o complementen el ejemplo que has elegido.

21 Indica si las siguientes afirmaciones son verdaderas o falsas:

a) Internet de las cosas está basado en el uso de sensores y actuadores; solo necesitan una conexión a Internet, no es necesaria la intervención de personas o sistemas que tomen decisiones.

b) Un control de encendido de luces que pueda funcionar desde un smartphone puede ser un ejemplo de Internet de las cosas.

c) La estructura de archivos de la computación en la nube es análoga a la de un disco duro.

d) Dropbox, Google Drive e iCloud son servicios de Cloud Computing accesibles desde cualquier dispositivo.

La computación en la nube

22 Con consentimiento de tu familia o tutores, crea una cuenta en Google y activa el servicio de almacenamiento en la nube de Google Drive, similar al de Dropbox que has creado en clase. Trata de subir 2 o 3 archivos o fotografías que tengas en el ordenador y compara el funcionamiento de ambos.

23 ¿Qué ventajas e inconvenientes presenta la computación en la nube? Busca información en Internet y haz una tabla en tu cuaderno para confrontar los aspectos positivos y los negativos.

24 Empleando tu cuenta de Gmail, entra en la agenda de Google y añade las fechas de tus próximos exámenes y las tareas que te mandan para casa. Intenta compartir el calendario con alguien de tu clase (necesitarás conocer su dirección de email).

Aspectos legales sobre Internet

25 ¿Puedes utilizar libremente los artículos de prensa digital?

26 Según la Ley de Propiedad Intelectual, ¿crees que sería legal copiar íntegramente el texto de *El Quijote,* darle en formato de libro electrónico en una página web y distribuirlo gratuitamente? Y si cobraras por cada copia descargada, ¿sería legal?

27 **Círculo de puntos de vista.** La Constitución española garantiza en su artículo 18 el derecho al honor, a la intimidad personal y familiar y a la propia imagen. Por otro lado, en su artículo 20, reconoce y protege el derecho a expresar y difundir pensamientos, ideas y opiniones. ¿Dónde crees tú que está el límite a la libertad de expresión? Escribe una respuesta razonada.

28 Desde el punto de vista de la ley, ¿qué es una persona física? ¿Qué otros tipos de figuras legales de persona existen?

29 Diseña un formulario de recogida de datos para matricularte en el instituto. ¿Qué datos personales sería imprescindible incluir? Señala los campos obligatorios y opcionales de forma clara. ¿Sería necesario algún dato especialmente protegido? En caso afirmativo, señala cuáles.

30 De los siguientes autores, ¿quiénes tienen en vigor los derechos de explotación de sus obras?: León Felipe (1884-1968), Federico García Lorca (1898-1936), Jorge Guillén (1893-1984).

31 Anota cuatro situaciones en las que tienes que facilitar datos personales.

32 Investiga qué opciones tienes, según la ley, si no quieres recibir correos electrónicos de una empresa a la que sabes que no le has dado tus datos personales.

33 Si escribieras un libro con un nombre diferente del tuyo a modo de pseudónimo, ¿conservarías todos los derechos de autoría del libro?

34 ¿Es legal reproducir –es decir, copiar–, una obra libremente? Justifica tu respuesta.

35 ¿Qué es una licencia Creative Commons? ¿Qué características tiene una licencia Creative Commons? Copia esta tabla en tu cuaderno e indica en la fila «Descripción» el significado de cada uno de los sellos.

Sello CC	cc BY SA	cc BY	cc BY ND	cc BY NC	cc BY NC SA	cc BY NC ND
Descripción						

Recuerda que en el banco de recursos de **anayaeducacion.es** encontrarás documentos explicando cómo utilizar las técnicas y las llaves indicadas en algunas actividades.

9

INTRODUCCIÓN A LA PROGRAMACIÓN

Las máquinas programables

Desde la prehistoria, los seres humanos hemos creado herramientas que nos han servido para solucionar problemas hasta llegar a construir máquinas cada vez más complejas. Aprovechando los conocimientos adquiridos a lo largo de la historia, hemos sido capaces de crear máquinas automáticas y programables. Estas últimas se han ido haciendo cada vez más complejas y potentes. A su vez, la evolución de la programación ha dado lugar a distintos lenguajes artificiales que nos permiten dar instrucciones a esas máquinas: los lenguajes de programación.

COMPROMISO ODS

ODS

La programación y la informática están entre las áreas que mayor innovación tecnológica aportan. Los sistemas programables automatizan las tareas rutinarias, el control y la vigilancia de los recursos de forma exhaustiva y un sinfín de aplicaciones prácticas para dotar a las infraestructuras de resiliencia. Además, la programación de sistemas se puede realizar de forma individual o formando parte de un equipo, por lo que es un campo que puede contribuir a la incorporación de muchos trabajadores en este terreno.

- ¿Crees que cualquier persona sería capaz de trabajar programando sistemas con la suficiente inversión en su formación?
- ¿Has oído hablar de alguna noticia sobre centros de innovación tecnológica en el continente africano? Haz una búsqueda en la web para conocer más sobre este tema.
- ¿Crees que la innovación es un factor que favorece el desarrollo de los países?
- Según un informe de la OCDE, en muchos de los países más desarrollados se trabajan menos horas. ¿En qué medida crees que esto favorece el desarrollo individual de las personas? ¿Crees que, por el contrario, más desarrollo implica la proliferación de puestos de trabajo más precarios?
- Tras haber reflexionado sobre todas estas cuestiones, debatid en clase en qué medida pueden la informática y la programación colaborar a alcanzar las metas 8.1, 8.5 y 8b.

En **anayaeducacion.es** puedes ver el vídeo «Programación», que sirve como introducción a este tema.

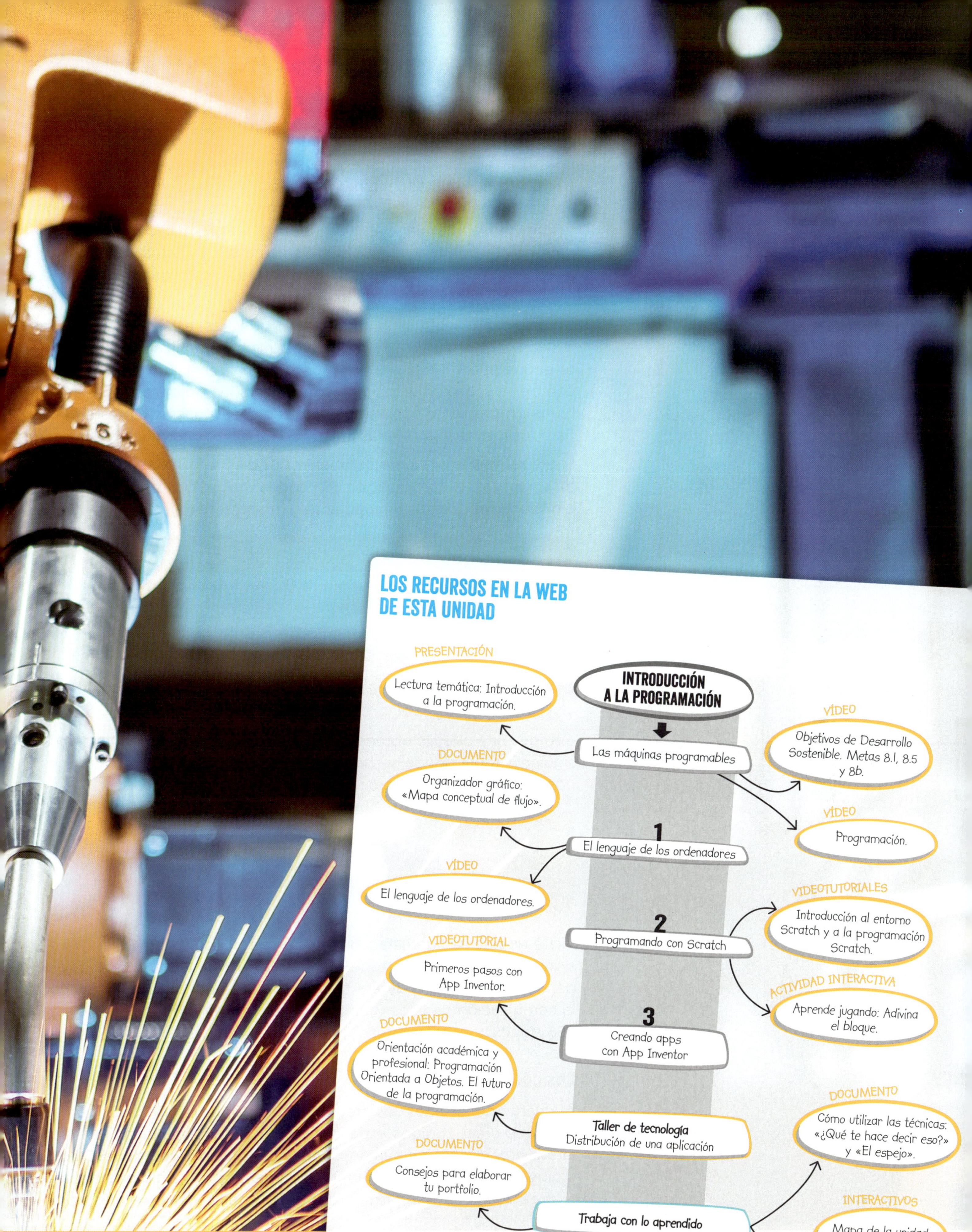

LOS RECURSOS EN LA WEB DE ESTA UNIDAD

INTRODUCCIÓN A LA PROGRAMACIÓN

Las máquinas programables
- PRESENTACIÓN: Lectura temática: Introducción a la programación.
- VÍDEO: Objetivos de Desarrollo Sostenible. Metas 8.1, 8.5 y 8b.
- VÍDEO: Programación.

1 El lenguaje de los ordenadores
- DOCUMENTO: Organizador gráfico: «Mapa conceptual de flujo».
- VÍDEO: El lenguaje de los ordenadores.

2 Programando con Scratch
- VIDEOTUTORIALES: Introducción al entorno Scratch y a la programación Scratch.
- ACTIVIDAD INTERACTIVA: Aprende jugando: Adivina el bloque.

3 Creando apps con App Inventor
- VIDEOTUTORIAL: Primeros pasos con App Inventor.

Taller de tecnología Distribución de una aplicación
- DOCUMENTO: Orientación académica y profesional: Programación Orientada a Objetos. El futuro de la programación.

Trabaja con lo aprendido
- DOCUMENTO: Consejos para elaborar tu portfolio.
- DOCUMENTO: Cómo utilizar las técnicas: «¿Qué te hace decir eso?» y «El espejo».
- INTERACTIVOS: Mapa de la unidad. ¡Ponte a prueba!

1

EL LENGUAJE DE LOS ORDENADORES

Qué es un bit

Un «bit» es una palabra fusionada de la expresión *Binary Digit,* que significa 'dígito binario'. Un bit será, por tanto, la unidad más pequeña de información.

1.1 El lenguaje binario

Los ordenadores, o computadores, son máquinas que utilizan las señales eléctricas para funcionar. Lo especial de un computador es que el tipo de señales eléctricas que emplea solo pueden tomar dos valores de voltaje, un valor alto o un valor bajo; el valor alto se indica con un «1», y el valor bajo, con un «0». Combinando los ceros y los unos se pueden representar números y caracteres, esto es lo que se denomina «lenguaje binario».

Un ejemplo de lenguaje binario: Si solo pudieras responder a preguntas con un «sí» o un «no» y lo tuvieras que hacer utilizando la siguiente equivalencia 1 = sí y 0 = no, podrías mantener una conversación con cierta coherencia con alguien. Esa persona podría conocer datos tuyos simplemente con estas dos posibles respuestas. En este caso, para tus respuestas estarías utilizando un **bit** de información.

Si utilizaras dos bits para componer posibles respuestas, podrías dar más riqueza a la conversación. Así podrías asignar las siguientes combinaciones de 2 bits a 4 respuestas diferentes, por ejemplo:

Palabra binaria	Significado
00	No
01	Tal vez
10	Seguramente
11	Sí

Con dos bits puedes obtener 4 combinaciones diferentes. Observa la siguiente tabla donde se ha calculado el número de combinaciones posibles con diferentes cantidades de bits.

N.º de bits	1	2	3	4	5	6	7	8	9	10	11	12
Combinaciones posibles	2	4	8	16	32	64	128	256	512	1024	2048	4096

Fíjate en que se ha destacado la columna de los 8 bits. Esta cifra es significativamente importante, porque se considera una unidad estándar de información, el **byte.** Así, un byte se compondrá de 8 bits, y con la combinación de esos 8 unos y ceros se podrán representar hasta 256 significados diferentes.

Los códigos binarios

A lo largo de los años, los creadores de equipos informáticos han tenido que crear códigos específicos para que las máquinas pudieran interpretar el lenguaje humano. Así, se estableció el **código ASCII** que emplea 7 bits para identificar una letra del alfabeto, un dígito decimal o un carácter especial. Otros sistemas de codificación similares, como el EBCDIC, se han creado como una evolución del ASCII para sistemas más complejos.

Antes de seguir profundizando en la unidad, visita nuestra web **anayaeducacion.es** para ver el vídeo «El lenguaje de los ordenadores».

1.2 Los programas informáticos

Un programa es un conjunto de instrucciones desarrolladas en un determinado lenguaje inteligible para un computador. Como consecuencia de la ejecución del programa, el computador realizará una serie de acciones, como la resolución de problemas matemáticos, el tratamiento de imágenes, el procesamiento de textos, la búsqueda en bases de datos, etc.

Por tanto, para poder desarrollar programas, es necesario conocer el lenguaje que entiende el ordenador. Dada la diversidad de lenguajes que existe, se pueden clasificar según el tipo de instrucciones que emplean:

- **Lenguajes de alto nivel:** el juego de instrucciones que los conforman se basa en el lenguaje natural del ser humano.
- **Lenguajes de bajo nivel, o lenguajes máquina:** al contrario que los anteriores, utilizan códigos binarios.

El microprocesador de un ordenador recibe y transmite señales eléctricas en forma de códigos binarios, por lo que si un programa se escribe con lenguaje de alto nivel, será necesario un programa que interprete dicho lenguaje y lo traduzca a lenguaje de bajo nivel, es lo que se conoce como **programa compilador.**

1.3 Lenguajes de programación

El desarrollo de las máquinas programables ha dado lugar a la aparición de una ingente cantidad de lenguajes de programación.

Cuando los procesadores se programaban directamente en código binario, el lenguaje más extendido fue el **ensamblador.** Posteriormente, los lenguajes de programación evolucionaron aproximándose más al lenguaje humano; aparecieron entonces los que se conocen como lenguajes **intérpretes** y **compiladores.** Algunos ejemplos de estos lenguajes son el FORTRAN y el COBOL, empleados para el desarrollo de programas en laboratorios y empresas, y el PASCAL o el BASIC, que son más sencillos y se usaron en ordenadores domésticos.

Los lenguajes de programación están en constante evolución y se adaptan a las necesidades que surgen. Aunque habitualmente se basan en lenguajes más antiguos, como el lenguaje C, se actualiza la manera de programar con nuevas técnicas más coherentes con los últimos avances. De hecho, desde finales de la década de los sesenta y a lo largo de los años setenta, el lenguaje C se convirtió en un referente en la programación de sistemas. Precisamente uno de los grandes sistemas operativos de hoy en día, Linux, fue programado en C bajo entorno UNIX. Por otro lado, el lenguaje C ha sido la base para el desarrollo de las actuales plataformas de programación, entre las que destacan lenguajes como JAVA, Javascript, C++ u Objective C.

En la actualidad, la Web y los servicios asociados a ella son las áreas de mayor desarrollo, por lo que se emplean distintos lenguajes de programación como PHP o Perl, ambos influidos por C.

Se han desarrollado incluso lenguajes de programación pensando en personas jóvenes como tú, por ejemplo, Scratch y Alice.

El primer lenguaje informático

¿Sabías que el primer lenguaje informático fue creado en el siglo XIX por una mujer? La autora fue la escritora británica Ada Lovelace (1815-1852) y trabajaba con Charles Babbage en la construcción de una máquina analítica. Ella fue quien diseñó un programa capaz de realizar cálculos con la máquina usando bucles; hoy ese programa es considerado como el primer software de la historia.

HTML, el lenguaje de la web

HTML se emplea para la construcción de páginas web, pero es un **lenguaje de marcas,** no de programación. Un lenguaje de marcas se caracteriza por incluir una serie de etiquetas codificadas que incluyen datos asociados a cada una. Cada etiqueta permite mostrar textos, imágenes, multimedia y otros recursos, y utilizar atributos para dar formato a cada recurso. Si se emplea solo HTML, se consiguen las conocidas como páginas estáticas, pero si se usa junto con lenguajes como PHP o Perl, es posible dotar a la página de interactividad.

1 EL LENGUAJE DE LOS ORDENADORES

Plataformas de programación

El primer lenguaje de programación que se desarrolló conteniendo un traductor fue el lenguaje FORTRAN, nombre derivado del inglés ***FOR****mula* ***TRAN****slating System*. El proyecto corrió a cargo de la empresa IBM a principios de los años cincuenta.

Hoy en día, todos los sistemas de desarrollo de programas contienen una plataforma de alto nivel, sobre la que el usuario programará las instrucciones, y una serie de módulos inaccesibles para el programador, donde se alojan los programas intérpretes y traductores.

Práctica guiada

Primeras incursiones en las plataformas de programación

Dos de los lenguajes de programación que más se están empleando hoy en día en el ámbito educativo son Scratch y Alice. Empieza tu carrera como programador visitando las webs de ambas plataformas para hacerte una idea del tipo de programas que puedes desarrollar.

1 Para entrar en la web de Scratch, accede a la dirección https://scratch.mit.edu/ y explora la plataforma para ver cómo funciona.

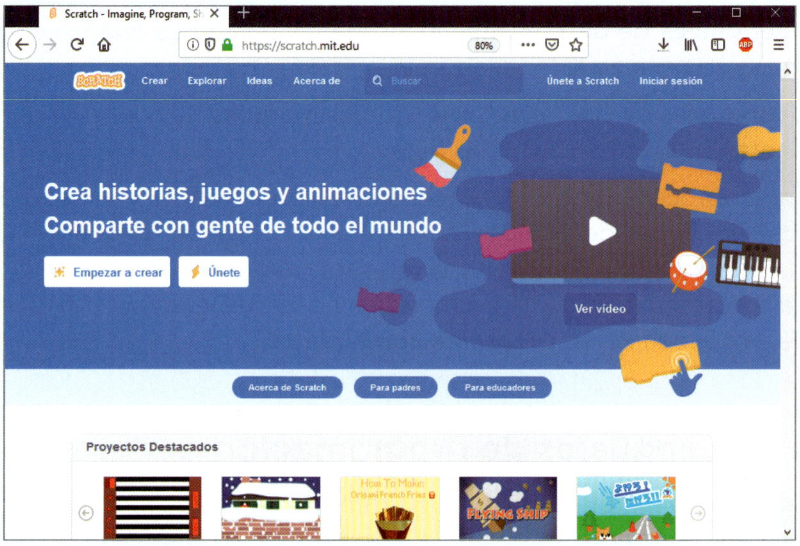

2 Accede a la dirección http://www.alice.org/index.php para entrar en la web de la comunidad de Alice.

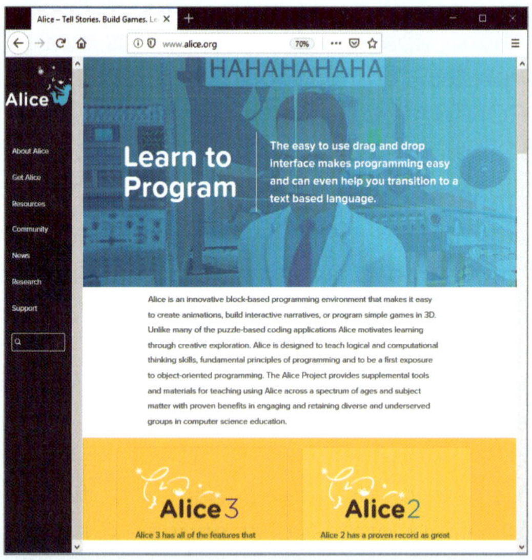

3 Una vez que hayas pasado un tiempo descubriendo en qué consiste cada lenguaje de programación, visita también algún foro. Escribe cuáles son las particularidades de cada uno y comenta por qué crees que son tan populares. ¿Te ha resultado sencillo entender cómo empezar a trabajar con cada uno de estos lenguajes?

1.4 Algoritmos: el primer paso para programar

Un **programa informático** es, al igual que cualquier otro proyecto técnico, el resultado de toda una serie de etapas de diseño, desarrollo y pruebas. La primera etapa es la creación de un algoritmo. Básicamente, un **algoritmo** es el esquema ordenado de las operaciones que dan lugar a un programa.

Una vez que hayas definido el algoritmo, tendrás una idea clara de los elementos que compondrán el programa. En el programa, tendrás que prestar especial atención a un tipo de elemento, las variables, que te ayudarán a constituir muchos de los valores que vas a manejar.

Ejemplo resuelto

El algoritmo de la tortilla francesa

Un algoritmo es, simplemente, la lista de pasos necesarios para conseguir un resultado desde un inicio. En el caso de una tortilla francesa, será necesario disponer de ciertas materias primas, que más adelante serán definidas como variables de entrada. Para que un programa se pueda ejecutar, habría que inicializar las variables, es decir, preparar primero la materia prima (el huevo, el aceite y la sal) para que esté disponible. El programa sería:

1. Reservar el huevo, la sal y el aceite sobre la encimera.
2. Situar una sartén sobre la cocina.
3. Encender el fuego.
4. Verter un chorrito de aceite y extenderlo sobre la superficie de la sartén.
5. Romper el huevo en un bol.
6. Retirar la cáscara.
7. Añadir una pizca de sal al huevo.
8. Batir el huevo hasta obtener una mezcla homogénea.
9. Verter la mezcla en la sartén.
10. Con la ayuda de un tenedor o una espátula doblar las capas de tortilla hasta dar la forma alargada.
11. Cuando se haya dorado, servir la tortilla en un plato.

Las recetas de cocina

Una receta de cocina es también un algoritmo, donde el procesador que ejecuta las acciones es la persona que cocina. En la receta se listan los ingredientes, que serán las variables que habrá que disponer en el programa. Un plato siempre se tiene que cocinar de la misma forma, igual que un programa siempre se ejecuta siguiendo los mismos pasos programados.

Comprende, piensa, investiga...

1 ¿Serías capaz de desarrollar un algoritmo que describiera el funcionamiento de un robot aspirador autónomo? ¿Cómo plantearías la programación? ¿Crees que deberías enfocar la programación hacia sucesos que le pueden ocurrir al robot, como, por ejemplo, chocar contra una pared u otro un obstáculo?

2 Las máquinas expendedoras de café funcionan gracias a un programa. Escribe, a modo de algoritmo, la secuencia de acciones que se generan desde que se introducen las monedas y se pulsa el botón seleccionando un «Café con leche» hasta que se enciende la indicación de «Bebida lista».

El semáforo, un programa cíclico

Seguro que has observado el funcionamiento de un semáforo. El semáforo dispone de tres lámparas que se iluminan consecutivamente según la cadencia rojo, verde y amarillo, que a su vez es repetitiva. El programa dispone de tres variables que corresponden con los tiempos que cada color ha de mantenerse.

1.5 Variables

Una **variable** no es más que un espacio en la memoria del ordenador en el que se almacena un valor.

Las variables son elementos esenciales en un programa. Para referirse al valor almacenado en una de ellas, es necesario asignar un nombre a dicha variable. Una vez que una variable tiene un valor asignado, puede ser empleada para realizar operaciones y cálculos matemáticos. En cualquier punto del programa se puede modificar el valor contenido por una variable.

Por ejemplo, se puede asignar el valor 4 a una variable denominada RADIO; para ello, la mayor parte de los lenguajes utilizan la expresión (`RADIO=4;`). Después de haber asignado un valor, se puede emplear para calcular, por ejemplo, el área de un círculo.

1.6 Estructura de programas

Muchas de las estructuras de los programas son de uso habitual y, por tanto, tienen un diseño común. Las estructuras de programa más habituales son:

- **Acciones:** el programa efectúa una actividad directa. Una acción suele ser invocada mediante una instrucción directa.

  Algunos ejemplos podrían ser la acción de guardar un valor numérico o un texto en una variable, mostrar en una pantalla un resultado, o solicitar un dato.

- **Procedimientos, o procesos,** que se entienden como conjuntos de acciones que siempre parten del mismo inicio y siguen el mismo curso hasta llegar al final.

  Un ejemplo de procedimiento puede ser la búsqueda de un determinado dato en un documento o en una base de datos.

- **Funciones,** que se aplican cuando se programan fórmulas matemáticas. La función devolverá el resultado que podrá ser utilizado posteriormente por el programa.

  Un ejemplo sería el cálculo del perímetro de una circunferencia.

- **Decisión,** cuando el programa toma un camino u otro en función del valor de una variable.

  En el caso de ser dos las opciones posibles, se denomina **decisión dicotómica,** mientras que si son más las opciones disponibles, se habla de **decisión múltiple o de árbol de decisiones.**

  La estructura If/Else (Si/SiNo) es una de las estructuras de programación más utilizadas en todos los lenguajes. Su sintaxis es, habitualmente, similar a la siguiente:

```
Si [se cumple una condición]
Entonces
   [realiza una acción / función / procedimiento]
SiNo
   [realiza otra acción / función / procedimiento]
FindelSi
```

→ **Bucle incondicional.** El programa realiza una acción de forma consecutiva. Se trata de realizar una acción de forma repetitiva un número ilimitado de veces. Por ejemplo, hay carteles publicitarios programados para mostrar secuencialmente una serie de imágenes publicitarias formadas por dos o más anuncios que van sucediéndose siempre en el mismo orden.

→ **Bucle condicional.** El programa realiza una acción siempre que se dé una determinada condición. Esto ocurre, por ejemplo, cuando una barrera de un aparcamiento se mantiene abierta hasta que salga un coche. También existe el bucle que se repite hasta que se cumple una condición.

1.7 Diagramas de flujo para representar algoritmos

Las representaciones gráficas son uno de los medios más eficaces para describir algoritmos, y en algunos casos hacen posible llegar a un nivel de concreción suficiente para definir un programa. Un algoritmo gráfico recibe el nombre de **diagrama de flujo,** o **flujograma.**

Un programa es una sucesión de instrucciones con una determinada estructura, y mostrarlas mediante un gráfico resulta mucho más intuitivo que una lista de acciones escritas. Para realizar un algoritmo gráfico, existe una serie de símbolos con un significado dado.

Símbolos utilizados en los diagramas de flujo	
Una elipse indica el inicio o final de un programa.	
Una línea acabada en flecha indica la transición de una instrucción a otra, lo que se conoce como una línea de flujo.	
Un rectángulo contendrá una o varias acciones consecutivas.	
Un romboide indica la entrada o salida de datos en el programa.	
Un rombo determina una pregunta o punto de decisión.	
Un círculo actúa como elemento conector de dos o varias líneas de flujo.	

Ejemplo de diagrama de flujo

Un programa dispone de dos variables, **A** y **B,** en las que se guardan los valores numéricos. El programa ha de sumar los dos números y adivinar si el resultado es superior a 50. Ambos posibles resultados, mayor de 50 y menor o igual a 50, han de ser indicados mediante un mensaje en la pantalla. Observa el ejemplo del diagrama de flujo propuesto en el gráfico.

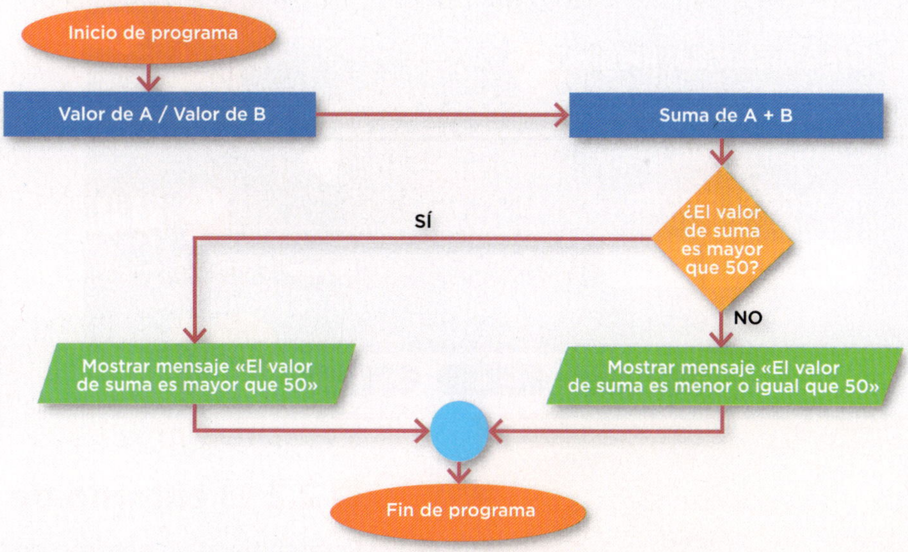

Comprende, piensa, investiga...

3 **Mapa de flujo.** Dibuja un algoritmo gráfico (diagrama de flujo) que corresponda con un programa que se encargue de encender las farolas de tu calle, en función de los valores proporcionados por un detector de luminosidad.

4 **Mapa de flujo.** Investiga de qué forma se podrían convertir los valores de temperatura en la escala Fahrenheit en valores de la escala Celsius. Diseña un algoritmo que realice esta función.

5 Observa la siguiente expresión que corresponde con la ecuación de una recta: $y = 2x + 5$. Si hicieras un programa para representar cada punto de la recta, ¿cuál sería la variable de entrada? ¿Y la variable de salida?

2 PROGRAMANDO CON SCRATCH

2.1 Introducción a la programación con Scratch

Scratch es un lenguaje de programación con una característica esencial: la forma de programar se basa en módulos o **bloques** y se realiza de forma **gráfica** y **visual.** Esto significa que no hay que escribir código, está disponible en forma de piezas para componer las instrucciones.

Scratch está disponible en dos versiones: la versión de trabajo conectado a Internet, o versión online, y la versión descargable en tu equipo local. En cualquiera de las dos versiones tendrás el mismo entorno de trabajo.

- **Versión online.** Puedes acceder a ella en la página web https://scratch.mit.edu/, a través de la opción **Crear** que verás en el menú superior.

  Si te das de alta como usuario de Scratch a través de la opción **Únete a Scratch *(Join Scratch),*** disfrutarás de la ventaja de que cualquier cambio que vayas añadiendo en tu programa se guardará automáticamente en la nube. La desventaja es que tendrás que estar conectado a Internet para poder acceder a tus aplicaciones y al entorno de programación. Una vez dado de alta, tendrás que acceder posteriormente por medio de **Iniciar sesión.**

- **Versión offline.** Para descargar la versión Scratch 3.0 e instalarla en tu equipo local, tendrás que ir a la URL https://scratch.mit.edu/download. En esta página, selecciona el sistema operativo de tu equipo (Windows 10 o macOS). Pulsa en el botón **Descargar** para obtener el archivo de instalación.

  Una vez descargada la versión offline (Scratch Desktop), podrás trabajar sin estar conectado, pero tendrás que salvar manualmente los cambios que vayas haciendo en tu programa para no perderlos. Además, si quieres llevar tus programas de un ordenador a otro, tendrás que llevarlos en un pendrive o subirlos a una nube.

2.2 El entorno de Scratch

Scratch tiene un entorno de trabajo, o interfaz de usuario, bien definido por las siguientes áreas:

- **Barra de menú.** En la parte superior de la interfaz de usuario dispones de un menú textual muy similar al del resto de aplicaciones informáticas. Mediante la opción **Archivo,** podrás descargar programas guardados o subir los programas que quieras guardar a tu equipo o a tu zona de usuario en el espacio compartido de la comunidad de Scratch.

- **El área de escenario.** En esta área, situada en la parte superior derecha, se observarán gráficamente los efectos producidos cuando se ejecuta un programa. Allí convivirán los personajes que se programen y los escenarios, que podrán ir cambiándose.

Encontrarás videotutoriales de iniciación a la programación con Scratch en **anayaeducacion.es**.

→ **Zona de objetos.** En la parte inferior derecha dispones de una zona en la que se acumularán los objetos sobre los que estés programando. Podrás acumular cuantos personajes y escenarios quieras utilizar. Al pulsar con la tecla izquierda del ratón sobre uno de ellos, se seleccionarán el personaje y el escenario, y cualquier módulo de programación se asignará al objeto seleccionado. El área tiene un menú superior para personajes y un menú a la derecha para los escenarios.

→ **Zona de comandos e instrucciones.** En la columna izquierda de la pantalla dispones de tres pestañas: **Programas, Disfraces** y **Sonidos.** Al abrir Scratch, la pestaña de **Programas** está seleccionada por defecto, y podrás observar a lo largo de la columna todas las instrucciones disponibles para componer los programas. En la barra lateral de la izquierda, se distinguen las diversas categorías de instrucciones diferenciadas por colores.

En la pestaña de **Disfraces** podrás ver los diferentes aspectos para el personaje activo y en la pestaña de **Sonidos** podrás cargar o, incluso, crear sonidos para añadir a tus programas.

→ **Área de programación** es la columna situada en el centro de la pantalla y en ella se irán componiendo los programas. Scratch permite incorporar las instrucciones pinchándolas en la zona de comandos, arrastrándolas hacia la zona de programación y soltándolas en el lugar conveniente.

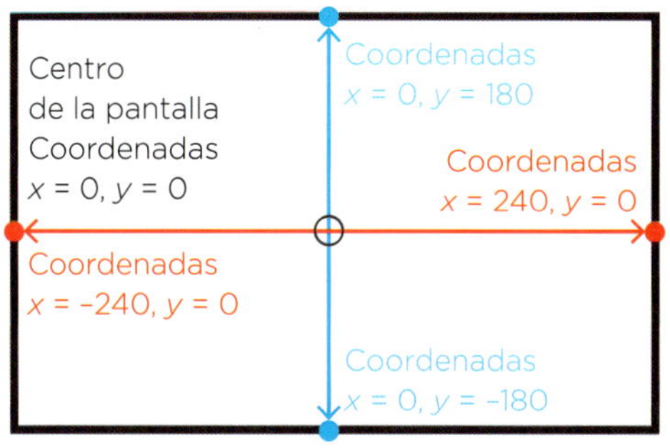

¿Te animas a sumarte al reto de personalizar el proyecto «Conoce Andalucía»? Abre el proyecto de muestra https://scratch.mit.edu/projects/99205775/ , dale al botón «Reinventar», añade fotografías y preguntas de tu pueblo o ciudad y cuando termines, compártelo.

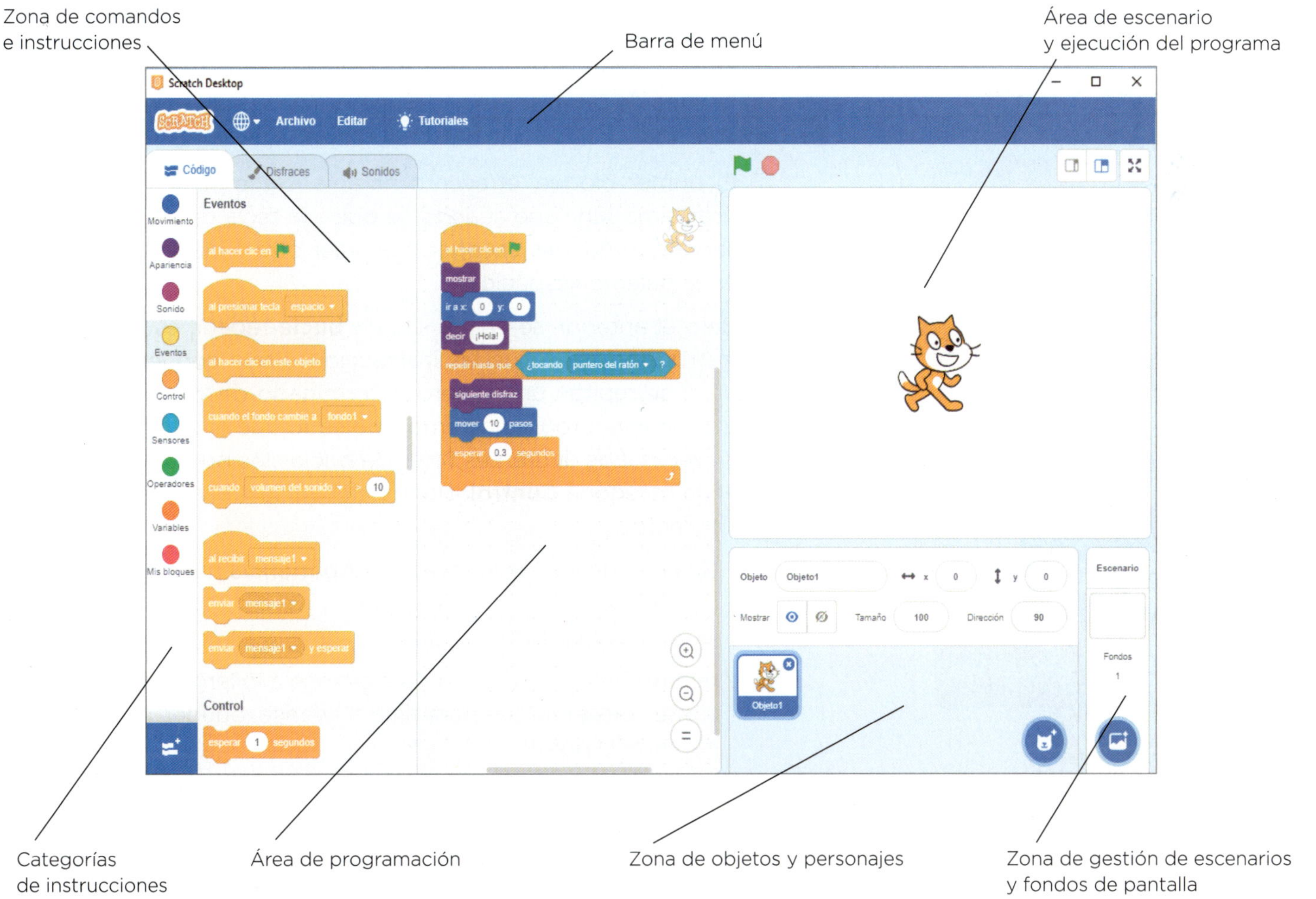

2 PROGRAMANDO CON SCRATCH

Práctica guiada

Crea tu primer código de programación

1 Para empezar, inserta un personaje y un escenario de tu elección. Selecciona el personaje al que vas a aplicar diversos comandos. Si no quieres complicarte por ahora, escoge el gato que aparece por defecto al abrir Scratch. Toca la pestaña de **Disfraces** y comprueba que el personaje tenga al menos dos disfraces. Si no los tiene, borra el personaje y escoge otro que tenga varios disfraces. Haz clic sobre el personaje con el botón izquierdo e incorpora los siguientes módulos de programación:

a) De la categoría **Eventos,** escoge «al presionar tecla espacio».

b) De la categoría **Apariencia,** escoge «siguiente disfraz».

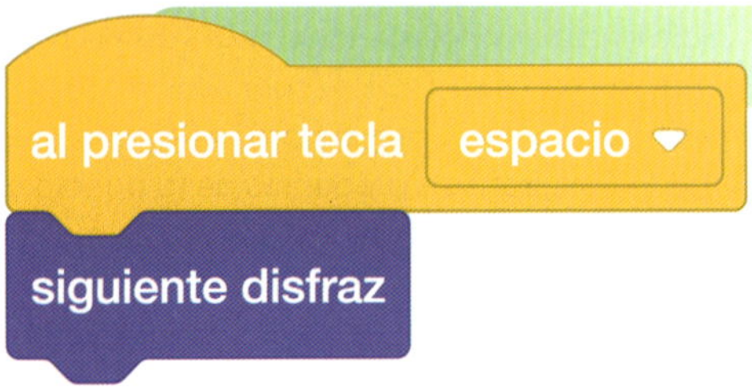

c) Acopla uno con otro para obtener un sencillo programa.

A continuación, cada vez que toques la tecla de espacio en el teclado del ordenador, el personaje cambiará su disfraz; de modo que si lo haces a un ritmo adecuado, parecerá que tiene un movimiento asociado.

2 Ahora vamos a hacer que el personaje avance mientras cambia de disfraz, pero lo va a hacer de forma automática. Ensambla, en la zona de programación, las instrucciones del ejemplo junto a estas líneas:

a) El primer bloque, el evento naranja, sigue haciendo que el programa funcione cuando se pulse la tecla de espacio. Observa que puedes escoger cualquier otra tecla desplegando en la palabra «espacio».

b) Bajo el anterior, se encuentra un **bucle** repetir, es decir, una instrucción hace que las instrucciones que contiene dentro de sí se repitan un número determinado de veces. Observa que en este programa hemos indicado que el bucle se repita 10 veces. Los diferentes tipos de bucles los podrás encontrar en la categoría **Control.** Dentro del bucle hemos insertado lo siguiente:

- Una instrucción de la categoría **Apariencia** para que cambie de disfraz.
- La instrucción azul «mover 10 pasos» de la categoría **Movimiento** hará que el personaje avance a lo largo del eje horizontal. Observa que para fijar el avance, puedes cambiar el número 10 por otro número.
- La instrucción «esperar 0,25 segundos» consigue un efecto más natural en el movimiento del personaje. Elimina esta instrucción y compara el resultado.

3 Gestiona tus personajes

a) Siempre que abras un nuevo archivo de Scratch, aparecerá un gato como personaje por defecto. Puedes borrarlo pulsando con la tecla derecha del ratón sobre el objeto «gato», en la zona de objetos, y seleccionando **Borrar** en el menú desplegable.

Añade un nuevo personaje en la zona de personajes pulsando el botón de añadir personaje.

Por ejemplo, un murciélago.

b) Ahora, selecciona un escenario sobre el que actuará el murciélago. Pincha sobre el botón de añadir nuevo escenario situado en la zona de gestión de escenarios en la parte inferior derecha de la ventana.

Elige, por ejemplo, el escenario de un castillo.
El aspecto del área del escenario será similar al que ves en la ilustración de la esquina superior derecha.

4 Dale movimiento al personaje

Para que parezca que el murciélago está volando, jugaremos con sus disfraces. Al seleccionar la pestaña **Disfraces,** observa que el personaje dispone de cuatro disfraces, pero, en realidad, los dos primeros son suficientes para crear la sensación de volar: bat-a y bat-b. Borra los otros dos disfraces pulsando sobre cada uno con la tecla derecha del ratón y seleccionando **Borrar.** Utiliza el código de la derecha para simular que el murciélago vuela mientras persigue el puntero del ratón. Lleva el puntero del ratón al área del escenario y muévelo.

```
al hacer clic en [bandera]
por siempre
    siguiente disfraz
    ir a (puntero del ratón ▾)
    esperar (0.25) segundos
```

5 Añade sonidos

Utiliza el anterior programa con el murciélago y el escenario del castillo. Graba un sonido para incluirlo en el programa. Para ello, pulsa en la pestaña de **Sonidos,** graba con el micrófono del ordenador una palmada o varias palmadas, que utilizaremos para representar un batir de alas y llámalo «palmada». Intenta explicar, antes de componer el programa, qué hará el murciélago. A continuación, en el editor de Scratch acopla los bloques del programa y comprueba si tu predicción era correcta. ¿Para qué ha servido utilizar un bucle «repetir 2» dentro de otro bucle «por siempre»?

```
al hacer clic en [bandera]
por siempre
    repetir (2)
        siguiente disfraz
        ir a (puntero del ratón ▾)
        esperar (0.25) segundos
    iniciar sonido (Palmada ▾)
```

6 Elige otros sonidos

Selecciona un sonido pregrabado en la biblioteca de sonidos y cambia el sonido «palmada» por otro que elijas para crear un efecto gracioso con el movimiento del murciélago.

2.3 La categoría «Sensores»

Ahora que has compuesto tus primeros programas con Scratch —incluyendo escenarios, personajes y sonidos—, te haces mejor idea de su funcionamiento. Has podido utilizar bloques de las categorías **Movimiento, Eventos, Apariencia** y **Control,** y te habrás dado cuenta de las innumerables posibilidades que tienes al poder utilizar tantos bloques diferentes. Sin embargo, hay otras categorías con bloques muy interesantes y, en algunos casos, esenciales para un programa informático. Vamos a repasar ahora la categoría **Sensores** que te permitirá detectar personajes, colores y otros efectos.

Esta categoría ofrece muchas posibilidades para que los personajes interaccionen entre sí y con el escenario. Para probarlo, te proponemos una práctica en la que vas a mover un personaje a lo largo de un camino con obstáculos.

Práctica guiada

Crea tu primer juego con Scratch

1 En primer lugar, habrá que crear un escenario desde el editor de escenarios o en un programa de dibujo como Paint o Inkscape. Los colores deben ser tales que el camino se diferencie bien del resto del escenario. Por ejemplo, puedes utilizar algo parecido a la imagen junto a estas líneas y elegir una moto como personaje del juego. Recuerda dibujar un sector final del camino verde de otro color —por ejemplo, rojo— para identificar la meta.

2 Puedes modificar las dimensiones del personaje para hacerlo más pequeño o más grande. Para ello, selecciónalo y cambia el número en el campo tamaño del área de personajes.

3 Programa la moto para que se mueva utilizando las teclas arriba, abajo, izquierda y derecha del teclado. Para hacerlo, emplea los códigos junto a este texto.

Cada uno de los movimientos tiene su propio evento, tal y como puedes ver en el programa asignado al personaje de la moto. No obstante, este programa solo permite mover la moto por el lienzo del escenario sin que ocurra nada más que su avance en los cuatro sentidos.

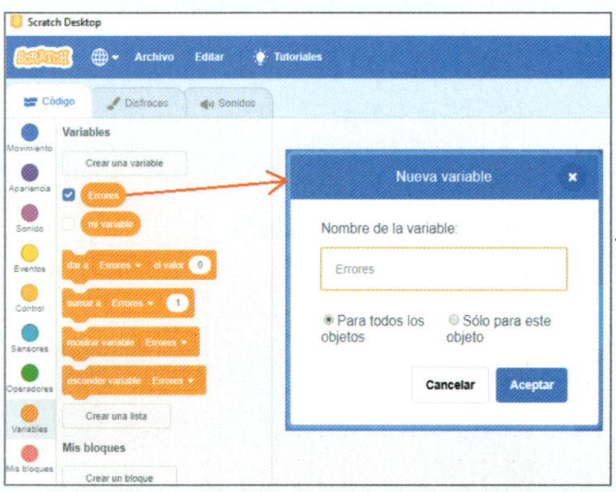

4 Ahora, habrá que crear la variable **Errores,** que irá contando las veces que la moto se sale del camino. Esto se consigue detectando que alguna parte de la moto toca el color azul del lienzo fuera del camino verde.

Para crear la variable, tendrás que seleccionar la categoría **Variables** y pulsar en **Crear una variable.**

Aparecerá la ventana **Nueva variable,** donde tendrás que darle un nombre a la variable y decidir si se utilizará para un personaje u objeto determinado, o para cualquier objeto del programa.

Las variables que se emplean para todos los elementos del programa se suelen llamar **variables globales,** mientras que si utilizamos una variable solo para un objeto, se la denomina **variable local.**

5 A continuación, hay que seleccionar un par de efectos de sonido. Uno hará que suene un ruido cada vez que la moto se salga del camino y otro será una campana que sonará cuando cruce la meta.

6 En este programa hay una parte común para cualquier movimiento formada por dos acciones: hay que detectar, por un lado, si la moto sale del camino —cuando esto ocurra, se sumará un error—; por otro, si ha cruzado la meta —si esto sucede, suena una campana—.

7 Vamos a programar estas dos acciones creando un procedimiento, en la categoría **Mis bloques,** que llamaremos **Moverse.** Este procedimiento tendrá que hacer las dos acciones indicadas y tendrá que ser invocado cada vez que presionemos cualquiera de las cuatro teclas de dirección. Pero ¿cómo podemos detectar que la moto se ha salido del camino o ha llegado a la meta? Lo primero es tener claro que cuando esto ocurre, se da una condición, en nuestro ejemplo, que toque el color azul o que toque el color rojo, respectivamente. Ahora aplicaremos la estructura de decisión, muy clásica en todos los lenguajes de programación: **Si... entonces... si no...**

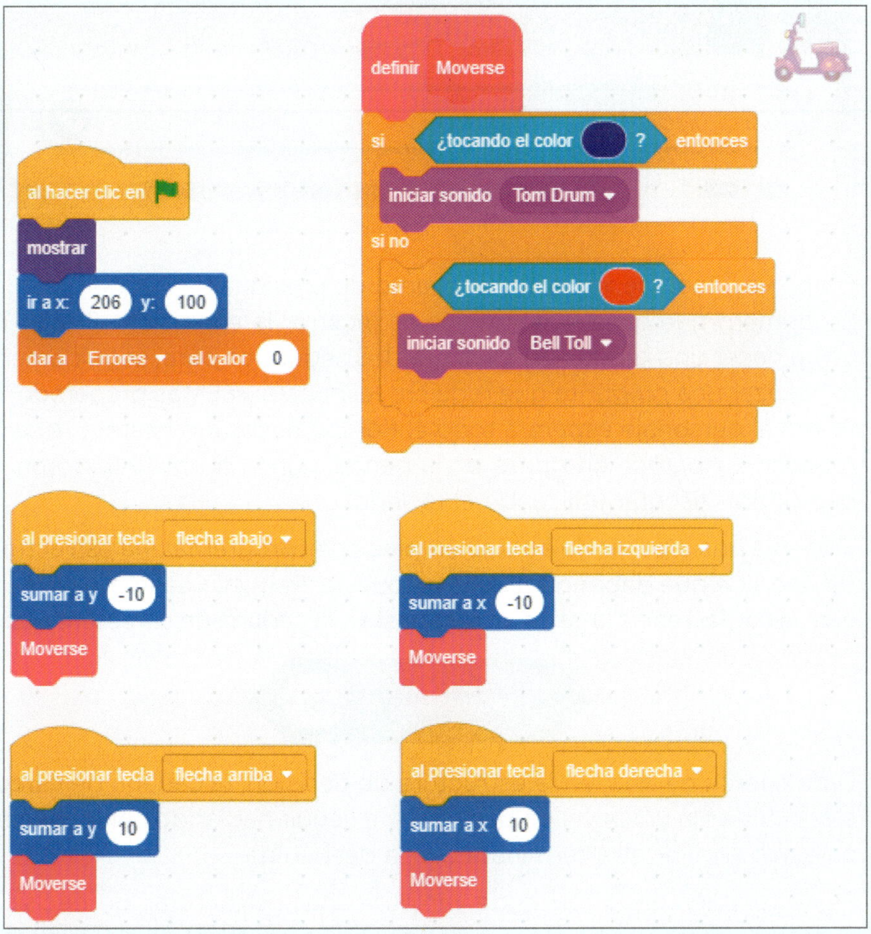

2.4 La interacción con el usuario

Scratch dispone de muchas formas de interacción con el usuario, pero las más habituales son los **diálogos.** Para ello, se dispone de dos tipos de instrucciones: las **expresivas,** que son meros mensajes que surgen desde los personajes, o las **inquisitivas,** que se formulan como preguntas que requieren una respuesta.

La respuesta se puede utilizar posteriormente para ser tenida en cuenta en otros procedimientos del programa.

Observa este ejemplo:

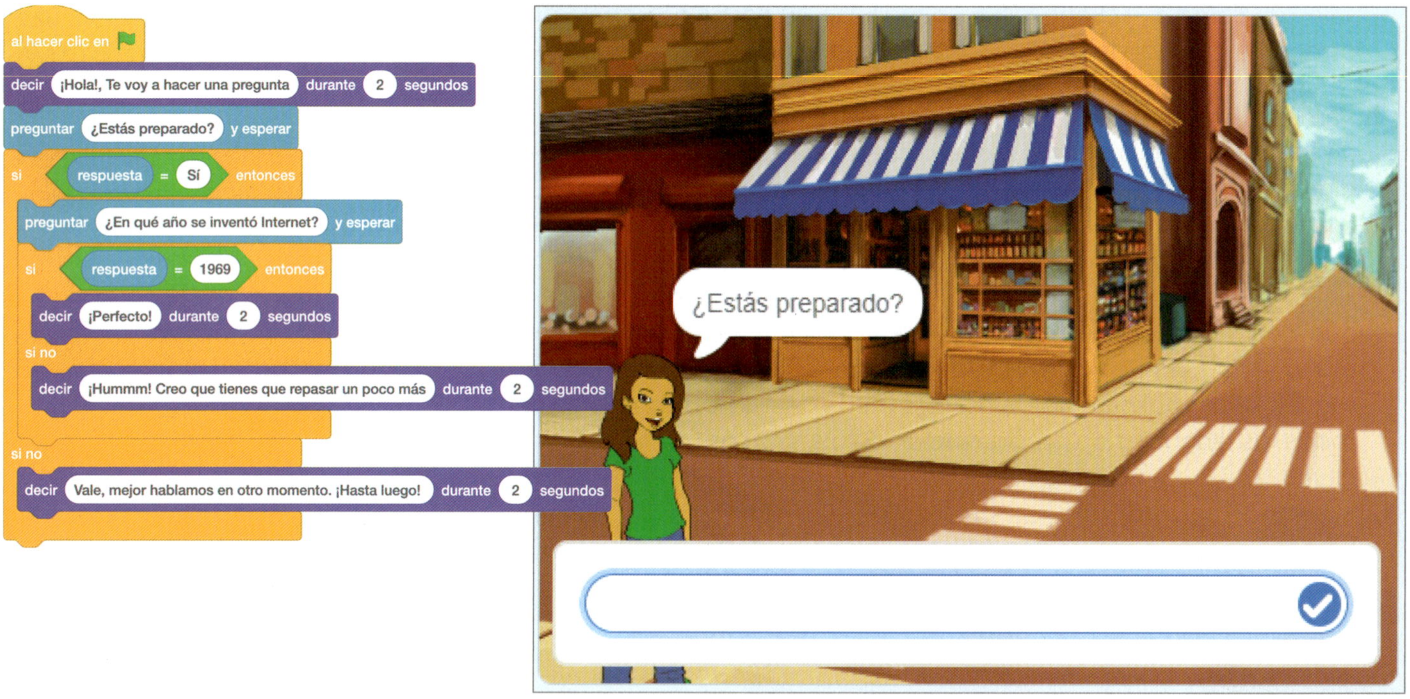

Como ves, todo se inicia con el evento de presionar la bandera verde. Lo primero que hace el personaje es mostrar la expresión: «¡Hola! Te voy a hacer una pregunta» y espera dos segundos para, seguidamente, realizar una pregunta que requiere respuesta: «¿Estás preparado?». Ahora el personaje esperará todo el tiempo necesario hasta que se le responda. Aparece entonces en la pantalla un cuadro de texto en el que podrás escribir utilizando el teclado.

Observa que a partir de aquí se emplea en el programa una estructura de decisión que dependerá de la respuesta. Para ello usaremos la función **Igualdad** entre la variable **respuesta** y la cadena de caracteres «Sí»:

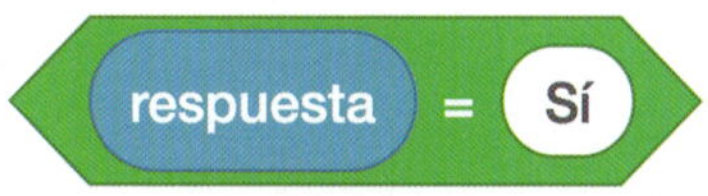

Date cuenta de que, en la estructura de decisión, la cadena de caracteres «Sí» es la única válida para optar a seguir hablando con el personaje, y cualquier otra terminará con la despedida.

Fíjate también en la forma de «anidar» unas estructuras de decisión dentro de otras, esto es lo que se conoce como **árbol de decisiones.**

Repasa los bloques de programación con la actividad interactiva «Aprende jugando. Adivina el bloque».

Comprende, piensa, investiga...

6 Plantea, mediante el método de interacción mostrado, un test de conocimientos a tus compañeros y compañeras. Elige el tema que quieras y formula diez preguntas. Utiliza además una variable **Puntuación** para sumarles un punto cada vez que respondan correctamente.

3 CREANDO APPS CON APP INVENTOR

Una duda típica

¿Qué ocurre si mi dispositivo no es Android? ¿No podré visualizar mis desarrollos?

Si no tienes un dispositivo Android, puedes trabajar emulando la ejecución de tu aplicación mediante la aplicación Emulator. Para instalarlo en tu ordenador accede a la siguiente web:

http://appinventor.mit.edu/explore/ai2/setup-emulator.html

Las aplicaciones para los dispositivos móviles más utilizados (aquellos que incorporan los sistemas operativos Android e iOS) se programan en un lenguaje de programación llamado Java. Para los no iniciados en programación, este lenguaje no es sencillo y precisa, además, un entorno de trabajo algo complejo.

Para facilitar el acceso a la programación de este tipo de dispositivos a todos aquellos que desconocen Java, existen varias herramientas que a través de entornos gráficos de bloques, como el que has utilizado en Scratch, permiten la creación de aplicaciones sencillas.

Si tienes un dispositivo Android, puedes utilizar App Inventor del MIT, mientras que la aplicación Kino App Inventor te permitirá desarrollar aplicaciones para tu dispositivo Apple.

3.1 Cómo comenzar con App Inventor

Para empezar a trabajar con App Inventor, accede a su página web a través de la dirección http://appinventor.mit.edu/explore/. Allí encontrarás muchos recursos, entre ellos, cómo comenzar a trabajar con la aplicación, cómo trabajar en el aula o en casa y el acceso a tutoriales para reforzar lo que vas estudiando.

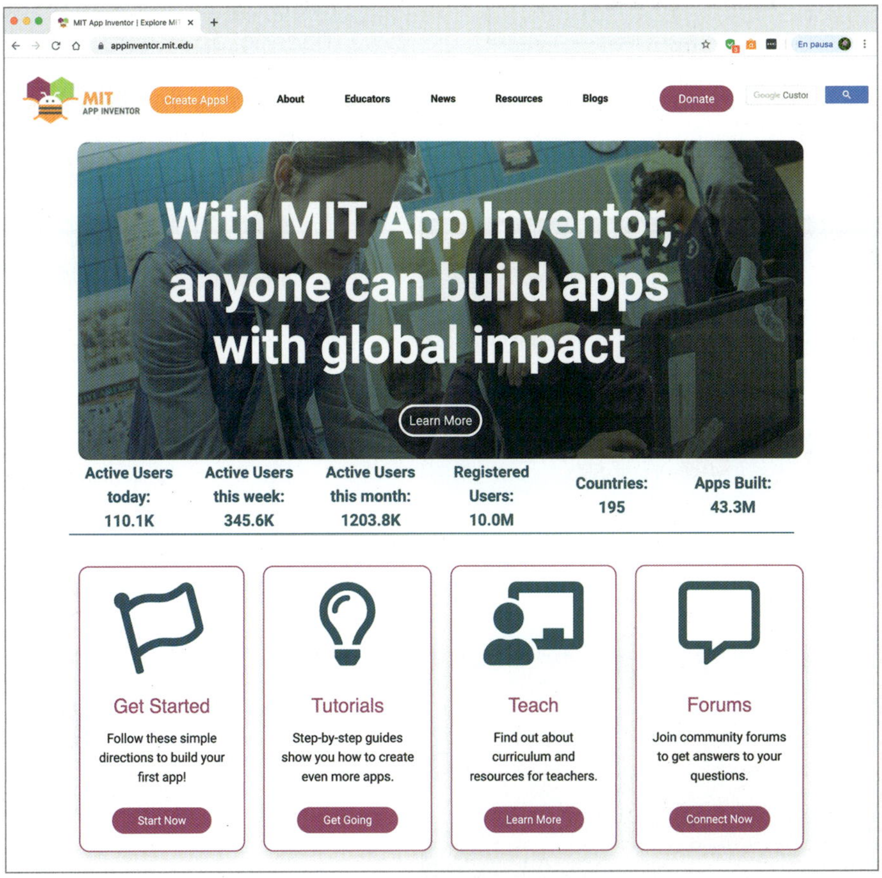

En este apartado vamos a estudiar cómo desarrollar aplicaciones en la interfaz de usuario online. Para ello, accede a la web de App Inventor y pulsa en el botón Create! Ten en cuenta que necesitas una cuenta de usuario de Google para activar tu usuario.

En **anayaeducacion.es** encontrarás un videotutorial de iniciación a App Inventor.

El proceso, por tanto, será el siguiente: primero, vas a programar una aplicación que guardarás en tu cuenta de App Inventor a través de la interfaz de la aplicación online, y después, descargarás la aplicación a tu móvil Android para comprobar el aspecto de la aplicación.

Comienza configurando tu ordenador y tu dispositivo móvil para poder ejecutar en él las aplicaciones creadas. No tendrás que esperar a terminar la aplicación para ver cómo funciona, porque podrás ir probándola en tu dispositivo Android mediante conexión por cable o a través de la red wifi a la que estés conectado. La aplicación para el dispositivo móvil se llama **AI Companion.** Si no tienes un dispositivo móvil, puedes utilizar el **emulador,** que simulará en tu ordenador la aplicación que estás desarrollando.

3.2 Preparar el móvil para comprobar las apps

Será más sencillo interactuar con tu dispositivo móvil si dispones de un lector de código QR. Accede a Google Play y descarga algún lector gratuito como NeoReader o ZXing.

Puedes instalar la aplicación AI Companion en tu dispositivo móvil captando el código QR del margen para acceder a la dirección: http://appinventor.mit.edu/explore/ai2/setup-device-wifi.html Otra opción es abrir esta web en el navegador de tu ordenador; al hacerlo, aparecerá una pantalla similar a esta:

Captura el código QR que te ofrece la web y accede a Play Store para instalar AI2 Companion en tu dispositivo Android.

Una vez instalado, aparecerá el icono de la aplicación en la pantalla de tu móvil. Más adelante, veremos cómo conectar tu móvil al ordenador para probar las aplicaciones.

3.3 Utilizar el emulador para comprobar las apps en el ordenador

En el caso de que no tengas un teléfono Android, también podrás comprobar tus aplicaciones mediante el **emulador.** Para instalar el emulador, accede a la URL: http://appinventor.mit.edu/explore/ai2/setup-emulator.

Lo primero que tienes que hacer es seleccionar la versión para tu sistema operativo Mac OS X, Windows o GNU/ Linux.

En la nueva página, busca el link **Download the installer,** haz clic en el texto de ayuda de instalación y aparecerá una ventana emergente para guardar el archivo ejecutable de instalación:

MIT_Appinventor_Tools_2.3.0

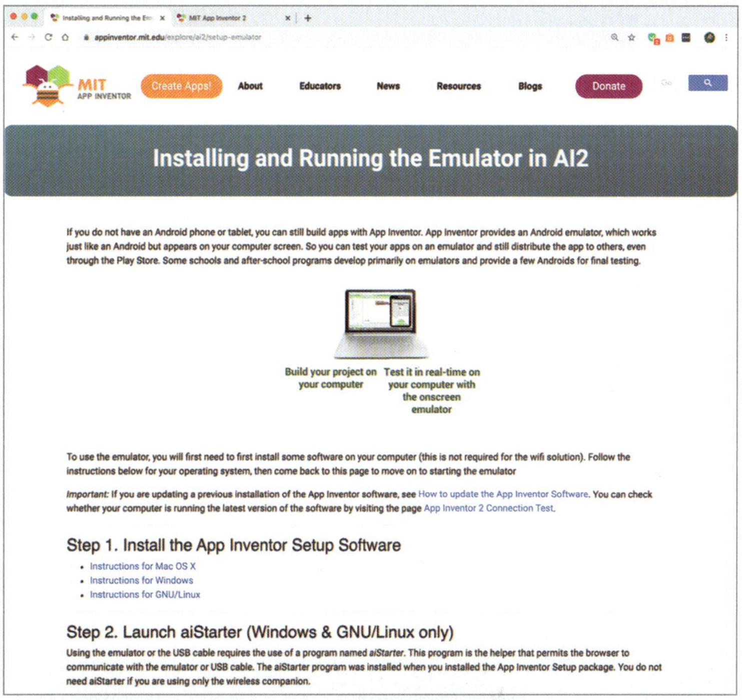

Es posible que el archivo que descargues sea una versión superior. Accede a tus descargas y ejecuta este archivo, dándole los permisos que te solicita. Como para cualquier otra aplicación, habrás de seguir las instrucciones durante el proceso de instalación.

Cuando haya finalizado la instalación, ejecuta el programa **aiStarter** y aparecerá una ventana del **símbolo del sistema** como la de la figura adyacente, en la que te indica que tiene un servidor montado en el puerto 8004. No cierres este terminal mientras estés utilizando el emulador. Cada vez que desarrolles un proyecto y lo quieras emular, este servidor permitirá la conexión entre tu interfaz de App Inventor y el móvil emulado que aparecerá en pantalla.

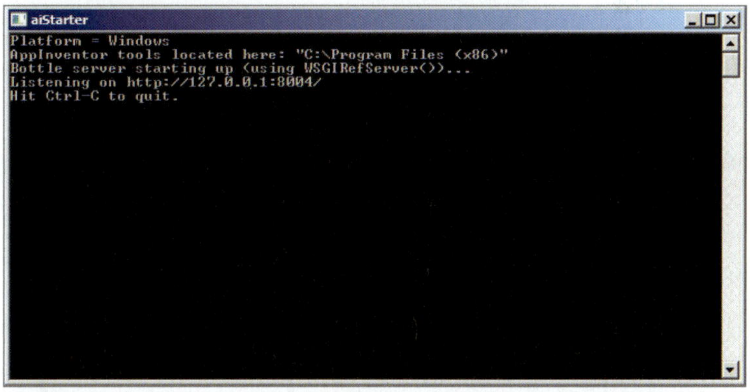

Hecho esto, ya tendrás preparado tu ordenador y tu dispositivo Android, real o emulado, para comprobar tus proyectos.

Cuando quieras comprobar el correcto funcionamiento de tu aplicación, ve al **menú de títulos,** haz clic en **Conectar** y elige la carga en AI2 Companion o mediante el emulador.

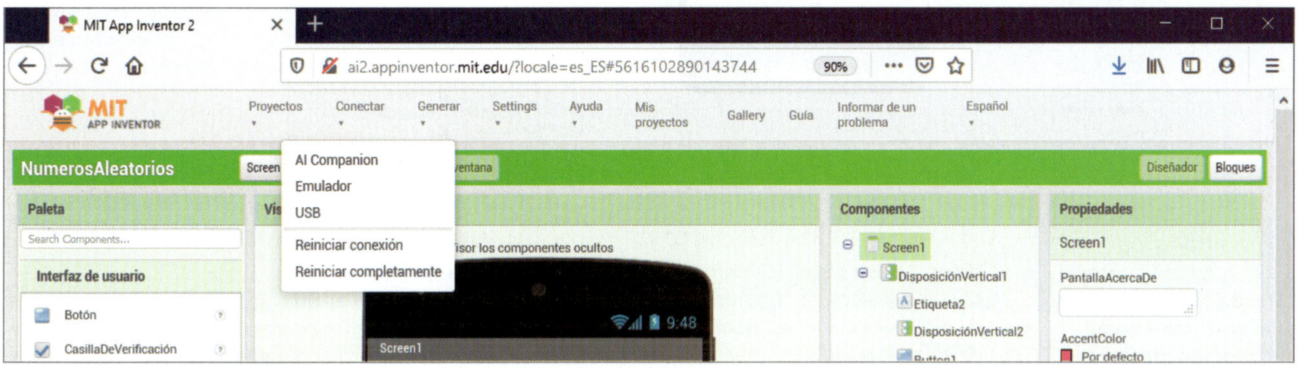

3.4 La interfaz de usuario de App Inventor

Una vez iniciada la sesión con tu usuario de Google, podrás acceder a un listado con los proyectos que vayas creando. Recuerda que también puedes decidir en qué idioma quieres acceder a tu entorno de desarrollo.

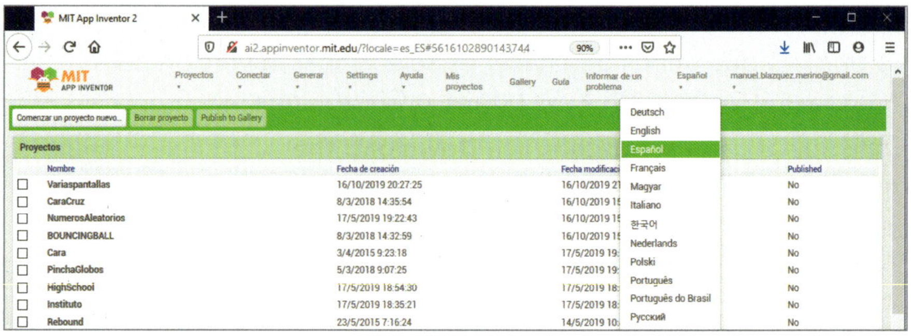

Para empezar un nuevo proyecto, pulsa el botón **Comenzar un proyecto nuevo** situado a la izquierda de la ventana.

La interfaz de diseñador

El entorno de diseño es el que se carga por defecto al iniciar o abrir un proyecto. En el entorno de desarrollo puedes distinguir las siguientes zonas:

Menú de títulos.
Podrás acceder a proyectos o descargar el programa actual en tu móvil.

Botones Diseñador y **Bloques.** El botón **Diseñador** te lleva al entorno de diseño; y con el botón **Bloques** accedes a la zona de programación de los objetos que vas incluyendo.

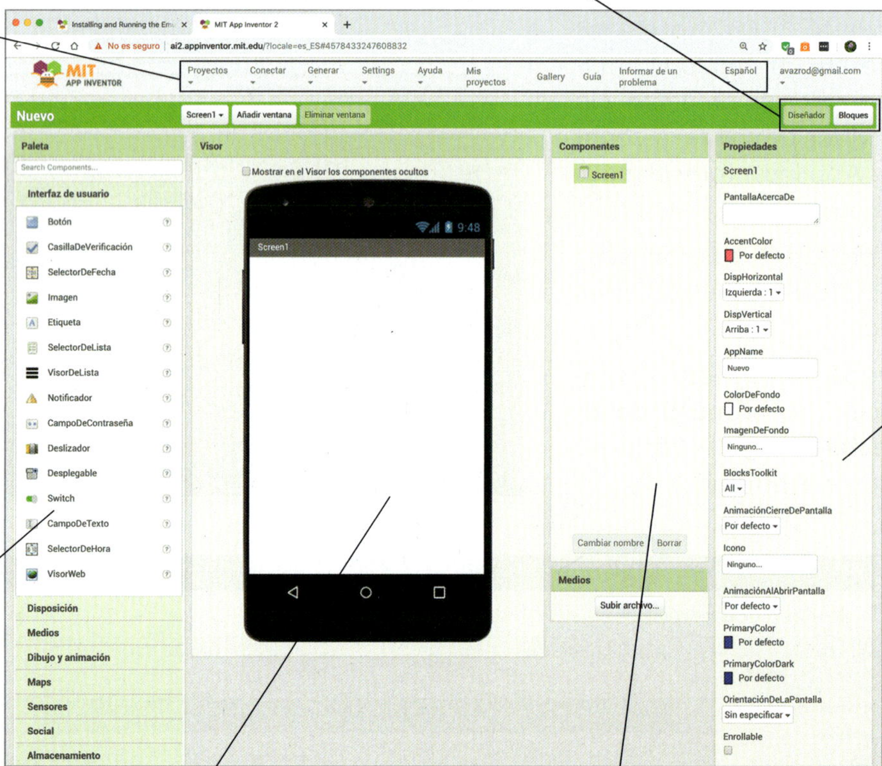

Propiedades.
Selecciona un componente de la lista de componentes y podrás cambiar sus propiedades, como el color, el tamaño, el comportamiento, etcétera.

Paleta. En ella encontrarás los componentes que necesitas para tu aplicación. Desde aquí los puedes arrastrar hasta el visor para luego adjudicarles sus propiedades.

Visor. Arrastra aquí los componentes desde la paleta, configurando su disposición y el aspecto de tu aplicación.

Lista de componentes.
Donde podrás observar no solamente los componentes que has soltado en el visor, sino también la relación de dependencia jerárquica entre ellos.

La interfaz de programación

Desde la interfaz de diseñador, debes pulsar el botón de **Bloques** en la parte superior derecha de la pantalla para acceder a una ventana como la de la figura. En esta ventana se ha incluido un bloque de programación para que observes que el aspecto del código es muy similar al de Scratch.

Herramientas de programación integradas. Aquí encontrarás los bloques básicos clasificados. Desde aquí podrás arrastrar los bloques que quieres utilizar.

Componentes específicos. Cada elemento de tu aplicación tiene asociados bloques específicos que encontrarás al hacer clic sobre ellos.

Bloques de programación. Observa que el tipo de código es muy parecido al que has empleado para desarrollar programas con Scratch.

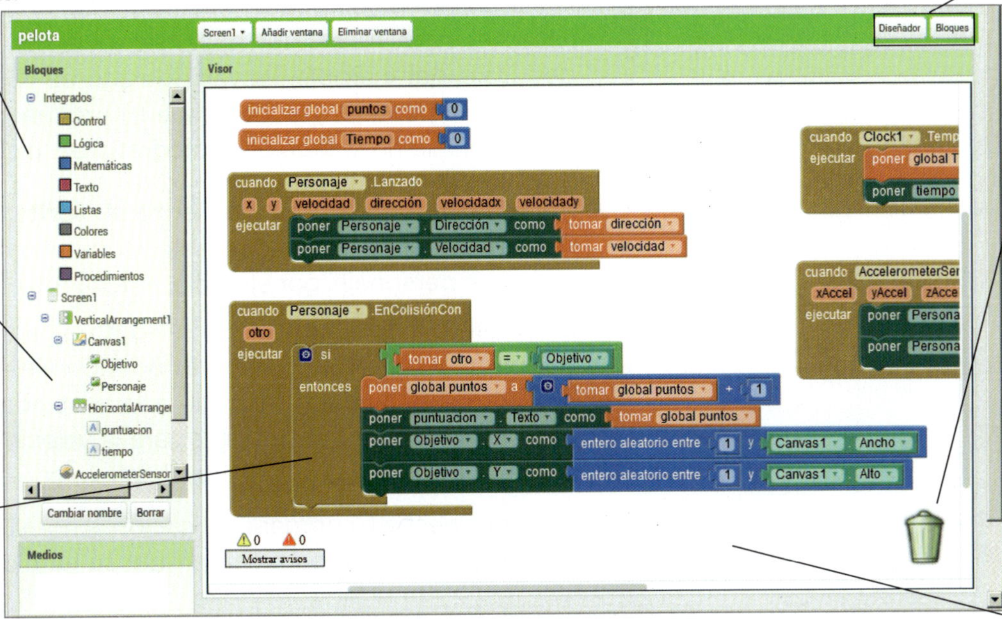

Botones para conmutar entre el entorno de diseño y el de programación.

Papelera. Tira aquí el código inservible o del que te quieras deshacer, arrastrándolo y soltándolo sobre ella.

Visor. En esta zona podrás ir colocando el código para cada objeto de la aplicación.

Las herramientas de programación integradas

En la columna **Bloques** encontrarás las distintas categorías de bloques integradas; al seleccionar una, se extenderá hacia la derecha el conjunto de instrucciones correspondientes cubriendo parte del visor. Entre las categorías encontrarás:

- **Control:** que contiene las estructuras de decisión «Si-entonces», las estructuras de bucle «Mientras...» o las operaciones con la pantalla.
- **Lógica:** con las sentencias de comparación (=,≠), los operadores lógicos (No, Y, O) o los valores lógicos (Cierto, Falso).
- **Matemáticas:** con bloques de operativa aritmética, funciones matemáticas y, en general, las sentencias relacionadas con las operaciones con números.
- **Texto:** donde encontrarás órdenes para manejar y configurar textos como cadenas de caracteres.
- **Listas:** para operar con listas o conjuntos de valores de variables.
- **Colores:** permite incluir colores que podrás utilizar en detección cromática.
- **Variables:** para crear variables, inicializar sus valores locales o globales y modificar su valor en un punto determinado de un programa.
- **Procedimientos:** desde el cual podrás crear procedimientos y asignarles un nombre y un contenido.

Práctica guiada

Desarrolla tu primera aplicación con App Inventor

Hay dos componentes habituales en toda aplicación: los escenarios de fondo, llamados «lienzos» (*canvas*) y los personajes (*sprites* o *spriteimages*). Estos objetos están disponibles a la izquierda, dentro de la **Paleta** en la sección de **Dibujo y animación.**

1 Inicia un nuevo proyecto y llámalo «Cara». Arrastra un objeto lienzo al visor. Ajusta sus dimensiones en el área de propiedades. Dale, por ejemplo, un valor de alto de 350 píxeles, ajusta el ancho a la pantalla y sube desde tu ordenador alguna foto. En el ejemplo se ha subido una fotografía del cielo con nubes.

2 Ahora inserta en la zona del lienzo un **sprite;** de las fotografías que tengas en el ordenador, selecciona una imagen cualquiera para este personaje, por ejemplo, alguna foto en la que salgas tú.

En el ejemplo de la figura, se ha elegido la cara de Mickey Mouse. Cámbiale el tamaño a 50 píxeles por 50 píxeles en las propiedades correspondientes y accede a la propiedad **Velocidad** para darle movimiento. Escribe un 2 para la velocidad y 30 en la propiedad **Dirección** para indicarle el ángulo con el que se moverá.

Ya tienes hecha tu primera aplicación. Ahora tan solo has de conectar con tu móvil para comprobar su funcionamiento.

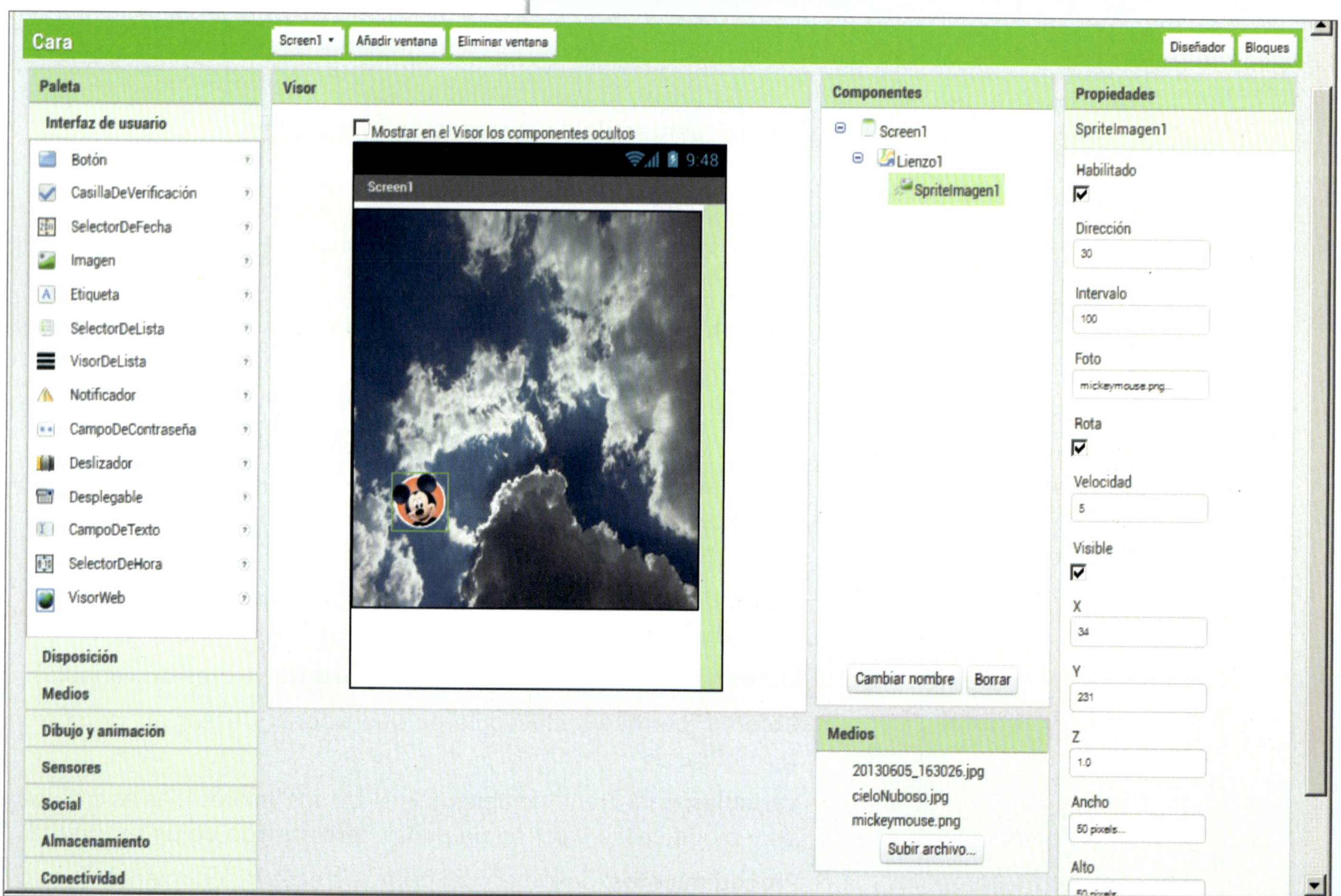

Comprueba tu aplicación en el dispositivo Android o en el emulador.

Para poder ver cómo funciona el programa que acabas de realizar, ten a mano tu teléfono móvil o ejecuta el emulador.

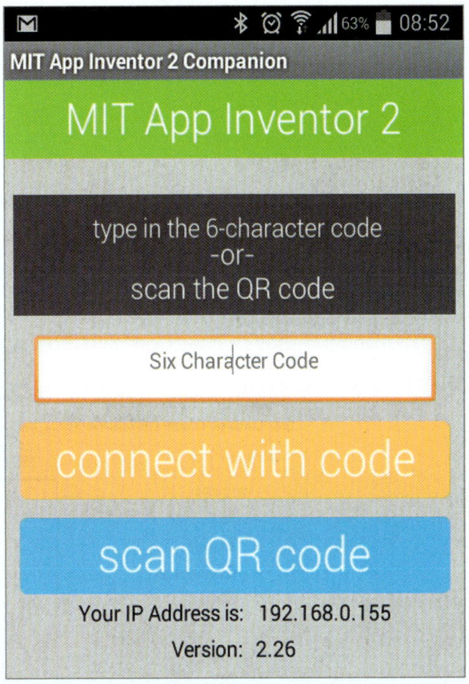

Comprobación del resultado en el teléfono móvil Android

Comprueba que tienes descargada la aplicación AI2 Companion en el móvil.

En el menú de títulos despliega **Conectar** y elige **AI Companion.** Aparecerá un código QR y al lado un código de 6 dígitos.

Abre la aplicación AI Companion en el dispositivo móvil y elige una de las dos opciones:

a) Utiliza el lector que tengas en el móvil para leer el código QR del programa.

b) Inserta a mano los 6 dígitos.

Comprobación del resultado en el emulador

Recuerda que tienes que tener instalado en tu ordenador el emulador. Ejecuta entonces la aplicación **aiStarter** en tu ordenador y espera un rato a que se abra el puerto que comunicará con App Inventor. Sé paciente, sobre todo la primera vez, porque puede que tarde un poco.

Un buen consejo es dejar abierto el emulador y la pantalla de símbolo del sistema, todo el tiempo que vayas a estar programando. Si abres y cierras el emulador cada vez que pruebas una aplicación o haces cualquier modificación, es posible que la RAM te dé problemas y que tengas que reiniciar el ordenador.

Comprende, piensa, investiga...

7 Descarga la aplicación «Cara» utilizando tu móvil o mediante el emulador y comprueba cómo la cara asciende como si fuera un globo en dirección oblicua.

a) Abre el proyecto «Cara» y haz clic sobre el sprite. Modifica las propiedades de *X* a 7 y de *Y* a 300. Cambia la velocidad a 10 y la dirección a 45. Comprueba el resultado de los cambios en tu móvil o en el emulador.

b) Cambia el nombre del sprite y escribe «CaraFlotante» y el nombre del lienzo por el de «Nubes». Para llevar a cabo estos cambios, has de pulsar el botón **Cambiar nombre** en el área de componentes a la derecha del visor.

8 En los dos casos anteriores, ¿qué ha ocurrido cuando la cara flotante ha llegado al límite de la pantalla?

9 Observa la propiedad **Intervalo** en el sprite y modifica su valor por defecto. Describe qué ocurre cuando se ejecuta la aplicación.

10 ¿Cómo podrías modificar el tamaño de la fotografía que has asignado al lienzo, modificando los parámetros del lienzo o modificando los valores de ancho y alto de la propia imagen?

3.5 Los bloques de programación

En el proyecto «Cara», una vez que el sprite se eleva en la pantalla y llega al límite (borde superior), se queda parado. Ahora vamos a crear un código de programación para que el sprite rebote siempre que llegue al límite.

Haz clic en el botón **Bloques** para proceder a incluir el código necesario. En la columna izquierda, dispones de un listado de bloques de programación. Pulsa sobre **«Cara flotante»** y verás como aparece un montón de bloques en el visor de programación. Copia el siguiente código. Guíate por los colores para localizar cada uno de los bloques.

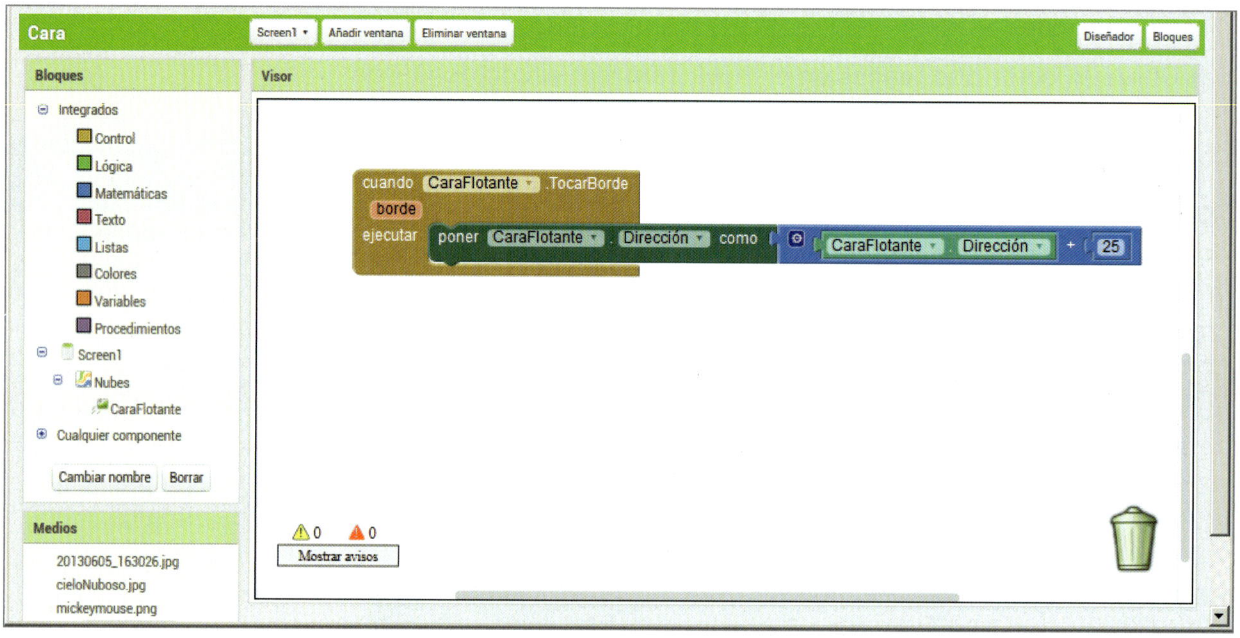

Analiza el código que has escrito, comienza por observar la instrucción **«cuando CaraFlotante.TocarBorde»,** que indica la condición de que el personaje toque el borde de la pantalla. Cuando eso ocurra, a la dirección de CaraFlotante se le sumarán 25 grados, cambiando la dirección que llevaba en el momento del choque.

Comprende, piensa, investiga...

11 Prueba la ejecución de la aplicación en el móvil o en el emulador y comprueba que el sprite rebota en los bordes de la pantalla. ¿Qué otro efecto sucede?

12 Modifica el valor 25 en el código de la nueva dirección por otro valor cualquiera, tanto positivo como negativo, y comprueba la nueva ejecución en tu móvil o en el emulador. ¿Cómo corregirías el efecto que has encontrado en la actividad anterior? Trata de escribir algún código adicional que lo corrija.

3.6 Interacción con el usuario

Ahora la cara está permanentemente flotando y chocando con los bordes de la pantalla de forma errática. A continuación, vamos a incluir la posibilidad de interaccionar con el personaje. Además, añadiremos un contador que cuente las veces que el sprite choca. El código que vamos a usar te será muy útil para cualquier aplicación en la que quieras insertar un control de puntuación. Vamos a utilizar el mismo lienzo y el mismo personaje, pero partiremos de un proyecto nuevo que llamaremos «Rebote». El proceso es el siguiente:

1 Haz clic en **Disposición,** en la zona de la Paleta, y selecciona la **DisposiciónVertical.** Suéltala en la esquina superior izquierda del visor. En propiedades, aplica a ancho y alto sendos valores de **Ajustar al contenedor.**

2 Incluye en el interior de la disposición vertical una **disposición horizontal.**

3 Incluye dos etiquetas, una para contar los rebotes y la otra para el tiempo de juego en activo. Llama a la etiqueta que te ha quedado a la izquierda «Rebotes», y a la de la derecha «Tiempo».

4 Desde la sección **Dibujo y Animación** selecciona un lienzo y suéltalo por encima de la disposición horizontal que contiene las etiquetas, pero dentro de la disposición vertical. En este ejemplo seleccionaremos el cielo nuboso. Modifica sus propiedades de ancho y alto usando **Ajustar al contenedor.**

5 Modifica la propiedad **OrientaciónDeLaPantalla** de la pantalla Screen1 dándole el valor **Vertical.**

6 Incluye el sprite que utilizaste en el programa anterior. Ponle las mismas propiedades que tenía.

7 Copia este programa de movimiento del personaje.

Con este, cada vez que toques o hagas un movimiento de lanzado con el dedo sobre el personaje de la pantalla, este saldrá despedido en la dirección y con la velocidad que apliques con tu dedo.

8 Crea la variable **Rebote** para que muestre las veces que el sprite rebota en el borde de la pantalla. Para ello, suelta el bloque **Variables** en el visor e inicialízalo como ves en el ejemplo; y de la categoría **Matemáticas,** añádele el 0 para que comience a contar desde este valor.

9 Ahora, crea el programa que detectará si el personaje ha tocado el borde utilizando el evento **«cuando CaraFlotante.TocarBorde»,** incluyendo los bloques que modifican la dirección tras el rebote sumándole 30 grados a la que tenía, y los que reducen la velocidad en 5 unidades para darle el efecto de frenado. Cuando esto ocurra, tendremos que sumar una unidad a la variable global **Rebote.** Añade un bloque para concatenar la etiqueta «Rebotes» y el valor de la variable global **Rebote** para que se muestre en pantalla.

Comprende, piensa, investiga...

13 Añade un nuevo personaje y busca la forma de contar las veces que chocan entre ellos.

14 Modifica el programa y el código para desarrollar la aplicación «El reloj». Ten en cuenta que para ello, la propiedad **Intervalo DelTemporizador** del objeto Reloj debe tener el valor 1000, que significa que estará generando un evento cada 1000 milisegundos, es decir, cada segundo. Aprovecha esto y trata de programar el **Reloj** con el evento **Cuando Reloj1.Temporizador ejecutar.** Crea una variable que llamarás **Tiempo** e inicialízala con el valor 0. Súmale una unidad cada vez que se ejecute el evento del temporizador. El resto del código es similar al de la etiqueta «Rebotes».

15 Utilizando el mismo personaje y el mismo lienzo, incluye el sensor del acelerómetro del dispositivo móvil para mover el personaje según inclinas el móvil en cualquiera de las direcciones. Escribe un bloque de código que lleve a cabo estas acciones.

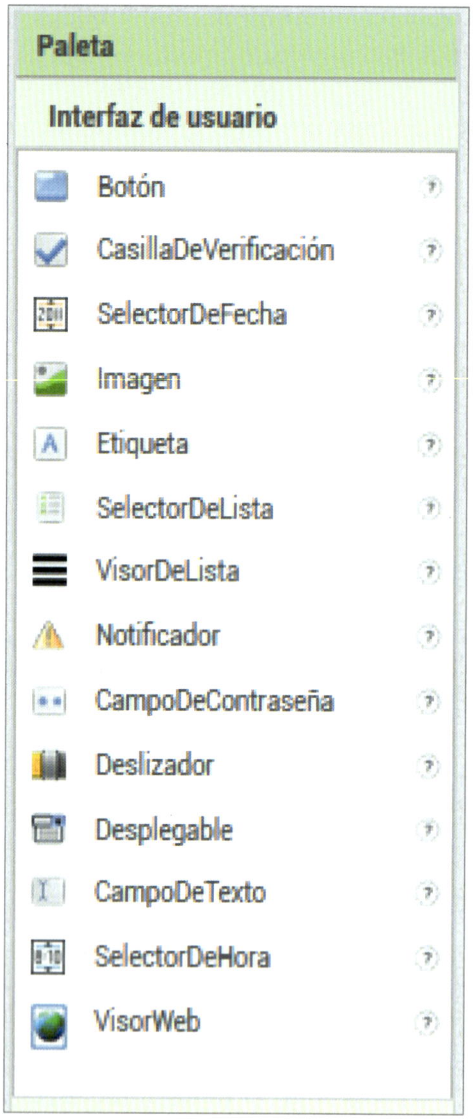

Práctica guiada

Crea una aplicación multipantalla

1 Inicia un nuevo proyecto al que puedes llamar «Multipantalla». Observa que en la interfaz de usuario de App Inventor, en la banda horizontal verde dispones de dos botones. Al iniciar un nuevo proyecto, el primero aparece por defecto con el nombre «Screen1».

2 Cámbiale el nombre, en la propiedad **Título,** por el de **Portada** en el área de componentes. Con el botón **Añadir ventana,** que se encuentra en la barra verde superior, añade dos ventanas de forma consecutiva, llámalas «Página1» y «Página2». Ahora verás que al pulsar el botón **Screen1,** aparece una lista con tres páginas.

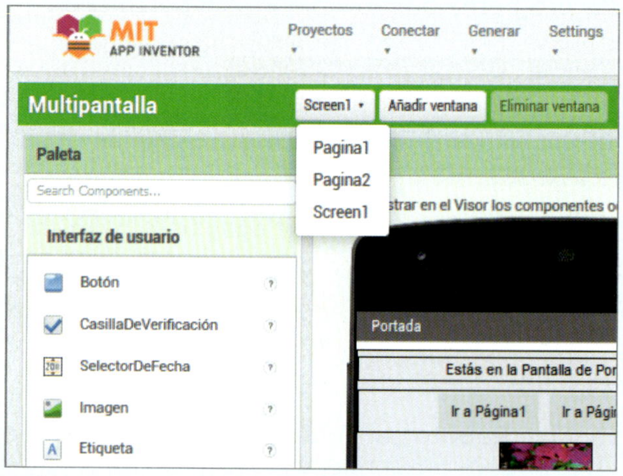

3 Coloca en cada pantalla dos botones. Por ejemplo, en la pantalla Screen1 uno de los botones servirá para saltar a la Página1 y el otro servirá para saltar a la Página2. Observa el resultado de equipar de botones la pantalla Screen1 y haz lo mismo en las otras dos pantallas. Utiliza la misma estructura en todas las pantallas. Por ejemplo, una disposición vertical general ajustada a la pantalla, y dentro de ella, una disposición horizontal superior para situar una etiqueta con el nombre de la pantalla, y bajo esta, una segunda disposición que contenga los botones de navegación. Debajo de estas dos disposiciones, suelta un lienzo con una fotografía diferente en cada pantalla.

Fíjate en cómo está hecho este ejemplo en la vista de diseñador, juntando las tres pantallas en la misma figura:

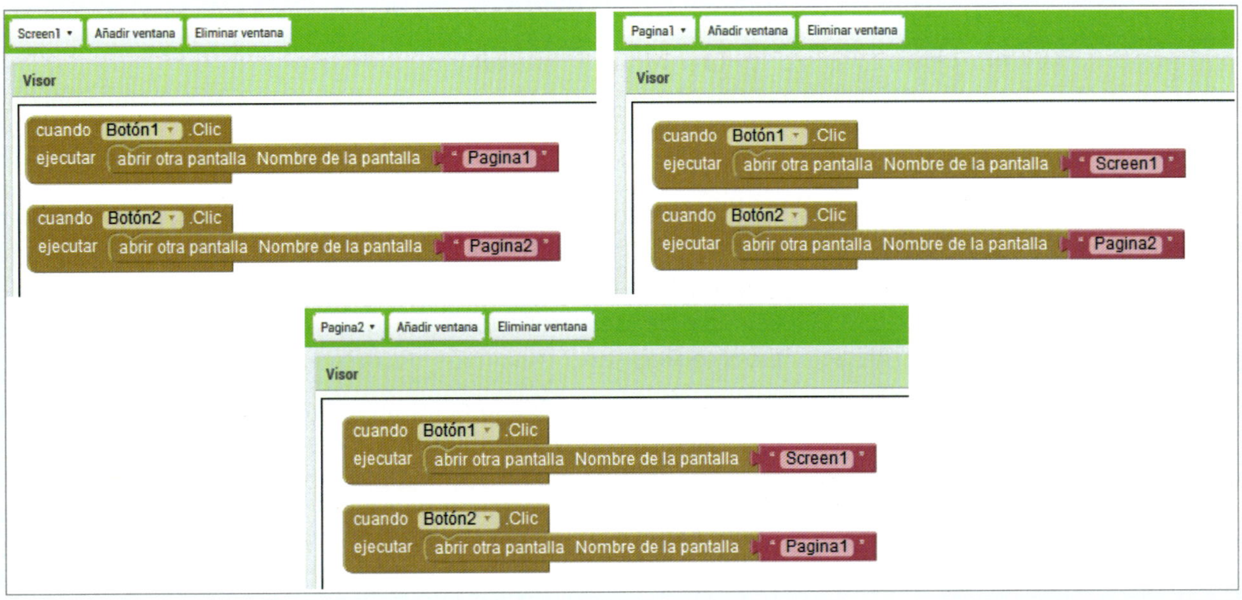

4 El siguiente objetivo es desarrollar el programa de navegación entre las pantallas. Eso significa que tendrás que asignarle una acción a cada uno de los botones cuando se produzca el evento de pulsar el botón. En ese caso, haremos que se abra la pantalla correspondiente.

En la figura superior mostramos el código que utilizarás en cada una de las pantallas. Observa que la sintaxis es la misma y lo único que varía en cada caso es la pantalla que se invoca con cada botón.

Comprende, piensa, investiga...

16 Utilizando las disposiciones, los componentes y el código del proyecto «Multipantalla», haz una copia de la aplicación mediante la opción «Guardar como.» y dale un nuevo nombre. En la nueva aplicación vas a modificar algún objeto. Elimina los lienzos y en su lugar sitúa un visor web (que aparece como **VisorWeb** en la lista de componentes de la Paleta). Modifica sus propiedades para que se ajuste a su contenedor, y en la propiedad **UrlInicial,** escribe una dirección web. Por ejemplo, puedes poner en la portada la dirección de tu blog y en las otras dos páginas la dirección de los blogs de tus compañeros y compañeras. Dale a esta aplicación una utilidad práctica para el acceso rápido a páginas que utilices habitualmente.

17 Cread una aplicación que funcione como una calculadora. Para ello, incluid una pantalla con catorce botones, como si fuera el teclado numérico de un teléfono o de una calculadora, en la que los botones corresponden con los 10 dígitos del 0 al 9 y los cuatro operadores aritméticos: + (suma), – (resta), x (multiplicación) y / (división).

Utilizando una etiqueta a modo de pantalla de calculadora, la aplicación debe permitir operar con dos números enteros cualesquiera y el resultado debe aparecer en la etiqueta superior.

Recordad que tendréis que utilizar dos variables para los operandos y una tercera variable para mostrar el resultado de la operación.

DISTRIBUCIÓN DE UNA APLICACIÓN

PRESENTACIÓN DEL PROYECTO

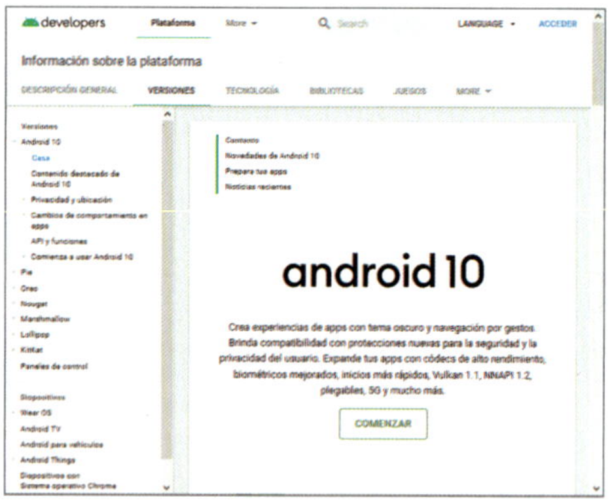

Seguramente alguna vez has pensado que si pudieras hacer una aplicación para móvil, te gustaría poder distribuirla entre tus amigas y amigos. En este proyecto, vamos a revisar cómo conseguir una licencia de desarrollador para que puedas subir tus aplicaciones a Google Play.

Una vez que domines la programación con App Inventor, puedes saltar a algo más complejo, como aprender a programar directamente en Android. Google ofrece una plataforma de desarrollo a través de la página https://developer.android.com/about

PASOS PARA REALIZAR EL PROYECTO

PASO 1

Distribución directa. Lo primero que tienes que tener es tu aplicación desarrollada y bien comprobada. Piensa que si quieres que tenga un mínimo de éxito, tu aplicación tiene que funcionar perfectamente.

Abre la interfaz de App Inventor y carga tu aplicación. Despliega la opción **Generar** del menú y aparecerán dos opciones:

- App (generar código QR para el archivo .apk)
- App (guardar archivo .apk en mi ordenador)

En el primer caso, App Inventor genera un código QR con la dirección del archivo .apk ejecutable de tu aplicación. Captura gráficamente ese código, imprímelo y pásaselo a tus amigos. Al leer el código con su lector QR, se instalará tu aplicación en su dispositivo Android.

En el segundo caso, App Inventor va a generar el propio archivo .apk y lo guardará en tu ordenador. Tras el proceso de generación, cuyo progreso puedes seguir por pantalla, App Inventor mostrará un mensaje informándote de que si guardas el archivo .apk, se almacenará en la carpeta Descargas.

PASO 2 **Distribución a través de Google Play.** Puedes tratar de ampliar la distribución de tu aplicación subiéndola a Google Play.

Para ello, necesitas una cuenta de desarrollador. **No es gratuita** y tendrás que sopesar si ese gasto merece la pena. Pero piensa también que una vez que tengas cuenta de desarrollador de aplicaciones en Google, podrás subir todas las aplicaciones que quieras, e incluso poner precio a alguna de ellas. Puede ser una manera de rentabilizar tu trabajo.

No obstante, antes de dar algún paso, **debes leer con atención todos los documentos relacionados** con la actividad de editor de contenidos de Google (Google Play developer). Dispones de toda la información en https://developer.android.com/distribute. Pídele a tu familia o tutores que lo lean contigo para que te expliquen cualquier tipo de duda o expresión legal que no entiendas. Si te decides, accede a la URL https://play.google.com/publish/. En la página, haz clic en la expresión **Abrir Play Console** y accederás a la consola para subir tu aplicación, **previo pago de un dinero por inscribirte como desarrollador** de contenidos.

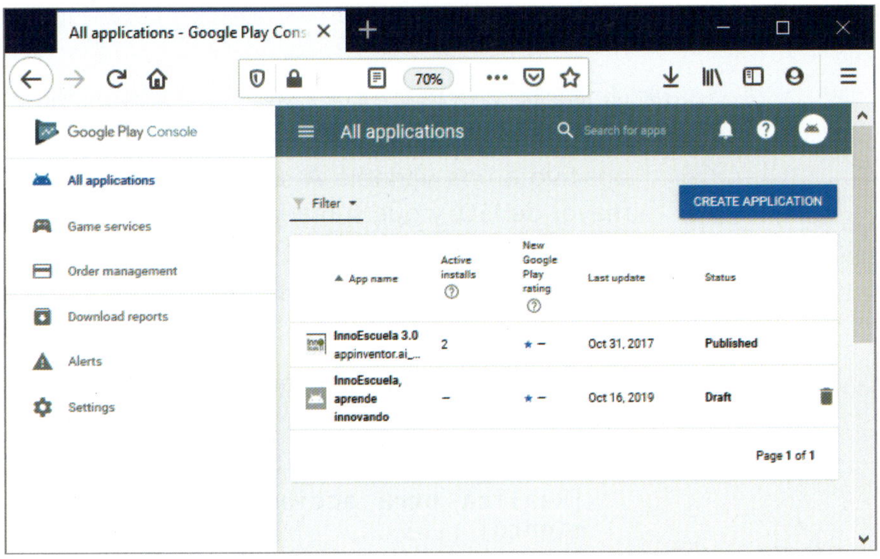

A partir de este punto, subir las aplicaciones es prácticamente como rellenar un formulario. Haz clic en el botón **Añadir aplicación** y rellena una ficha con el nombre de tu aplicación y el idioma en el que se va a distribuir.

Después te pedirá que subas el archivo .apk de la aplicación y que especifiques algunos datos, como una breve descripción de la aplicación, el tipo de aplicación, si es gratuita o de pago, algunas imágenes que los usuarios que quieran descargarla verán cuando accedan a ella en Google Play, etc.

Finalmente, tendrás que pasar un período de revisión, y una vez superado, habrás de decidir en qué países quieres que se distribuya.

Ten en cuenta que el futuro de la programación es la POO o programación orientada a objetos, descubre qué es en el documento «Programación Orientada a Objetos. El futuro de la programación».

Recuerda seleccionar el material de trabajo de esta unidad para tu **portfolio.**

TRABAJA CON LO APRENDIDO

El lenguaje de los ordenadores

1 ¿Qué relación hay entre la electricidad y los valores binarios?

2 ¿Cuántas combinaciones de código binario son posibles utilizando 5 bits? ¿Y 10 bits?

3 Explica qué es un Byte. Pon un ejemplo.

4 ¿Cuántos tipos de programas traductores se incorporan por lo general en el software de un ordenador?

5 Explica las diferencias que existen entre un lenguaje de bajo nivel y un lenguaje de alto nivel. ¿En cuál de ellos se podría clasificar el lenguaje Java?

6 **¿Qué te hace decir eso?** En el desarrollo de un programa, en un punto dado hay que repetir tres veces una determinada acción. ¿Qué tipo de estructura corresponde con el ejemplo propuesto? Justifica tu elección.

a) Un procedimiento.

b) Una función.

c) Una decisión.

d) Un bucle incondicional.

e) Un bucle condicional.

7 Indica para qué se utilizan los siguientes símbolos al escribir un algoritmo gráfico:

a) Un rectángulo.

b) Un romboide.

c) Un rombo.

d) Un círculo.

8 ¿En qué se diferencia un algoritmo de un programa? ¿Qué tienen en común?

9 ¿Se puede considerar una acción la asignación de un valor numérico a una variable en un programa informático, o se trata de un procedimiento?

10 ¿Cómo se denomina genéricamente una estructura de programación que aplica una fórmula matemática y guarda el resultado en una variable numérica?

11 **El espejo.** ¿Qué diferencias existen entre una decisión dicotómica y un árbol de decisiones? Pon un ejemplo de cada uno de ellos.

12 Observa el algoritmo gráfico de la figura. Explica qué hace el programa y cuál sería el resultado que vería el usuario que lo ejecutara.

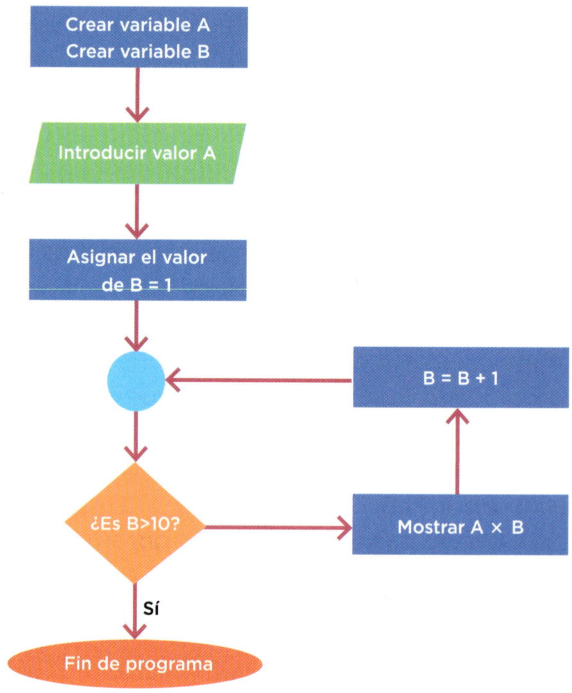

13 Utiliza la estructura siguiente para escribir el algoritmo de un programa que sumaría un número positivo a una variable **A** si una variable **B** fuera mayor de 150, y que sumaría un número negativo a la variable **A** en cualquier otro caso.

```
Si [se cumple una condición]
Entonces
    [realiza una acción/función/procedi-
    miento]
SiNo
    [Realiza otra acción/función/procedi-
    miento]
FindelSi
```

14 **Mapa de flujo.** Dibuja el diagrama de flujo de un algoritmo que controle el paso de vehículos por una barrera de un aparcamiento. Define tú mismo qué tipo de sensores son necesarios y asígnales variables. Asimismo, asigna el estado de los sensores a valores de las variables.

15 Al principio de un programa, se define una variable **Z** y se le asigna el valor numérico 12. Esa variable se utiliza posteriormente en un bucle, siendo la condición para permanecer en el bucle de (Z > 3). ¿Cuántas veces se ejecutará el contenido del bucle?

Recuerda que en el banco de recursos de **anayaeducacion.es** encontrarás documentos explicando cómo utilizar las técnicas y las llaves indicadas en algunas actividades.

Programando con Scratch

16 En un programa de Scratch, ¿cuáles serían las coordenadas correspondientes a la esquina superior derecha de la pantalla?

17 Observa el personaje y su posición inicial e intenta comprender el código adjunto que define sus movimientos. ¿Crees que aparecerá en algún momento el mensaje de que el personaje ha llegado al castillo, o piensas que se irá por alguno de los límites del escenario? Explica en qué te basas para dar esta respuesta.

18 ¿Qué diferencia hay en Scratch entre una variable global y una variable local?

19 En el fondo de la cancha de baloncesto se han incorporado dos personajes: la pelota y el cañón. Puedes incluir la pelota desde la biblioteca de personajes de Scratch Desktop, y para encontrar el cañón, lanza una búsqueda en Google Images con la expresión «cañón dibujo transparente». Una vez hecha la composición, crea un programa sencillo que sitúe la pelota en la punta del cañón, y que al presionar la bandera verde, lance la pelota haciendo una curva para terminar en la canasta.

20 ¿Para qué se emplean los bloques de código en Scratch? Pon un ejemplo de definición y de uso de un bloque de código.

Creando apps con App Inventor

21 En App Inventor, ¿qué es el emulador y para qué se utiliza?

22 ¿Se puede hacer una aplicación móvil sin utilizar las disposiciones verticales y horizontales? En caso afirmativo, ¿cuáles son las restricciones de diseño que se te ocurren?

23 Explica cómo se crea una variable en App Inventor y qué bloques de programa debes utilizar en la aplicación para inicializar la variable al valor 10.

24 Crea una aplicación con App Inventor con dos pantallas. Incluye en la primera pantalla una etiqueta en la parte superior y un botón en mitad de la pantalla con el nombre «Ver mi instituto». La segunda pantalla tendrá una etiqueta con la expresión «Mi instituto» situada en la parte superior y en la parte inferior, una fotografía de tu centro hecha e importada al programa por ti. Crea un bloque de programación que abra la segunda pantalla al pulsar el botón de la primera pantalla. Observa la figura para guiarte en la elaboración de esta sencilla aplicación.

25 Crea una aplicación que genere números aleatorios entre el 1 y el 100. Utiliza una fotografía de fondo de pantalla, una etiqueta de título, un botón con el texto «pulsa» y una etiqueta inferior en la que se mostrará el número calculado. El bloque de programación será como el que se muestra a continuación.

Comprueba lo que has aprendido con la actividad interactiva ¡Ponte a prueba! y repasa con el mapa conceptual interactivo de la unidad.

Suma Piezas es un proyecto educativo de Anaya para Educación Secundaria.

En la realización de esta obra han intervenido:

EQUIPO DE EDICIÓN: Ángela Vázquez y Manuel Gil

DISEÑO, GRÁFICOS Y CARTOGRAFÍA: Patricia G. Serrano, Juan Carlos Quignon y Departamento de gráficos de Anaya Educación

ILUSTRACIÓN: Luca Landi y Pablo Vázquez

MAQUETACIÓN: Coral Muñoz y Nieves Merino

CORRECCIÓN: Isabel Gallego, Mercedes Pérez y Miguel Ángel Alonso

EDICIÓN GRÁFICA: Olga Sayans

FOTOGRAFÍA: Age Fotostock (Javier Larrea, Science Photo Library), Alamy/Cordon Press (Alexander Bertram-Powell, Jose Lucas, Ken Welsh, ronstik, Science History Images), Archivo Anaya (Candel, C.; Canto, M.; Cosano, P.; Hernández Moya, B.; Lezama, D.; Martin, J.; Martín, J. A.; Martinez, C., Ortega, Á.; Osuna, J.; Padura, S.; Peñuela Py, E.; Ramón Ortega, P.- Fototeca de España; Rivera Jove, V.; Sánchez, J.; Steel, M.; Vázquez, A.), Dreamstime, Eloy Celaya/ECE Arquitecturas/www.torrebionica.com, Gettyimages (AFP Contributor, Annie Otzen), iStock/Gettyimages, 123rf y colaboradores.

Fundación Bertelsmann
Por el empleo juvenil

ORIENTACIÓN ACADÉMICA Y PROFESIONAL: elaborada con el asesoramiento de la Fundación Bertelsmann. Coordinación: Juan José Juárez Calvo. Colaboración como expertas: Sara Lozano Santiago, Belén Pérez Castro y Pilar Vázquez Hernández.

COMPROMISO ODS

Nuestras publicaciones mantienen el rigor en el uso y en la selección de los contenidos, en las imágenes y en el lenguaje, para cumplir con la **no discriminación** por razón de género, cultura u opinión.

Grupo Anaya considera la **responsabilidad social** y **medioambiental** uno de sus valores fundamentales. Por ello, se compromete a:

- mejorar nuestros resultados en materia de medioambiente,
- reducir nuestras emisiones de carbono,
- hacer uso de los recursos naturales de manera responsable y
- eliminar cualquier impacto negativo de nuestra actividad en los bosques en peligro.

Dichos compromisos, entre otros, hacen que **el 100 % del papel utilizado** en nuestros libros tenga el sello **PEFC.**

Importante:

Las **actividades** propuestas en este libro deben ser realizadas en cuadernos u hojas sueltas; nunca en el propio libro.

Los **enlaces** a las páginas web que aparecen en este libro han sido revisados en la fecha de su impresión. La editorial no se hace responsable de las modificaciones o las anulaciones que se produzcan en ellos con posterioridad a dicha fecha.

ISBN: 978-84-698-8251-1 - Depósito Legal: M-1887-2021 - Printed in Spain.

ET040362/1E1I - 8430182